高速远程精确打击飞行器方案设计方法与应用

聂万胜　冯必鸣　李柯　著

国防工业出版社

·北京·

内 容 简 介

本书完整地研究了助推－滑翔飞行器、弹道式空间再入飞行器和滑翔式空间再入飞行器的弹道特性,分析了上述三种高速远程精确打击飞行器的方案可行性,完成了飞行器运动模型的建立、飞行弹道优化、指标参数确定和交接。根据不同飞行器的特点和指标参数要求,从技术可行性和运用效能方面考虑,明确了高速远程精确打击的可行方案,完成了总体任务方案的设计和指标参数的闭环论证。

本书理论和实际相结合,详细地阐述了不同高速远程精确打击飞行器的方案设计、选择和指标论证过程。对从事弹头、再入飞行器总体设计的科研工作者具有参考价值,可作为高等院校航空航天相关专业的研究生教材,也可作为航天工业部门和科研院所总体设计单位的参考书。

图书在版编目(CIP)数据

高速远程精确打击飞行器方案设计方法与应用/聂万胜,冯必鸣,李柯著. —北京:国防工业出版社,2014.2
ISBN 978 – 7 – 118 – 09184 – 7

Ⅰ.①高… Ⅱ.①聂…②冯…③李… Ⅲ.①军用飞行器－方案设计 Ⅳ.①V47

中国版本图书馆 CIP 数据核字(2014)第 015876 号

※

国防工业出版社出版发行
(北京市海淀区紫竹院南路23号 邮政编码100048)
三河市吉祥印务有限公司印刷
新华书店经售
*
开本 787×1092 1/16 印张 14 字数 319 千字
2014 年 2 月第 1 版第 1 次印刷 印数 1—2500 册 定价 42.00 元

(本书如有印装错误,我社负责调换)

国防书店:(010)88540777 发行邮购:(010)88540776
发行传真:(010)88540755 发行业务:(010)88540717

前 言

武器装备的发展源自作战需求的牵引和核心技术的推动。随着世界范围内新军事变革的不断深入,常规武器的对抗呈现出不对称的发展趋势。以远程打击为例,随着反导拦截系统的不断发展和提升,使传统的弹道导弹面临新一轮的威胁,而同时伴随着高超声速巡航导弹的发展,又给防御系统提出了更高的要求,进攻和防御的焦灼争斗促进了武器装备的不断革新。兵家历来就有"一寸长,一寸强"和"兵贵神速"的说法,在现代战争中仍然适用,打得快、打得远、打得准成为影响战争胜负的重要因素。世界各军事强国已经认识到具有强大突防能力的远程高速精确打击武器对未来战争的影响,都纷纷开展大量的研究工作。

世界各国曾提出了多种高速远程精确打击方式,其中以助推 – 滑翔的跳跃式飞行器、空间弹道式再入弹头和空间再入滑翔飞行器三种方案为讨论的热点。美国两次 HTV – 2 飞行试验的开展,进一步促进了高速远程精确打击飞行器的研发。虽然两次试验都以失败告终,但是未来高速远程精确打击飞行器已经初见端倪。为了有效应对未来可能出现的来自远方的威胁,各军事强国都在探索和发展适合本国的高速远程精确打击飞行器,以适应新军事变革的大潮。

关于高速远程精确打击飞行器新技术发展的文献散落于各大期刊杂志,并没有对具体某一种飞行器的发展有较为详细的说明,其技术可行性和指标要求并不明确。本书针对助推 – 滑翔飞行器、空间再入弹头以及空间再入滑翔飞行器三种主要的高速远程精确打击飞行器,详细地阐述了其方案设计和指标参数的选择过程,论证说明了不同方案的特点、可行性和适用范围。相关内容有助于我们在发展相关武器装备时借鉴和思考。

全书共包括五篇内容。

第一篇"高速远程打击飞行器及数学模型"为基础篇,对相关概念、发展现状、关键技术、数学模型进行介绍,为后文打下基础。

第二篇"助推 – 滑翔飞行器弹道特征及应用"重点开展助推 – 滑翔飞行器方案设计和特点分析,明确该类飞行器的优势和适用范围。

第三篇"弹道式再入打击方案特征及应用"对不同弹道式再入的方案开展研究分析,明确弹道式再入的可行方案及特点。

第四篇"滑翔再入飞行器特征及应用"研究了该类打击方案各阶段的可行方案和指标参数,完成该类飞行器总体方案和指标的闭环论证。

第五篇"总体方案设计与仿真演示"针对助推 – 滑翔飞行器和滑翔再入飞行器设计了总体方案和阶段指标,并进行相关仿真演示。

本书由我负责总体规划、统稿、定稿。我指导的博士、硕士研究生冯必鸣、李柯、何博、车学科、丰松江、郑刚、冯伟等同志参与了相关的一些研究工作,不同程度地丰富了本书内容。冯必鸣博士与我一起整理书稿,参加了全书的统稿工作,付出了辛勤的劳动。本书第一篇和第二篇主要吸取了李柯同志的研究成果,第二篇到第五篇主要体现了冯必鸣博士的研究成果。

本书的完成得到了航天科技领域众多专家领导的指导帮助,同时也得益于装备学院各级领导以及我的帮教导师庄逢辰院士、余梦伦院士的大力支持,在此一并对他们表示由衷的感谢。

由于作者水平有限,书中错误和不足在所难免,敬请读者们不吝赐教。同时希望本书能够起到抛砖引玉的作用,更好地促进相关研究的进展。

聂万胜

2013 年 9 月

目　录

第一篇　高速远程打击飞行器及数学模型

第二篇 助推 – 滑翔飞行器弹道特征及应用

第五篇　总体方案设计与仿真演示

第一篇 高速远程打击飞行器及数学模型

第1章 世界高速远程精确对地打击飞行器发展动向

1.1 助推–滑翔飞行器发展动向

近年来世界军事力量发展的重点和战略目标是提高远程常规快速精确打击能力,为此世界各国都积极开展高速远程精确打击飞行器的论证研制工作。以美国为例,其国防部制定了"即时全球打击"(Prompt Global Strike,PGS)计划,以实现2小时内对全球任意目标实施精确打击的能力[1]。其中包括常规打击导弹方案(CSM),即在"猎鹰"(FAL-CON)计划下提出的通用航空飞行器(CAV)和其增强型(ECAV),如图1.1所示。CAV是美国空军航天司令部在论证军用太空飞机(MSP)概念时提出的一种新概念飞行器,可以从空间平台(如航天飞机,在轨卫星)投放或用弹道导弹作为助推级从地面发射,航程可达19308km,可以在发射后90min内到达世界上任何目标[2],并根据任务需要,可装载钻地弹、子母弹等多种有效攻击载荷。可见此类飞行器具有射程远、有效载荷能力大、机动能力强等优点,适于攻击时间敏感目标和敌方纵深目标,并且可以避免"核模糊"问题。

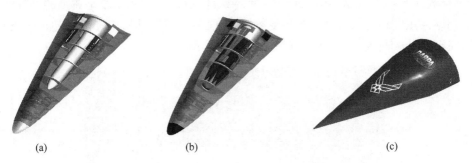

(a)   (b)   (c)

图 1.1 通用航空飞行器及其验证机

(a) CAV; (b) ECAV; (c) HTV–2。

HTV–2[3]作为CAV的技术验证机,已经进行了两次试飞试验,其飞行方案如图1.2所示。首次试验于2010年4月22日,利用"米诺托"ⅠⅤ火箭将HTV–2a发射升空9min后与地面失去联系,2011年8月11日,HTV–2b发射升空并成功分离,但在滑翔阶段中与地面失去联系[4]。这两次飞行试验均因控制技术难度太大,飞行器偏航超出预期、滚转失效导致失败。可见此类飞行器依然存在多项关键技术有待攻克,包括热防护、高升阻比的气动外形、制导与控制、通信等,但这并阻挡不了此类飞行器的发展趋势。

2011 年 11 月 17 日,美国陆军航天与导弹防御司令部/空军战略司令部成功地进行了高超声速助推滑翔飞行器"先进高超声速武器"(AHW)首次飞行试验。AHW 是"常规打击导弹"方案中的一种助推滑翔飞行器。AHW 采用由海军"海神"弹道导弹改进而成的"战略目标系统"(STARS)作助推器,"战略目标系统"三级助推器将 AHW 试验飞行器"高超声速再入滑翔体"(HGB)助推至期望的空域投放,随后 HGB 沿着一条非弹道的轨迹滑翔约 4000km,最后抵达预定的撞击区域[5]。如图 1.3 所示,AHW 采用轴对称双锥体气动布局,其气动稳定性较好,与 HTV-2 相比,是更容易实现的助推-滑翔式飞行器,但该类飞行器难以达到洲际射程[6],而作为一种战术武器具有很强的突防能力。

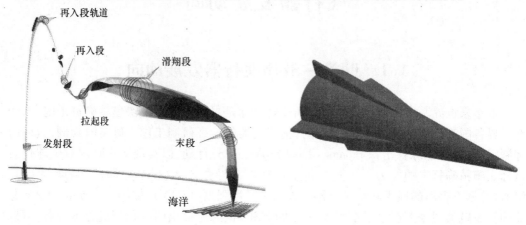

图 1.2　HTV-2 的基本飞行方案　　　　　　图 1.3　AHW 的气动构型

俄罗斯开展了"鹰"高超声速技术发展计划,该计划的核心在于研究和试验一个带超声速燃烧冲压发动机的有翼高超声速试验飞行器,其试验飞行高度为 0～80km,试验飞行速度马赫数达 6～14,该试飞器采用了一种特殊的飞行弹道,其前段是典型的助推滑翔弹道,为超燃冲压发动机的启动创造必要条件,后段为冲压发动机工作的高超声速飞行段;最后,飞至着陆区回收[7],其飞行方案如图 1.4 所示。

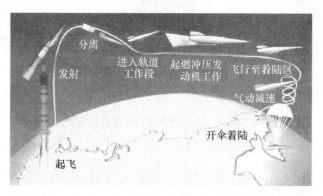

图 1.4　"鹰"计划试飞器的飞行过程

在未来的计划中,俄罗斯将采用洲际弹道导弹发射系统与有动力的高超声速飞行器 GLL-VK 组合的技术方案。该方案的主体部分主要是带超燃冲压发动机的飞行器,该飞

2

行器结构示意图如图 1.5 所示,GLL－VK 样机的长度为 8m,翼展 3.6m,最大高度 1.7m。当 GLL－VK 再入大气层后,超燃冲压发动机点火,从 30km 以上的高度飞向目标。这种飞行器结合高速度、强机动能力与非弹道的飞行轨迹,将使目前的弹道导弹防御系统失效[8]。但是该类飞行器需要将机体和发动机进行一体化设计,给设计优化和控制系统的协同操纵带来较大的困难。

图 1.5　GLL－VK 样机

1.2　高速再入飞行器发展动向

1.2.1　弹道式再入飞行器

1. 超高速集束棒

超高速集束棒(Hypervelocity Rod Bundles, HRB)是美军设想的一种用于打击地面坚固目标和深埋目标的新概念动能武器。HRB 采用钨、钛或铀等高密度物质制成长 1m、重 100kg、头部呈锥状的圆柱细长体,当它从太空发射后,在地球引力作用下,落点速度约为 3000m/s。“上帝之棒”(Rods form God)研究计划所设想的武器系统由两颗一前一后排列的卫星组成,一颗卫星担任定位平台和通讯平台,另一颗则搭载大量 HRB 攻击载荷,HRB 在小型助推火箭的作用下,依靠卫星制导对地面目标实施精确打击,概念方案如图 1.6(a)所示。

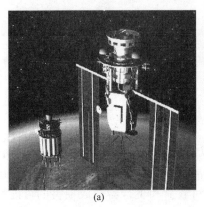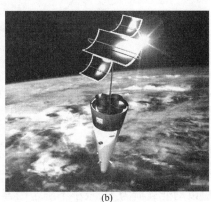

(a)　　　　　　　　　　　　　　(b)

图 1.6　弹道式再入方案示意图
（a）集束动能棒；（b）机动弹头。

2. 机动弹头

机动弹头是一种将弹头和制动发动机进行一体化设计的再入打击载荷,该类弹头预计质量为 350~700kg,再入倾角 -20° 左右,再入速度大于 7000m/s,动能弹头命中倾角可达 -80°,命中速度大于 2000m/s,CEP(Circular Error Probability)小于 20m。但是,这样的再入角将导致离轨制动时燃料的大量消耗,以 500kg 弹头为例,如果按上述指标再入,仅燃料消耗就超过 1000kg[9]。其部署示意图如图 1.6(b)所示。

上述两种弹道式再入打击方案存在几点不足,一是离轨消耗燃料较多,因此只适用于小质量弹头,削弱了动能打击效果;二是弹体再入后的机动能力有限,要求运行轨道经过目标点上空,容易遭到拦截;三是针对分布较广的战略目标,需要根据目标所在位置部署不同的轨道,增加了轨道部署的难度。虽然弹道式再入打击存在一些不足,但也具有自身独特的优点:一是能够将多个小质量弹头或动能棒集成在一个空间平台上,对固定目标实施饱和打击;二是小质量弹头再入速度快,飞行时间短,目标特征小,不易遭到拦截。

1.2.2 滑翔再入飞行器

空间滑翔再入飞行器与火箭助推 - 滑翔飞行器存在很多相似之处,关键技术领域也存在重叠。虽然火箭助推 - 滑翔飞行器 HTV - 2 只是通用航空飞行 CAV 的一种技术验证机,目的在于验证多项新技术的成熟度和可靠性。但在最初设定的方案中,CAV 除了可以用“米诺托”Ⅳ火箭从地面发射,也可部署在空间轨道上,而有关其空间部署方案和研究进展却不得而知。即便如此也不难发现,一旦飞行器本身的各项技术研究成熟,飞行器空间部署就有望实现。从图 1.7 所示作战方案示意图可知,CAV 可以执行多种作战任务,携带的载荷也可以随任务需求不同进行更改。

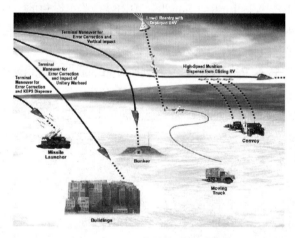

图 1.7 CAV 作战方案示意图

采用空间轨道部署时,根据组网方式可以实现对大区域分布目标的长时间覆盖,而且携带的载荷类型多样化,能够适应不同任务需求。但是,由于外层空间环境难以预料,载荷类型应以动能载荷为主,减小不确定因素对载荷和飞行器造成损害的可能性。该方案技术相对复杂,而且面临长时间在轨运行时的维护和回收问题,这是制约其发展的重要因素。

1.2.3　部分轨道再入飞行器

由苏联提出并开发的部分轨道轰炸系统(Fractional Orbit Bombardment System, FOBS)平时贮存在地面,当下达作战指令时才发射到空间,在反推再入大气层袭击目标之前,以轨道速度绕地球运行不足一圈,"部分轨道轰炸系统"也因此得名。FOBS 的典型代表是 SS-9 超重量级洲际弹道导弹,由反推火箭和轰炸系统平台组成,其飞行轨道一般遵循南向、靠近极地的路线,在穿过极地地区后,导弹将向北飞行,越过南半球,最终到达目标点区域。

不难想象,如果采用地面火箭发射的方式将滑翔再入飞行器送入太空,以轨道速度运行一段距离,再利用上面级发动机实施离轨制动,这样既能避免空间部署时带来的维护和回收困难,又能充分发挥滑翔再入飞行器的独特优势。但是,由于需要将重量接近1000kg 的飞行器投放到近地轨道,采用目前机动发射的固体火箭存在一定困难,如果采用液体火箭进行发射,火箭发射准备时间长,发射阵地固定,容易遭受打击,难以满足快速响应作战的要求。因而需要相应发展高性能的、具备机动发射能力和快速响应能力的新型火箭。

1.3　概念及关键技术发展

1.3.1　概念及应用模式

天基弹道式再入对地打击作为一种全新的打击手段,与传统地基弹道导弹相比具有独特的优势,国内外都开展了相应的研究。在文献[10]和文献[11]中,Richie 与 Preston 分别对天基弹道式再入对地打击武器的组成、作战模式及关键技术进行了概念性综述,建立了天基弹道式再入对地打击武器的基本轮廓;Pournelle 曾开发了弹道式再入对地打击武器的作战仿真软件,便于初步分析武器性能并进行相关系统的改进[10];White 在文献[12]中提出了从近地轨道再入的钝头－倒锥形弹头整体设计方案,并对其再入弹道、热防护和气动特性进行分析,验证了该弹头良好的再入特性;沈世禄在国内首次提出了天基对地打击武器的概念,并对其作战能力和可行性进行了初步分析[13];张岩在文献[14]和文献[15]中将天对地打击作战过程分为大气层内外两个阶段,并通过仿真证实了弹道式再入对地打击具有作战反应快、再入时间短等特点;胡冬生在文献[16]中对天基弹道式再入对地打击武器作战模式和系统总体方案开展了研究,并指出轨道机动、导航/制导与控制是实现弹道式再入快速响应作战的关键所在。

在滑翔再入对地打击武器研究方面,Yong[17]通过研究发现,最大升阻比为 0.75 ~ 1.75 的 CAV 在一定初始再入速度和再入角条件下,采用跳跃式飞行轨迹其纵向机动经度范围可绕地球一圈,适用于全球攻击任务,但是在研究该参数时未考虑飞行器热防护等约束条件的限制;Mcnabb 和 Bilbey 分别在文献[18]和文献[19]中以美国 X 系列飞行器为对象,研究分析了相关再入参数对飞行器再入轨迹特性的影响;Chen[20]通过对 CAV 机动控制策略的研究发现,当飞行器接近最大升阻比飞行时可获得最大纵向和横向机动能力;在有动力高超声速飞行器研究方面,Larry[21]、Speyer[22]、Chuang[23]和 Carter[24]等人通过对比分析跳跃式和巡航式飞行的能量消耗情况发现,相同航程下跳跃弹道能够比巡航弹道节省5%至40%的燃料,可见跳跃式再入滑翔轨迹在节省能量方面具有一定的优势。

近些年来,国内针对滑翔再入飞行器也开展了大量研究,并取得了一定的研究成果。文献[25]对高超声速跳跃式飞行器的作战模式进行了研究,并系统分析了高超声速跳跃式飞行器的优缺点;文献[26]基于跨大气层飞行器的特点和任务需求,采用最优化方法对飞行器可能进行的空间变轨与机动飞行方式进行了研究;陈洪波在文献[27]中针对升力体式飞行器离轨制动段所需速度冲量与再入角的关系开展研究,并根据再入角对过载和热流峰值的影响研究得到了飞行器最佳再入角范围,但是飞行器对再入相对速度和相对再入角的要求十分严格,脉冲假设得到的结果还不能满足再入要求;文献[28]对跨大气层飞行器的全弹道气动力和气动热环境开展了研究分析,讨论了初始参数和气动参数对弹道特性的影响,并针对不同控制方式分析了跨大气层飞行器的再入弹道特性;雍恩米在文献[29]和文献[30]中研究了不同初始条件和最大升阻比对滑翔轨迹特性的影响,其研究结果在再入滑翔飞行器研究方面具有重要的参考价值。

1.3.2　关键技术发展情况

无动力高速再入飞行器是一个全新的研究领域,涉及到的关键技术较多,总的来说可以概括为以下几点:

(1)高超声速空气动力/热力学。

确定飞行器上的气动力/热载荷对于设计高超声速飞行器非常重要。当飞行器以高超声速飞行时会产生很强的激波,激波与边界层之间相互干扰,在高超声速气流驻点附近产生极高的温度,能使附近的气体分解和电离,形成相当复杂的混合气体,使得高超声速气流的研究成为非常复杂的问题。目前存在的主要问题有:高温气体热力学特性、化学反应速率常数以及化学反应模型的选取还有一定的不确定性,这将导致头部激波脱体距离、物面边界层速度剖面、密度剖面和物面热流等重要参数预测存在偏差。现有风洞设备还不能较好地模拟高超声速飞行环境,而且计算流体力学和飞行试验也都存在着很大的局限性。与高超声速空气动力/热力学相关的理论、建模、研究方法、计算程序、验证手段等还有待深入研究。

(2)空气弹性问题。

现代高超声速飞行器有着比较宽阔的飞行包线,飞行高度和马赫数的变化范围很大;为了增加飞行航程,多采取复杂的高升阻比构型;由于对结构重量限制严格,大量使用超轻质、高强韧材料,使机/弹体柔性程度加大;高速飞行时气动加热现象非常突出,控制系统的作用也日益重要,上述这些因素所造成的高超声速空气弹性问题与传统的亚、跨、超声速相比,在研究、试验或理论计算分析方法上都有很大不同。"空气/伺服/热弹性"耦合因素变得非常显著,高超声速空气弹性成为不可忽略的重要研究课题,但相关技术尚未成熟。

根据国内外工程实践经验,需要开展研究的高超声速空气弹性问题主要有壁板颤振、高超声速翼面/舵面气动弹性特性、热气动弹性现象、全机颤振、弹性－推进系统耦合现象、弹性－飞行控制耦合问题、自由分子流气动弹性特性等。具体研究内容包括气动加热、热响应、热变形、热模态、热气动弹性的分析预测;运动和弹性振动引发的气动非阻尼效应;快速变化飞行环境的气动弹性系统建模和动力学特性分析;复杂外形的抖振与随机激励响应;气动伺服弹性系统建模、分析、综合和优化问题等。

(3) 材料与热防护技术。

飞行器以高超声速在大气中飞行时,气动加热非常严重。当飞行速度达到马赫数8时,飞行器头锥温度可达1800℃,其他部位温度也在600℃以上。同时,机动飞行时过载大,对机体强度要求很高。为了获得良好的气动特性,高超声速飞行器一般需采用保持飞行器外形不变的非烧蚀热防护技术,还要解决长时间持续飞行的内部隔热问题。因此,长寿命、耐高温、抗腐蚀、高强度、高刚性、抗氧化、抗蠕变、低密度的结构材料及冷却和热防护技术对于研制高超声速飞行器来说非常重要。目前研制的和可能采用的新材料主要有轻金属材料、金属基复合材料、聚合物基复合材料、陶瓷基复合材料、碳-碳复合材料等。

新的热流预测方法、非烧蚀热防护技术、防热结构的一体化设计技术、结构在力/热综合作用下的动态响应特性和破坏机制等,被动式(热沉、隔热、表面辐射)、半被动式(热管传导+辐射)和主动式(发汗、冷却膜、冷气流对流)等各种防热、隔热原理,都是值得深入探讨的问题。

(4) 飞行控制技术。

高超声速飞行器为了追求高的升阻比和优异的机动性能,一般外形都比较复杂,飞行过程中速度和空域变化范围也很大。飞行器在不同速度下的气动特性(升阻比、稳定性和操纵性)也会发生很大变化,这就增加了飞行控制的困难。高机动性要求快速响应的控制系统和大的控制力作用,以产生大过载。

高超声速飞行器控制问题研究的重点是,面对飞行器所具有的多变量、时变参数、强鲁棒性、高度非线性、纵横向交叉耦合、气动弹性效应显著等挑战性难题,研究系统的动力学建模、控制律设计及稳定性分析方法,尤其是长时间巡航飞行,严酷力、热载荷环境下的伺服机构设计问题以及高机动状态下的精确控制问题等。

高空大气密度稀薄,气动舵面的控制效率显著下降,已不能满足要求,一般要借助于喷流反作用控制技术和推力矢量控制技术,另外还有基于空气放电的非平衡等离子体控制技术。

(5) 有效载荷抛撒技术。

有效载荷抛撒技术是飞行器设计的关键技术,有效载荷的可靠、正确分离是实现对目标准确打击的关键。有效载荷抛撒的关键技术是:新型抛撒方法研究,旋转抛撒技术研究,作动筒抛撒技术研究以及弹射抛撒技术研究。

(6) 多学科设计优化技术。

高超声速飞行器要经历亚声速、声速、超声速3个阶段才能进入高超声速,飞行速度跨度很大;同时飞行器要从稠密大气层冲向稀薄大气层,空气密度变化也很大。由此给飞行器设计带来很大困难,需要采取一体化设计技术。

高超声速飞行器由几个高度一体化设计的系统组成,需要进行多学科设计优化处理,以便获得能够满足所有设计约束条件的、坚实可靠的飞行器。飞行器的形状将决定飞行器的诸多特性,包括飞行器的结构形式,与机身一体化设计的热防护系统类型及其材料,飞行控制系统,飞行力学特性和飞行轨迹等。反过来,飞行器的飞行轨迹又会决定飞行器所受到的气动加热、载荷,影响到飞行器的气动弹性力学特性、飞行器的性能和飞行器的重量,气动和隐身也是相互交叉耦合的。

由于涉及到的学科广泛,本书不可能面面俱到,仅从方案设计中涉及到的几个方面阐述目前国内外对高速再入飞行器理论研究的成果。

1. 终端约束的末制导

1) 制导弹药末导引律

随着战争样式的不断变化,对目标的精确打击要求越来越高,而且在针对特定目标时,往往要求弹药根据目标特性以不同的角度命中目标,这就给弹药的末导引律提出了更高的要求。尤其是在打击弹道导弹发射井、加固的地下工事和指挥中心等具有重大军事价值的深层目标时,为了达到最佳的毁伤效果,要求制导弹药能以接近垂直的倾角命中目标,进而使具有终端角度约束的末制导律在近三十年内得到了长足发展,其研究方向大体可以分为以下几类:

(1) 通过最优控制理论推导出的最优导引律[31-33]是目前研究最为广泛的一类制导律,利用最优控制理论可以根据不同性能指标得出不同形式的末制导律,其中具有角速率反馈和倾角约束的最优导引律已在某型机动弹头上得到运用;

(2) 带有终端角度约束的偏置比例导引律是在经典比列导引律基础上增加时变偏差项来实现对角度的约束[34,35],但是该制导律在推导过程中假设目标处于匀速运动或静止状态,导致该导引律的适用范围受到限制;

(3) 预测比例导引律[36,37]则是根据虚拟目标对方案弹道进行实时修正,但同偏置比例导引律一样也存在局限性;

(4) 变系数比例导引律[38,39]是根据弹体和目标相对运动关系,并通过在线调整导引系数以满足弹着角约束的一类制导律,但目前多用于平面内制导问题研究;

(5) 基于滑模控制理论的变结构导引律[40,41],是近些年发展起来的一种新型导引律,该导引律设计简单、抗干扰能力强,在末制导方面具有一定优势,但制导参数的选取和系统抖振问题还有待解决。

2) 飞行器终端约束末导引律

目前大多数飞行器末制导研究主要集中在解决再入飞行器返场的能量管理段,根据能量消耗的原理设计了多种末端能量管理的修正算法,但主要都是在设计剖面上进行改进,而对高速飞行条件下终端速度和角度控制方面的研究还相对较少。在高速飞行条件下的末弹道研究方面,国内外主要从以下三个方面开展了部分研究:

(1) 采用最优化方法分析末端弹道特征[42.43],研究分析影响飞行器末弹道的主要因素;

(2) 为高超声速巡航导弹攻击目标时设计了命中角约束的末导引律[44-47],进而确保高超声速巡航导弹按照指定角度命中目标;

(3) 针对再入螺旋机动弹头,根据理想速度剖面设计了倾角和速度约束末导引律[48]。

2. 再入轨迹优化与制导

1) 再入轨迹优化

在轨迹优化方面,目前主要存在两种方法,即间接法和直接法。间接法是利用 Pontryagin 极大值原理推导出最优控制的一阶必要条件,进而转化为求解最优轨迹的 Hamil-

8

tonian 边值问题。但是在解决复杂的非线性系统时,求解 Hamiltonian 边值较为困难,由此可见,在解决复杂非线性系统的最优控制问题时,间接法存在一定的缺陷。而直接法则是将连续的时间、状态和控制变量离散,并利用分段多项式近似表达控制量和状态量,将对应的最优控制问题转化为有限维数的非线性规划问题,并通过参数优化算法求解。实现该转化过程有四种主要的方法,即直接打靶法[49]、直接多重打靶法[50]、配点法[51]和微分包含法[52,53],而在参数优化时普遍采用了目前广泛使用的序列二次规划算法[54](Sequential Quadratic Programming,SQP)。

近年来兴起的伪谱法以其计算精度高、速度快等特点逐渐受到关注。该方法采用全局插值多项式的有限基在一系列离散点上近似表示状态变量和控制变量。对多项式求导来近似表示动力学方程中的状态变量对时间的导数,且在一系列离散点上满足动力学方程约束,并且随着各种约束条件的增加,将不同的等式和不等式约束转化为代数方程,从而将微分方程组和约束条件转换为代数方程组,并利用 SQP 求解非线性规划问题。由于伪谱法在处理复杂约束条件时具有较强的优势,近年来被广泛应用于再入飞行器最优轨迹的求解。

飞行器再入阶段必须在多种外界约束条件下实现安全稳定的滑翔飞行,飞行轨迹的设计优化和制导至关重要。国外在利用伪谱法解决最优控制问题方面起步较早,发展出了不同格式的伪谱法,如 Chebyshev 伪谱法[55]、Legendre 伪谱法[56]、Jacobi 伪谱法[57]、Gauss 伪谱法[58]和 Bellman 伪谱法等[59],而其中的 Legendre 伪谱法和 Gauss 伪谱法已被广泛用于 CAV、HCV、HTV 等飞行器的轨迹优化研究。尤其在解决多约束最优滑翔轨迹方面成果显著,William 在文献[60]中针对滑翔再入飞行器航路点约束的最优轨迹进行了研究,得到满足终端约束、航路点约束以及路径约束的最优滑翔轨迹;Jorris[61]在航路点约束条件下进一步加入禁飞区约束,仿真得到 CAV 的最优滑翔轨迹。

随着我国对滑翔再入飞行器认识的不断深入,针对再入飞行器的最优滑翔轨迹也开展了大量研究,并取得了一定的成果。周文雅在文献[62]和文献[63]中利用 Gauss 伪谱法仿真得到飞行器最优再入滑翔轨迹并对飞行器最大横程开展了研究;陈小庆[64]利用直接配点法得到了滑翔飞行器指定航路点与地面禁飞区约束下的最优轨迹;雍恩米在文献[65]中提出了基于伪谱法的可行解至最优解串行优化策略,构造了优化量初值生成器,引入平衡滑翔条件实现弹道分段,最终实现了一种快速弹道优化;李瑜[66]在助推-滑翔飞行器方案研究中利用伪谱法进行航迹规划,并在飞行器滑翔阶段研究分析了飞行器在有禁飞区域和地面拦截区域限制时的突防能力。

2)滑翔再入飞行器制导

再入制导技术是实现飞行器安全再入的关键技术之一,随着航天技术的不断发展,各种再入制导技术层出不穷,并且已经在航天飞机、载人飞船等领域得到成功运用。纵观再入制导技术的发展,基本可以分为两大类,即标准弹道制导法和预测制导法。

标准弹道制导法是一种较为常见的再入制导方法,其基本原理是在地面预先装订或在线实时规划出标准轨迹的相关状态参数,并储存在机载计算机上,通过实时飞行状态参数与标准状态参数之间的误差信号得出控制指令,调整飞行状态进而实现轨迹的控制。该制导法通常情况下按照纵向和侧向分别制导,而在飞行器再入制导研究中主要是以纵向制导为主。纵向制导多数情况下都是跟踪阻力—加速度剖面或参考攻角剖面,并根据飞行状态实时调整攻角以满足射程要求,而侧向制导则是根据航向误差走廊或横程偏差调节倾斜角以满足航向要求。总的说来,实现标准弹道制导的重要环节还是在于如何快速准确地生成跟踪参考剖面。

Mease[67]基于降阶模型与最优控制理论推导出一种参考弹道的快速规划算法,通过调节攻角来跟踪阻力—加速度剖面以满足纵程与横程要求;Roenneke[68]基于射程需求,给出了一种可在线应用的最优阻力剖面设计方法;Z. J. Shen[69]利用准平衡滑翔条件,将弹道约束转换为控制量约束,将弹道分为初始下降段、准平衡滑翔段与末端能量管理段,并将弹道规划问题转化为参数搜索问题,提高了弹道生成速度;随后 LU Ping[70,71]又将再入弹道调节器从二维扩展到了三维,提出了基于逼近滚动时域方法的线性时变系统闭环稳定预测控制方法;文献[72]采用极大值原理、罚函数法与 Powell – Ribieve 优化理论得到参考弹道,并应用于标准弹道制导;李小龙[73]利用极大值原理确定了攻角的参考剖面,并完成了参考弹道设计;杨俊春[74]在对纵向运动方程沿着实际轨道线性化后,在每个制导周期内求解代数 Riccati 方程,利用其正定解构造反馈控制律,与标准控制量叠加后形成全量控制,实现了再入飞行器的制导。

预测制导法是在机载计算机内存储理论落点的特征参数,根据实时状态参数,在线预测落点状态参数,并与理论参数进行比较,通过误差信号生成倾斜角控制指令,进而实现落点控制。Youseef[75]在热环境约束下为 X – 33 可重复使用飞行器设计了一种在线预测修正制导方案,并开展了六自由度仿真;文献[76]建立了基于能量的再入运动模型,并设计了一种基于优化问题的预测修正制导法;方炜等[77]根据飞行器再入过程中所受到的动压、过载以及气动加热量等约束条件确定参考轨迹,通过非线性预测控制律跟踪参考轨迹;Joshi[78]研究了在热流、过载与动压等路径约束及终端约束下预测制导算法;Lu Ping[79]着重研究了倾侧角参数化问题,并针对低升阻比再入飞行器预测制导提出了一种新的设计方法,具备在线应用潜力。

随着机载计算机性能的提高,除上述两种再入制导方法外,一种新的在线非线性反馈制导技术已脱颖而出。Ross 在文献[80]中详细地说明了伪谱法反馈控制的基本原理,并通过仿真和实验的对比验证了该方法的正确性;Kevin 在文献[81]中提出了用于再入飞行器实时最优制导的伪谱反馈法,并对开环控制和闭环控制下的再入飞行轨迹开展了仿真;而在文献[82]中 Kevin 利用 DIDO 轨迹生成器设计了一种在线非线性反馈制导方法,并对不同强度阵风干扰下的再入飞行器飞行轨迹开展仿真研究,发现采用该制导方法后,即便是在强阵风干扰下,飞行器依然能够抵达末端能量管理段允许的进入窗口;崔锋将[83]将伪谱最优反馈控制理论应用于再入飞行器制导研究,使用伪谱法进行在线轨道重构,实时反馈更新当前轨道控制量迎和倾斜角,达到实时最优反馈制导的目的;陈刚[84]将再入弹道跟踪问题转化为再入弹道状态调节问题,得到了一个线性时变系统最优控制问题,在此基础上,利用基于伪谱算法的最优反馈控制算法,设计了一种便于在线实现的自适应鲁棒再入制导律,仿真结果表明,这种再入制导律对于再入点误差不敏感,具有良好的鲁棒性;水尊师[85]利用 Gauss 伪谱法收敛速度快、精度高的特点,设计了航路点间分段优化的伪谱自适应鲁棒再入制导律,对制导律的特性进行了分析。由此可见,基于伪谱法的在线最优非线性反馈控制技术在再入飞行器制导方面具有较强的应用前景。

3. 飞行器再入可达区域

无论是航天飞机还是新型的 X－37B,每次飞行都会对着陆场的选择开展大量研究,并针对其间可能出现的突发事件事先做好应急着陆场的准备工作,其中涉及到一个重要问题就是飞行器再入可达区域的分布。作为传统的航天飞机,这些工作都可以事先准备,但是对于新型的无人再入飞行器而言,需要具备更高的自主飞行能力,自主计算再入可达区域并做出相应的飞行方案调整。对于天对地精确打击飞行器而言,武器平台在轨运行速度高达 7000m/s 以上,当武器平台接到攻击命令后需要自主快速判断飞行器再入后的可达区域是否覆盖目标点。由于轨道运行速度较快,一旦错过最佳离轨时机就有可能等待较长时间后才有新的机会,不利于快速响应作战,由此可见快速求解飞行器再入可达区域的重要性。

国外在计算飞行器再入可达区域方面的研究开展得较早,文献[86]利用非线性规划方法计算了升力体飞行器 X－38 最小加热量的再入轨迹,并根据飞行器可达范围开展了地面着陆场的选择;文献[87]则根据已经确定的地面着陆场,在路径约束和终端约束下计算升力体飞行器 X－38 航程和横程的最大、最小值,进而开展飞行器再入窗口的研究;文献[88]在攻角剖面一定的条件下,利用最优化方法推导出一种飞行器地面可达区域快速计算方法;Arora[89]以 RLV 为研究对象,系统地分析了再入过程中过载、热流、动压和攻角的变化规律,相关结论被 Amitabh[90]用于研究再入可达区域的快速近似计算。国内在这一方面的研究还相对较少,文献[91]将飞行器再入可达区域近似看作椭圆分布,并用于空间轨道设计等研究;雍恩米和李瑜利用 Gauss 伪谱法分别计算飞行器最大、最小纵程以及最大、最小横程,采用简单的连线方式分析了飞行器再入后的可达区域;文献[92]提出一种基于动力学规划求解高超声速飞行器落点区域的方法,并通过几个典型落点的连线得到飞行器可达区域的近似边界。

4. 飞行器离轨制动及空间组网

离轨制动是飞行器再入返回的一个重要环节,直接影响到再入飞行器的飞行品质。近几十年来,传统的离轨制动方式已经成功运用于航天飞机、返回式卫星和载人飞船等返回式飞行器,但是随着飞行器逐渐向无人化发展,对飞行器离轨制动的自适应能力和精度都提出了更高的要求,尤其是在天对地打击武器发展方面,对飞行器离轨制动方式和控制精度都提出了全新的要求。

Morgan[93]针对有限推力制动提出一种自主寻优离轨制导计算方法,并以航天飞机典型飞行方案为例开展仿真研究,实现了航天飞机制动发动机点火时间及推力角的自主判断和控制;陈俊峰[94]依据轨道动力学原理,将弹道式再入对地打击过程分为轨道调整段、制动段和再入段,仿真分析了制动脉冲、再入点速度及速度倾角对轨道特性的影响;文献[95]和文献[96]以小机动能力飞行器为例仿真分析了其离轨再入作战过程,研究发现轨道机动是天基对地打击的关键,决定其对地打击的范围和快速性;赵健康[97]和覃慧[98]研究了天基武器在轨释放技术,开展了打击轨道的初步设计,给出了打击地面指定目标点时的变轨机动条件;文献[99]对乘波体飞行器的转移轨道特性进行研究,分析了扰动大气模型对再入飞行性能的影响,对比了飞行器不同机动能力下打击覆盖范围的区别;胡正东[100]在初始点、再入点和再入角已知的情况下提出了一种基于虚拟再入点补偿的有限推力制导方案,消除了冲量假设和二体假设引起的偏差,并分析了关机点参数的选取

11

原则。

　　目前,国内外针对低轨小卫星的组网研究相对较多,主要集中在对地观测和通信的覆盖问题上,而再入飞行器的轨道组网是一个较新的研究课题,由于涉及到军事应用价值,相关研究资料相对匮乏,还需要进行大量的探索和研究。从掌握的资料可知,文献[101]提出了天基 CAV 大气层外机动变轨与大气层内机动滑翔的最大横向距离求解方法,进一步分析了单个近地轨道 CAV 的对地打击能力,并采用 SOC 方法研究了打击全球和某纬度范围内目标的 CAV 星座设计问题,这也是对 Anderson[102] 和 Terry[103] 研究工作的重要补充。

第2章 飞行器仿真数学模型

2.1 引 言

数学模型是将研究对象为特定目的作了必要的假设、归纳和抽象而形成的,能够集中反映客观事物中人们所需研究的那部分特征[104]。由于助推－滑翔式飞行器的数学模型是弹道优化的理论基础,因此本书先对全程弹道进行划分,然后在确立坐标系定义及转换的前提下,系统阐述了运动模型和运载火箭质量估算模型的推导过程,最后给出飞行器气动模型和约束模型。

2.2 弹道分段

以助推－滑翔飞行器为例,依据飞行过程可将其弹道分为如图2.1所示三个阶段:

1. 主动段

由运载火箭从地面发射开始,直至发动机关机分离,此过程是将飞行器送入预定的高度,并以适当的速度和弹道倾角分离。

2. 滑翔段

此阶段开始于火箭发动机关机时刻,飞行器与箭体分离后,经过大气层外的自由飞行后再入大气层,依靠气动力控制实现远程跳跃滑翔,直至目标附近区域(依滑翔段与末制导段的交接条件而定)。

3. 末制导段

始于滑翔段终端,此时飞行器的速度已降低,距离目标也较近,飞行器俯冲直至命中目标。此阶段的制导和控制要求较高,以确保精确打击。

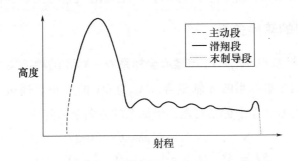

图2.1 全程弹道的划分

2.3 运动模型

在建立助推–滑翔式飞行器运动方程时,为确定位移、速度和外力矢量的分量,必须建立多种坐标系。所选取的坐标系不同,建立的运动方程也不同。由于助推–滑翔式飞行器航程较远,因此在构建运动模型时需要考虑地球曲率对弹道的影响。本书主要运用了地心惯性坐标系、地心坐标系、位置坐标系、飞行器坐标系、速度坐标系。

2.3.1 坐标系定义

1. 地心惯性坐标系 $O-X_IY_IZ_I$

该坐标系原点在地心 O 处。OX_I 轴在赤道面内指向平春分点或某一固定点。O_EZ_I 轴垂直于赤道平面,与地球自转轴重合,指向北极。O_EY_I 轴方向是使得该坐标系成为右手直角坐标系的方向。

2. 地心坐标系 $O-XYZ$

坐标系原点在地心 O 处。OX 在赤道平面内指向某子午线(通常取格林威治天文台所在的子午线)与赤道平面的交点。OZ 轴垂直于赤道平面指向北极。$O-XYZ$ 组成右手直角坐标系,随地球一起转动,因此该坐标系为动坐标系。

3. 位置坐标系 $O-xyz$

坐标系原点在地心 O 处。Ox 轴沿地心 O 与飞行器质点 M 的位置矢量方向,Oy 轴载赤道平面与 Ox 轴垂直,$O-xyz$ 组成右手直角坐标系。该坐标系也为动坐标系。

4. 飞行器坐标系 $M-X_KY_KZ_K$

坐标系原点 M 为飞行器质心。MX_K 轴为飞行器纵轴,指向头部。MY_K 轴在飞行器主对称面内并垂直于 MX_K 轴,MZ_K 轴垂直于主对称面并指向右方。该坐标系针对不同的飞行器也可称为箭体坐标系,或体坐标系。

5. 速度坐标系 $M-X_VY_VZ_V$

坐标系原点 M 为飞行器质心。MX_V 轴沿飞行器速度方向。MY_V 轴在飞行器主对称面内并垂直于 MX_V 轴,MZ_V 轴垂直于 X_VMY_V 平面,顺着飞行方向看去,MZ_V 轴指向右方。

2.3.2 坐标系间的转换关系

1. 地心惯性坐标系 $O-X_IY_IZ_I$ 与地心坐标系 $O-XYZ$ 的转换关系

由定义可知这两个坐标系的 Z 轴重合,OX_I 与 OX 的夹角可通过天文年历表查算得到,记为 Ω_G。因此地心惯性坐标系与地心坐标系的方向余弦阵为

$$\boldsymbol{EI} = \boldsymbol{M}_3[\Omega_G] = \begin{bmatrix} \cos\Omega_G & \sin\Omega_G & 0 \\ -\sin\Omega_G & \cos\Omega_G & 0 \\ 0 & 0 & 1 \end{bmatrix} \tag{2.1}$$

2. 地心坐标系 $O-XYZ$ 与位置坐标系 $O-xyz$ 的转换

先将 $O-xyz$ 绕 Oy 轴正向转动 ϕ 角，ϕ 称为纬度，然后绕新的 Oz' 轴负向转动 θ 角，θ 称为经度，即达到两个坐标系重合。可得地心坐标系与位置坐标系间的方向余弦阵为

$$WE = M_3[-\theta]M_2[\phi] = \begin{bmatrix} \cos\phi\cos\theta & -\sin\theta & -\sin\phi\cos\theta \\ \cos\phi\sin\theta & \cos\theta & -\sin\phi\sin\theta \\ \sin\phi & 0 & \cos\phi \end{bmatrix} \qquad (2.2)$$

3. 速度坐标系 $M-X_VY_VZ_V$ 与位置坐标系 $O-xyz$ 的转换

先将 $O-xyz$ 平移至飞行器的质心处，即 O 与 M 点重合。然后绕 MZ_V 轴正向转动 γ 角，γ 角称为弹道倾角，再绕新的 OY'_V 轴负向转动 $(\pi/2-\psi)$ 角，ψ 角称为航向角（速度在当地水平面上的投影和正北方的夹角，右偏为正）。即达到两个坐标系重合，相应的方向余弦阵为

$$WV = M_1[\pi/2-\psi]M_3[\gamma] = \begin{bmatrix} \cos\gamma & \sin\gamma & 0 \\ -\sin\psi\sin\gamma & \sin\psi\cos\gamma & -\cos\psi \\ -\cos\psi\sin\gamma & \cos\psi\cos\gamma & \sin\psi \end{bmatrix} \qquad (2.3)$$

4. 飞行器坐标系 $M-X_KY_KZ_K$ 与速度坐标系 $M-X_VY_VZ_V$ 之间的转换

根据定义，速度坐标系 MY_V 轴在飞行器主对称平面 X_KMY_K 内。因此，先将 $M-X_VY_VZ_V$ 绕 MY_V 轴负向转动 β 角，β 角称为侧滑角；再绕新的 MZ'_K 轴负向转动 α 角，α 角称为攻角。即达到两个坐标系重合。两个坐标系的方向余弦阵为

$$VK = M_2[-\beta]M_3[-\alpha] = \begin{bmatrix} \cos\beta\cos\alpha & -\cos\beta\sin\alpha & \sin\beta \\ \sin\alpha & \cos\alpha & 0 \\ -\sin\beta\cos\alpha & \sin\beta\sin\alpha & \cos\beta \end{bmatrix} \qquad (2.4)$$

2.3.3 运动方程

由于在主动段飞行过程中火箭发动机一直在工作，不断消耗燃料，所以在建立主动段运动方程时将火箭视为一个变质量质点系，用 $\dfrac{\mathrm{D}}{\mathrm{D}t}$ 表示惯性坐标系的导数，用 $\dfrac{\mathrm{d}}{\mathrm{d}t}$ 表示相对旋转坐标系的导数，根据牛顿第二定律，飞行器在惯性坐标系中的动力学矢量方程为[105]

$$m\frac{\mathrm{D}V}{\mathrm{D}t} = T + R + mg \qquad (2.5)$$

式中，V 表示飞行器的速度矢量，T 为火箭发动机推力，R 为气动力矢量，mg 为引力矢量。惯性坐标系中的动力学矢量方程虽然简洁，但是人们习惯于以地球为参考系来描述飞行器的运动，因此本节以地心坐标系作为参考系来建立运动方程。已知地心坐标系相对于地心惯性坐标系以角速度 $\boldsymbol{\omega}_e$ 转动，根据矢量导数法则可知：

$$\frac{\mathrm{D}r}{\mathrm{D}t} = \frac{\mathrm{d}r}{\mathrm{d}t} + \boldsymbol{\omega}_e \times r \qquad (2.6)$$

$$\frac{D\boldsymbol{V}}{Dt} = \frac{d}{dt}\left(\frac{d\boldsymbol{r}}{dt} + \boldsymbol{\omega}_e \times \boldsymbol{r}\right) + \boldsymbol{\omega}_e \times \left(\frac{d\boldsymbol{r}}{dt} + \boldsymbol{\omega}_e \times \boldsymbol{r}\right)$$

$$= \frac{d^2\boldsymbol{r}}{dt^2} + 2\boldsymbol{\omega}_e \times \frac{d\boldsymbol{r}}{dt} + \boldsymbol{\omega}_e \times (\boldsymbol{\omega}_e \times \boldsymbol{r}) \tag{2.7}$$

式中, $\boldsymbol{r}$ 表示飞行器的位置矢量, $2\boldsymbol{\omega}_e \times \dfrac{d\boldsymbol{r}}{dt}$ 为哥氏加速度, $\boldsymbol{\omega}_e \times (\boldsymbol{\omega}_e \times \boldsymbol{r})$ 为牵连加速度。将方程式(2.7)代入式(2.5),且令 $\dfrac{d\boldsymbol{r}}{dt} = \boldsymbol{V}$,即可得到地心坐标系中的质心运动方程为

$$m\frac{d\boldsymbol{V}}{dt} = \boldsymbol{T} + \boldsymbol{R} + m\boldsymbol{g} - 2m\boldsymbol{\omega}_e \times \boldsymbol{V} - m\boldsymbol{\omega}_e \times (\boldsymbol{\omega}_e \times \boldsymbol{r}) \tag{2.8}$$

如图 2.2 所设, $\boldsymbol{i}, \boldsymbol{j}, \boldsymbol{k}$ 分别表示为位置坐标系 $O-xyz$ 的三轴单位矢量,则

$$\boldsymbol{r} = r\boldsymbol{i} \tag{2.9}$$

$$\boldsymbol{V} = V\sin\gamma\boldsymbol{i} + V\cos\gamma\cos\psi\boldsymbol{j} + V\cos\gamma\cos\psi\boldsymbol{k} \tag{2.10}$$

$$\boldsymbol{\omega}_e = \omega_e\sin\phi\boldsymbol{i} + \omega_e\cos\phi\boldsymbol{k} \tag{2.11}$$

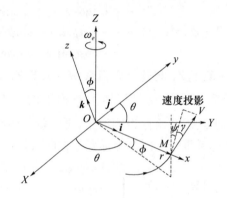

图 2.2 坐标系的关系

通过式(2.9)~式(2.11)可推导出:

$$\boldsymbol{\omega}_e \times \boldsymbol{V} = \omega_e V\cos\gamma\cos\phi\sin\psi\boldsymbol{i} + \omega_e V(\sin\gamma\cos\phi - \cos\gamma\sin\phi\cos\psi)\boldsymbol{j} +$$

$$\omega_e V\cos\gamma\sin\phi\sin\psi\boldsymbol{k} \tag{2.12}$$

$$\boldsymbol{\omega}_e \times (\boldsymbol{\omega}_e \times \boldsymbol{r}) = -\omega_e^2 r\cos^2\phi\boldsymbol{i} + \omega_e^2 r\sin\phi\cos\phi\boldsymbol{k} \tag{2.13}$$

重力矢量表示为

$$m\boldsymbol{g} = -mg\boldsymbol{i} \tag{2.14}$$

气动力 $\boldsymbol{R}$ 可分解为与速度方向相反的阻力 $\boldsymbol{D}$ 以及与速度方向垂直的升力 $\boldsymbol{L}$。然后将推力 $\boldsymbol{T}$ 沿速度方向和沿升力方向分解,并与气动力合并:

$$F_T = T\cos\alpha - D \tag{2.15}$$

$$F_N = T\sin\alpha + L \tag{2.16}$$

假设升力 $\boldsymbol{L}$ 与 $(\boldsymbol{r}, \boldsymbol{V})$ 平面的夹角为 σ ,称为滚转角, F_N 可以分解为在沿垂直平面内

的垂直于速度的分量和垂直于沿垂直平面的分量:

$$\boldsymbol{F}_T = F_T \sin\gamma \boldsymbol{i} + F_T \cos\gamma \sin\psi \boldsymbol{j} + F_T \cos\gamma \cos\psi \boldsymbol{k} \qquad (2.17)$$

$$\boldsymbol{F}_N = F_N \cos\sigma \cos\gamma \boldsymbol{i} - (F_N \cos\sigma \sin\gamma \sin\psi + F_N \sin\sigma \cos\psi)\boldsymbol{j} -$$

$$(F_N \cos\sigma \sin\gamma \cos\psi - F_N \sin\sigma \sin\psi)\boldsymbol{k} \qquad (2.18)$$

由于坐标系 $O-xyz$ 是由坐标系 $O-XYZ$ 绕 OZ 轴旋转 θ 角,然后绕 OY' 轴旋转 $-\phi$ 角得到的,即旋转坐标系 $O-XYZ$ 的角速度 $\boldsymbol{\Omega}$ 为

$$\boldsymbol{\Omega} = \sin\phi \frac{\mathrm{d}\theta}{\mathrm{d}t}\boldsymbol{i} - \frac{\mathrm{d}\phi}{\mathrm{d}t}\boldsymbol{j} + \cos\phi \frac{\mathrm{d}\theta}{\mathrm{d}t}\boldsymbol{k} \qquad (2.19)$$

$\boldsymbol{i},\boldsymbol{j},\boldsymbol{k}$ 相对于地心坐标系的时间导数为

$$\frac{\mathrm{d}\boldsymbol{i}}{\mathrm{d}t} = \boldsymbol{\Omega} \times \boldsymbol{i} = \cos\phi \frac{\mathrm{d}\theta}{\mathrm{d}t}\boldsymbol{j} + \frac{\mathrm{d}\phi}{\mathrm{d}t}\boldsymbol{k} \qquad (2.20)$$

$$\frac{\mathrm{d}\boldsymbol{j}}{\mathrm{d}t} = \boldsymbol{\Omega} \times \boldsymbol{j} = -\cos\phi \frac{\mathrm{d}\theta}{\mathrm{d}t}\boldsymbol{i} + \sin\phi \frac{\mathrm{d}\theta}{\mathrm{d}t}\boldsymbol{k} \qquad (2.21)$$

$$\frac{\mathrm{d}\boldsymbol{k}}{\mathrm{d}t} = \boldsymbol{\Omega} \times \boldsymbol{k} = -\frac{\mathrm{d}\phi}{\mathrm{d}t}\boldsymbol{i} - \sin\phi \frac{\mathrm{d}\theta}{\mathrm{d}t}\boldsymbol{j} \qquad (2.22)$$

对式(2.9)给出的 $\boldsymbol{r}$ 求导,可得

$$\frac{\mathrm{d}\boldsymbol{r}}{\mathrm{d}t} = \frac{\mathrm{d}r}{\mathrm{d}t}\boldsymbol{i} + r\cos\phi \frac{\mathrm{d}\theta}{\mathrm{d}t}\boldsymbol{j} + r\frac{\mathrm{d}\phi}{\mathrm{d}t}\boldsymbol{k} = \boldsymbol{V} \qquad (2.23)$$

对式(2.10)给出的 $\boldsymbol{V}$ 求导,可得

$$\frac{\mathrm{d}\boldsymbol{V}}{\mathrm{d}t} = \left(\sin\gamma \frac{\mathrm{d}V}{\mathrm{d}t} + V\cos\gamma \frac{\mathrm{d}\gamma}{\mathrm{d}t} - \frac{V^2}{r}\cos^2\gamma \right)\boldsymbol{i} + \left[\cos\gamma \sin\psi \frac{\mathrm{d}V}{\mathrm{d}t} - V\sin\gamma \cos\psi \frac{\mathrm{d}\gamma}{\mathrm{d}t} + \right.$$

$$\left. V\cos\gamma \cos\psi \frac{\mathrm{d}\psi}{\mathrm{d}t} + \frac{V^2}{r}\cos^2\gamma \sin\psi(\sin\gamma - \cos\gamma \cos\psi \tan\phi) \right]\boldsymbol{j} +$$

$$\left[\cos\gamma \cos\psi \frac{\mathrm{d}V}{\mathrm{d}t} - V\sin\gamma \cos\psi \frac{\mathrm{d}\gamma}{\mathrm{d}t} + V\cos\gamma \sin\psi \frac{\mathrm{d}\psi}{\mathrm{d}t} + \right.$$

$$\left. \frac{V^2}{r}\cos^2\gamma(\sin\gamma \cos\psi - \cos\gamma \sin^2\psi \tan\phi) \right]\boldsymbol{k} \qquad (2.24)$$

高度 h、密度 ρ、重力加速度 g 以及飞行器阻力 D 和升力 L 可由下式计算得出[106]

$$\begin{cases} h = r - r_e \\ \rho = \rho_0 \mathrm{e}^{(-h/H)} \\ g = \mu/r^2 \\ D = \dfrac{1}{2}\rho V^2 C_D S \\ L = \dfrac{1}{2}\rho V^2 C_L S \end{cases} \qquad (2.25)$$

将式(2.23)、式(2.24)分别和式(2.10)、式(2.8)对比,可得

$$\begin{cases} \dfrac{\mathrm{d}r}{\mathrm{d}t} = V\sin\gamma \\[2mm] \dfrac{\mathrm{d}\theta}{\mathrm{d}t} = \dfrac{V\cos\gamma\sin\psi}{r\cos\phi} \\[2mm] \dfrac{\mathrm{d}\phi}{\mathrm{d}t} = \dfrac{V\cos\gamma\cos\psi}{r} \\[2mm] \dfrac{\mathrm{d}V}{\mathrm{d}t} = \dfrac{T\cos\alpha - D}{m} - g\sin\gamma + \omega_e^2 r\cos\phi(\sin\gamma\cos\phi - \cos\gamma\cos\psi\sin\phi) \\[2mm] \dfrac{\mathrm{d}\gamma}{\mathrm{d}t} = \dfrac{(T\sin\alpha + L)\cos\sigma}{mV} - \dfrac{g\cos\gamma}{V} + \dfrac{V\cos\gamma}{r} + 2\omega_e V\sin\psi\cos\phi + \\[2mm] \qquad\quad \omega_e^2 r\cos\phi(\cos\gamma\cos\phi + \sin\gamma\cos\psi\sin\phi) \\[2mm] \dfrac{\mathrm{d}\psi}{\mathrm{d}t} = \dfrac{(T\sin\alpha + L)\sin\sigma}{mV\cos\gamma} + \dfrac{V\cos\gamma\sin\psi\tan\phi}{r} - \\[2mm] \qquad\quad 2\omega_e V(\tan\gamma\cos\psi\cos\phi - \sin\phi) + \dfrac{\omega_e^2 r\sin\psi\sin\varphi\cos\phi}{\cos\gamma} \end{cases} \tag{2.26}$$

其中的常数包括:地球半径为 $r_e = 6371.2\mathrm{km}$,海平面大气密度 $\rho_0 = 1.226\mathrm{kg/m^3}$,参考高度 $H = 7254.24\mathrm{m}$;C_D 和 C_L 分别为阻力系数和升力系数,与飞行器的外形、速度、攻角等因素有关。

2.3.4 运动方程简化

1. 主动段运动方程

在方案论证阶段可忽略次要影响因素,因此不考虑地球自转、扁率和箭体自身滚转,令式(2.25)中 $\omega_e = 0$,$\sigma = 0$,得到简化的运载火箭主动段运动方程为

$$\begin{cases} \dfrac{\mathrm{d}r}{\mathrm{d}t} = V\sin\gamma \\[2mm] \dfrac{\mathrm{d}\theta}{\mathrm{d}t} = \dfrac{V\cos\gamma\sin\psi}{r\cos\phi} \\[2mm] \dfrac{\mathrm{d}\phi}{\mathrm{d}t} = \dfrac{V\cos\gamma\cos\psi}{r} \\[2mm] \dfrac{\mathrm{d}V}{\mathrm{d}t} = \dfrac{T\cos\alpha - D}{m} - g\sin\gamma \\[2mm] \dfrac{\mathrm{d}\gamma}{\mathrm{d}t} = \dfrac{T\sin\alpha + L}{mV} - \dfrac{g\cos\gamma}{V} + \dfrac{V\cos\gamma}{r} \\[2mm] \dfrac{\mathrm{d}\psi}{\mathrm{d}t} = \dfrac{V\cos\gamma\sin\psi\tan\phi}{r} \end{cases} \tag{2.27}$$

此外,在火箭上升过程中,质量不断发生变化,因此还需附加一个质量方程:

$$\frac{\mathrm{d}m}{\mathrm{d}t} = -\frac{T}{Ig} \tag{2.28}$$

其中,I 为发动机比冲(s)。

2. 滑翔段运动方程

主动段结束后,飞行器在无动力滑翔过程中需要通过自身滚转来进行横向机动,忽略地球自转、扁率的影响,令式(2.25)中 $\omega_e = 0$, $T = 0$,得到简化的飞行器滑翔段运动方程为

$$\begin{cases} \dfrac{\mathrm{d}r}{\mathrm{d}t} = V\sin\gamma \\[2mm] \dfrac{\mathrm{d}\theta}{\mathrm{d}t} = \dfrac{V\cos\gamma\sin\psi}{r\cos\phi} \\[2mm] \dfrac{\mathrm{d}\phi}{\mathrm{d}t} = \dfrac{V\cos\gamma\cos\psi}{r} \\[2mm] \dfrac{\mathrm{d}V}{\mathrm{d}t} = \dfrac{-D}{m} - g\sin\gamma \\[2mm] \dfrac{\mathrm{d}\gamma}{\mathrm{d}t} = \dfrac{L\cos\sigma}{mV} - \dfrac{g\cos\gamma}{V} + \dfrac{V\cos\gamma}{r} \\[2mm] \dfrac{\mathrm{d}\psi}{\mathrm{d}t} = \dfrac{L\sin\sigma}{mV\cos\gamma} + \dfrac{V\cos\gamma\sin\psi\tan\phi}{r} \end{cases} \tag{2.29}$$

2.4 运载火箭质量估算模型

考虑到固体火箭具有体积小、可靠性高、射前准备时间短等优点,因此本书选用固体火箭作为运载系统。固体火箭起飞质量不但与有效载荷的质量、关机点高度和速度有关,还与固体火箭的级数、各子级燃烧室设计参数、药柱特性等性能参数及火箭各级推进剂相对质量系数的选择有关。

2.4.1 起飞质量

固体火箭第 i 级质量可表示为[107]

$$\begin{aligned} m_i &= m_{i+1} + m'_{Bi} + m_{Bi} + \omega_i \\ &= m_{i+1} + N_i m_i + \varepsilon_i \omega_i + \omega_i \\ &= m_{i+1} + (N_i + (1 + \varepsilon_i)\mu_i)m_i \end{aligned} \tag{2.30}$$

式中,$N_i = \dfrac{m'_{Bi}}{m_i}$,$\mu_i = \dfrac{\omega_i}{m_i}$,$m_{i+1}$ 为第 $i+1$ 级质量,m'_{Bi}、m_{Bi}、ω_i、ε_i 分别为第 i 子级尾段与过渡段质量和、燃烧室质量、药柱质量、燃烧室结构系数,μ_i 为第 i 级推进剂相对质量系数。

对于载荷质量为 m_0 的 n 级固体火箭,其起飞质量可表示为

$$m = m_0 + \sum_{i=1}^{n}(m_{Bi} + m'_{Bi} + \omega_i) \tag{2.31}$$

由式(2.30)和式(2.31)可得,n 级火箭起飞质量表达式为

$$m = \frac{m_0}{\displaystyle\prod_{i=1}^{n}(1 - N_i - (1 + \varepsilon_i)\mu_i)} \tag{2.32}$$

通过式(2.32)可以看出,当载荷质量 m_0 给定时,火箭起飞质量将由 N_i、ε_i、μ_i 这三个

参数确定。

第 i 级燃烧室结构系数表达式为

$$\varepsilon_i = \frac{2f_1 P_{ki}}{\rho \sigma_1 \psi_i} + \frac{f_2 P_{ki} k_h}{\rho \sigma_2 \psi_i \bar{l}_i} + (k_c + k_d) I_{spi}^p \tag{2.33}$$

式中,k_h 为推力室封头结构系数,f_1 为圆柱段壳体的安全系数,f_2 为封头的安全系数,σ_1 为圆柱段壳体材料的比强度,σ_2 为封头材料的比强度,k_d 为防热层质量系数,ψ_i 为第 i 级药柱横截面积与其弹体横截面积之比,I_{spi}^p 为第 i 级药柱设计比冲,P_{ki} 为第 i 级药柱燃烧室压强,$\bar{l}_i$ 为第 i 级药柱相对长度(药柱长度与弹径比值),k_c 为喷管质量系数,ρ 为固体推进剂密度。

第 i 级设计比冲及燃烧室温度经验公式分别为

$$I_{spi}^p = I_{spi}^{CT} \big[1 - (b_1 + b_2 a_0 + b_3 a_0^2) \big] + b_4 + b_5 P_{ki} -$$
$$b_6 P_{ki}^2 - b_7 P_{ai} + b_8 P_{ai}^2 \tag{2.34}$$

$$T_i = T_i^{CT} + b_0 (P_{ki} - P_{CTi}) \tag{2.35}$$

式中,I_{spi}^{CT}、T_i^{CT} 分别为第 i 子级燃烧室压强等于设计压强 P_{CTi} 且喷管出口压强等于标准大气压 P_0 时的标准比冲和标准温度,P_{ai} 为第 i 级喷管出口压强,a_0 为推进剂中铝粉含量百分比,$b_0 \sim b_8$ 均为常系数。

第 i 级的真空比冲为

$$I_{spi} = I_{spi}^p + \frac{RT_i}{I_{spi}^p} \left(\frac{P_{ai}}{P_{ki}} \right)^{\frac{k-1}{k}} \tag{2.36}$$

式中,R 为燃烧产物的气体常数,k 为绝热指数。

对于多级固体火箭,二级以上发动机工作环境假设为真空,所以仅考虑一级发动机的地面比冲,其表达式为

$$I'_{sp1} = I_{sp1} - (I_{sp1} - I_{sp1}^p) \frac{P_0}{P_{a1}} \tag{2.37}$$

由式(2.36)和式(2.37)可知,n 级火箭的平均比冲为

$$\bar{I}_{sp} = \frac{1}{n} \left(\frac{I'_{sp1} + I_{sp1}}{2} + \sum_{i=2}^{n} I_{spi} \right) \tag{2.38}$$

根据齐奥尔科夫定理,n 级固体火箭各级推进剂相对质量系数满足下式:

$$V_k = \sum_{i=1}^{n} I_{spi} \ln \left(-\frac{1}{1 - \mu_i} \right) - \Delta V_k \tag{2.39}$$

$$\Delta V_k = k_v V_k \tag{2.40}$$

式中,V_k 为火箭主动段末速度,k_v 为速度损失系数,一般为 $0.1 \sim 0.25$。

由式(2.33)和式(2.39)可知,各级推进剂相对质量系数和燃烧室结构系数受燃烧室压强、喷管出口压强及药柱相对长度的影响,这样当确定固体火箭设计参数与主动段末速度 V_k 后,通过式(2.32)、式(2.33)、式(2.39)和式(2.40)即可求得

20

火箭的起飞质量。

2.4.2　各级参数

第 i 级药柱质量[108]:

$$\omega_i = m_i \mu_i \tag{2.41}$$

根据药柱质量和体积的关系,第 i 子级直径:

$$D_i = \left[\frac{4\omega_i}{\pi \rho \psi_i \bar{l}_i} \right]^{1/3} \tag{2.42}$$

第 i 级发动机工作时间:

$$t_i = \frac{\lambda_i \mu_i I_{spi}}{g} \tag{2.43}$$

第 i 级推进剂秒耗量:

$$\dot{\omega}_i = \frac{m_i \mu_i}{t_i} \tag{2.44}$$

国外现有固体火箭统计资料表明,重量推力比最佳值的变化范围如下:

对于两级固体火箭:$\lambda_{01} = 0.4 \sim 0.5$;$\lambda_{02} = 0.2 \sim 0.3$;

对于三级固体火箭:$\lambda_{01} = 0.4 \sim 0.5$;$\lambda_{02} = 0.2 \sim 0.3$;$\lambda_{03} = 0.15 \sim 0.2$。

固体火箭各级药柱相对长度的最佳值为

$$\bar{l}_1 = 4 \sim 5; \bar{l}_2 = 2.5 \sim 3.5; \bar{l}_3 = 1.5 \sim 2.5$$

假设各级使用的推进剂相同的情况下,固体火箭各级推进剂的相对质量系数 μ_i 之间的最佳关系为

$$\mu_3 = (1.0 \sim 1.05)\mu_2 = (1.0 \sim 1.1)\mu_1$$

2.3.3　主动段弹道划分

按照飞行过程来划分,主动段弹道可进一步分为两个阶段:

1. 垂直上升段

开始于火箭发射时刻。若此段时间过长,会增加速度的重力损失,且会减少转弯段的时间,若时间过短则可能使发动机未达到额定工作状态,致使不能产生足够大的控制力,从而影响弹道性能,因此垂直上升段时间应合理选择。垂直上升段时间主要取决于第一级的重量推力比,根据经验关系有[109]

$$t_1 = \sqrt{40/(\lambda_1^{-1} - 1)} \tag{2.45}$$

此时攻角、滚转角均为0°,以保证助推火箭垂直上升。

2. 转弯段

开始于垂直上升段结束时刻,直至末级火箭发动机关机分离。运载火箭在稠密大气层内飞行时,要求保持尽可能小的攻角来减小气动载荷和气动干扰,但攻角过小不利于箭体的转弯,一般取最大攻角为 $\alpha_{max} = 2° \sim 7°$。

对于多级火箭来讲,级间分离时刻,发动机的推力和弹体的质量都会发生突变,因此,主动段弹道也可以按每一级的飞行段来划分,这里就不再详细阐述。

2.4.4 举例验证

本书采用二级固体火箭,每级采用相同的某推进剂且药柱采用带槽药型,每级发动机均采用球形封头且壳体材料相同,有效载荷质量为1000kg,主动段期望的末速度为5000m/s,速度损失系数 $k_v = 0.2$。按照文献[107]中的数据,根据式(2.34)计算出各级发动机的设计比冲 $I_{sp1}^p = 235.4s$, $I_{sp2}^p = 255.6s$;根据式(2.33)计算出各级结构系数 $\varepsilon_1 = 0.0823$, $\varepsilon_2 = 0.0846$;根据式(2.35)计算出各级燃烧室温度 $T_1 = 3125K$, $T_2 = 3120K$;根据式(2.36)计算各级发动机的真空比冲 $I_{sp1} = 257.3s$, $I_{sp2} = 272.5s$;根据式(2.37)计算第一级发动机的地面比冲 $I'_{sp1} = 227.8s$;按照相对质量系数 μ_i 之间的最佳关系,取 $\mu_2 = 1.1\mu_1$,根据式(2.39)计算出各级推进剂相对质量系数 $\mu_1 = 0.659$, $\mu_2 = 0.724$。

运载火箭气动参数按文献[110]选取:

$$C_D = \begin{cases} 0.29 & (0 \leqslant Ma \leqslant 0.8) \\ Ma - 0.51 & (0.8 < Ma \leqslant 1.07) \\ 0.091 + 0.5Ma^{-1} & (Ma > 1.07) \end{cases} \tag{2.46}$$

$$C_L^\alpha = \begin{cases} 2.8 & (0 \leqslant Ma \leqslant 0.25) \\ 2.8 + 0.447(Ma - 0.25) & (0.25 < Ma \leqslant 1.1) \\ 3.18 - 0.660(Ma - 1.1) & (1.1 < Ma \leqslant 1.6) \\ 2.85 + 0.350(Ma - 1.6) & (1.6 < Ma \leqslant 3.6) \\ 3.55 & (Ma > 3.6) \end{cases} \tag{2.47}$$

$$C_L = C_L^\alpha \cdot \alpha \tag{2.48}$$

两级固体火箭发动机均采用耗尽关机工作模式,根据表2.1所列的火箭参数和弹道划分准则,按照运动方程(2.27)及式(2.28),采用积分方法得出火箭的飞行速度、弹道倾角、飞行高度和质量随时间的变化曲线,如图2.3所示,从图中不难发现上述状态参数随时间的变化均符合一般规律,且得到的主动段最大末速为5018.1m/s,与期望速度5000m/s偏差较小,由此可见,采用的火箭质量估算模型是可行的。

表2.1 两级固体火箭性能参数

一级及一子级性能	数值	二级及二子级性能	数值
第一级总质量/kg	12285	第二级总质量/kg	4008
一子级药柱质量/kg	8093	二子级药柱质量/kg	2903
一级平均比冲/s	227.8	二级真空比冲/s	272.5
一级工作时间/s	67.4	二级工作时间/s	49.3
一级推力/N	267931	二级推力/N	157261
一子级弹径/m	1.15	二子级弹径/m	0.93

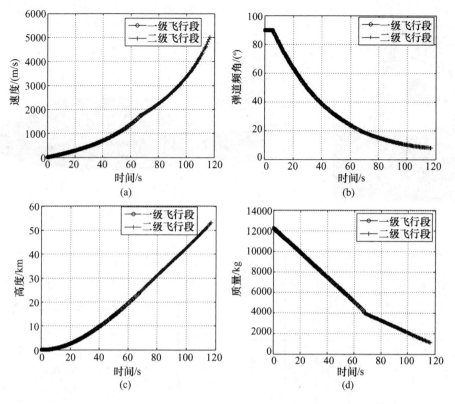

图 2.3　状态参数随时间的变化曲线

（a）速度变化曲线；（b）弹道倾角变化曲线；（c）高度变化曲线；（d）质量变化曲线。

2.5　典型飞行器气动构型

高速飞行器具有速度快、巡航距离远、突防能力强等特点,其气动外形具有较高的升·阻比,包括升力体、翼身融合体、轴对称旋成体和乘波体 4 种类型[111]。

2.5.1　升力体

升力体是指没有产生升力的机翼,依靠本身结构形成的升力稳定飞行的气动构型。由于不需要常规飞行器的主要升力部件——机翼,可消除机身等部件所产生的附加阻力和机翼 –机身间的干扰,从而有可能在较高的速度下获得较高的升阻比,缺点是气动效率低,操纵性差。

升力体构型具有高热载荷、低热流率的再入物理特性,在大迎角和高超声速时具有良好的气动特性,内部体积利用率高,在航天器气动构型设计中得到一些应用,如 X – 33,X – 38等(见图 2.4 和图 2.5)。

一般来说,升力体外形往往具有带上反角的形状,机身的迎风面、背风面与侧面(沿翼尖)压力沿纵轴分布。由于翼尖激波作用,翼面压力升高,在主激波与翼尖相交点之后,压力和密度均有所下降。Kelly 通过实验和两种有限体积法得到了不同马赫数下的X – 33气动系数,如图 2.6 和图 2.7 所示,结果与 George 提供的数据比较吻合。由图 2.7可知在攻角为 20o 时,X – 33 的升阻比达到峰值 1.3 左右。

图 2.4　X-33

图 2.5　X-38

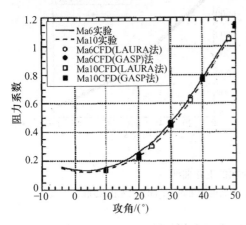

图 2.6　X-33 阻力系数随攻角的变化

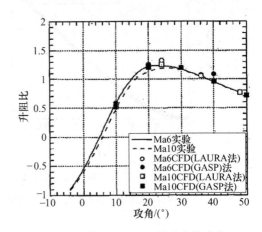

图 2.7　X-33 升阻比随攻角的变化

2.5.2　翼身融合体

　　翼身融合体是由飞行器机翼与机身两个部件融合而成的一体化布局,二者之间没有明显界限,机身也可产生较大升力。翼身融合体结构重量轻、内部容积大、气动阻力小,可使飞行器的飞行性能有较大改善,并且由于消除了机翼与机身交接处的直角,翼身融合体也有助于减小飞行器的雷达反射截面积,改善隐身性能。但翼身融合体设计和制造比较困难,尤其在非设计马赫数下还存在发动机配平问题。

　　作为一个整体来进行设计的翼身融合体飞行器,它不但可减小压力中心从亚声速到超声速的向后移动,而且可减小飞行器头部的不稳定偏航力矩,使其在超声速或高超声速状态具有比普通结构更高的升力和飞行稳定性。航天飞机、X-34、X-37、X-40A 等均采用了翼身融合体构型(见图 2.8 和图 2.9)。

　　Bandu 等人研究了 X-34 在不同马赫数下升力系数随攻角的变化趋势(如图 2.10 所示)。很显然,马赫数较小时,升力系数较大,张涵信院士也指出在马赫数小于 1 时,翼身融合体飞行器升阻比可达到 7~8 以上,但在马赫数大于 3 时,其升阻比一般不超过 3,如图 2.11 所示。

图 2.8　X - 34

图 2.9　X - 37

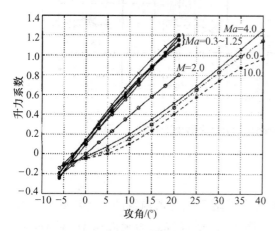

图 2.10　X - 34 升力系数随攻角的变化图

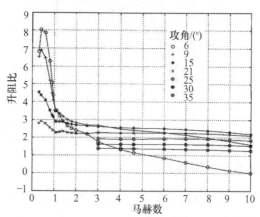

图 2.11　X - 34 升阻比随马赫数的变化

2.5.3　轴对称旋成体

　　轴对称旋成体就是由一条母线围绕某轴旋转而成的构型,是战术导弹常采用的一种气动外形。其外形特点是尖头部、大长细比、弹翼大后掠角、小展弦比,常采用无尾翼气动布局(见图 2.12)。轴对称旋成体在马赫数小于 1.5 时最大升阻比可达到 6 以上,但在高马赫数下,升阻比只有 3 左右。

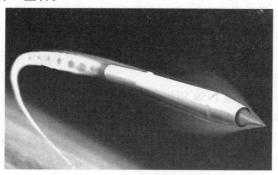

图 2.12　美国未来高超声速巡航导弹

　　Thomas 等人针对不同长细比的轴对称旋成体进行了气动特性研究,给出了不同条件下轴对称旋成体升阻比随升力系数的变化趋势,如图 2.13 所示。一般轴对称旋成体飞行器,其最佳升阻比对应攻角为 6°左右。

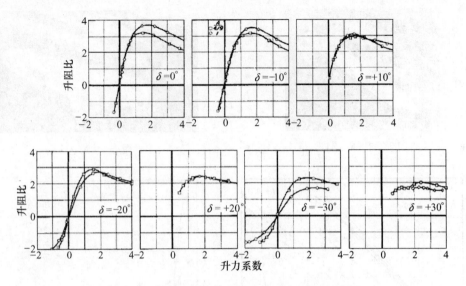

图 2.13　轴对称旋成体升阻比随升力系数的变化

2.5.4　乘波体

乘波体是在超声速、高超声速条件下激波完全贴附于飞行器前缘的一种特殊的飞行器构型,由于这种构型就像是乘在它的激波上面飞行,所以称之为乘波构型(WaveRider),美国已经试飞的 X－43A、X－51A 两种高超声速飞行器均采用此构型。这种外形有以下三个优势:

(1) 波后高压区与上表面低压区之间没有压力沟通,高压完全作用于升力面下表面,即下表面激波后的高压不会绕过前缘泄漏到上表面,这使得乘波构型与普通外形相比,在相同来流条件下具有更高的升阻比。

(2) 来流经激波压缩,在下表面形成较均匀流场,即沿着压缩面的流动被限制在前缘激波之内,因此可以消除发动机进气口处的横向流动,适当设计的乘波构型可以保证进口截面处流动的均匀性,利于提高吸气式冲压发动机的进气效率,便于进行前体外形、发动机、进气道一体化设计。

(3) 乘波构型是由圆锥形、椭圆锥等基本构型的已知流场导出的,所以便于进行外形设计和优化。

乘波构型最早由诺威勒在 1959 年提出,之后引起了欧洲、美国和苏联等许多航空航天科学家的兴趣。1980 年开始,在美国 NASP 计划的激励下,出现大量关于乘波构型的研究。1990 年在美国马里兰大学召开了第一届乘波构型会议,将乘波构型的研究推向一个新的高潮。发展至今,国外在乘波构型的设计方法研究和优化设计方面已经开展了较多工作,并且已经在试验领域和应用研究领域取得较多成果。国内在乘波体的研究上还主要处于理论阶段,工作主要针对高超声速条件下乘波体流场形成机理开展攻关。

图 2.14 为 X－43A 飞行器不同马赫数下升阻比随攻角变化情况,可以看出,乘波体在高马赫数时具有较高的升阻比,且随攻角变化比较平缓。

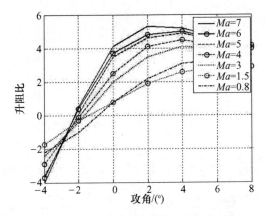

图 2.14 X-43A 升阻比随攻角变化情况

高升阻比的气动外形是保证飞行器实现远距离滑翔的必要条件,是实现对飞行过程稳定控制的基础。目前,关于高升阻比飞行器的气动特性研究主要是基于试验和数值计算。由于在现有条件下,风洞还不能完全复现真实的高超声速飞行条件,进行准确的气动特性分析难度很大,因此本节采用数值模拟方法对飞行器构型进行气动特性数值计算。

2.6 升力体滑翔飞行器气动性能

2.6.1 控制方程

对处于连续流区的高超声速飞行器而言,考虑到流场中黏性影响较大,可采用守恒型的 N-S 方程:

$$\frac{\partial \boldsymbol{U}}{\partial t} + \frac{\partial \boldsymbol{F}}{\partial x} + \frac{\partial \boldsymbol{G}}{\partial y} + \frac{\partial \boldsymbol{H}}{\partial z} = \frac{\partial \boldsymbol{F}_v}{\partial x} + \frac{\partial \boldsymbol{G}_v}{\partial y} + \frac{\partial \boldsymbol{H}_v}{\partial z} \tag{2.49}$$

式中,$\boldsymbol{U}$ 为守恒变量矢量,$\boldsymbol{F}$、$\boldsymbol{G}$、$\boldsymbol{H}$ 为对流通量矢量,$\boldsymbol{F}_v$、$\boldsymbol{G}_v$、$\boldsymbol{H}_v$ 为黏性扩散通量矢量,表达式如下:

$$\boldsymbol{U} = \begin{bmatrix} \rho \\ \rho u \\ \rho v \\ \rho w \\ E \end{bmatrix}; \boldsymbol{F} = \begin{bmatrix} \rho u \\ \rho u^2 + p \\ \rho uv \\ \rho uw \\ uE + pu \end{bmatrix}; \boldsymbol{G} = \begin{bmatrix} \rho v \\ \rho uv \\ \rho v^2 + p \\ \rho vw \\ vE + pv \end{bmatrix}; \boldsymbol{H} = \begin{bmatrix} \rho w \\ \rho uw \\ \rho vw \\ \rho w^2 + p \\ wE + pw \end{bmatrix}$$

$$\boldsymbol{F}_v = \begin{bmatrix} 0 \\ \tau_{xx} \\ \tau_{xy} \\ \tau_{xz} \\ k\dfrac{\partial T}{\partial x} + u\tau_{xx} + v\tau_{xy} + w\tau_{xz} \end{bmatrix}; \boldsymbol{G}_v = \begin{bmatrix} 0 \\ \tau_{xy} \\ \tau_{yy} \\ \tau_{zy} \\ k\dfrac{\partial T}{\partial y} + u\tau_{xy} + v\tau_{yy} + w\tau_{zy} \end{bmatrix};$$

$$H_v = \begin{bmatrix} 0 \\ \tau_{xz} \\ \tau_{yz} \\ \tau_{zz} \\ k\dfrac{\partial T}{\partial z} + u\tau_{xz} + v\tau_{yz} + w\tau_{zz} \end{bmatrix}$$

$$\cdot \begin{cases} \tau_{xx} = -\dfrac{2}{3}\mu\left(\dfrac{\partial u}{\partial x} + \dfrac{\partial v}{\partial y} + \dfrac{\partial w}{\partial z}\right) + 2\mu\dfrac{\partial u}{\partial x} \\[2mm] \tau_{yy} = -\dfrac{2}{3}\mu\left(\dfrac{\partial u}{\partial x} + \dfrac{\partial v}{\partial y} + \dfrac{\partial w}{\partial z}\right) + 2\mu\dfrac{\partial v}{\partial y} \\[2mm] \tau_{zz} = -\dfrac{2}{3}\mu\left(\dfrac{\partial u}{\partial x} + \dfrac{\partial v}{\partial y} + \dfrac{\partial w}{\partial z}\right) + 2\mu\dfrac{\partial w}{\partial z} \end{cases} ; \begin{cases} \tau_{xy} = \tau_{yx} = \mu\left(\dfrac{\partial u}{\partial y} + \dfrac{\partial v}{\partial x}\right) \\[2mm] \tau_{xz} = \tau_{zx} = \mu\left(\dfrac{\partial u}{\partial z} + \dfrac{\partial w}{\partial x}\right) \\[2mm] \tau_{yz} = \tau_{zy} = \mu\left(\dfrac{\partial v}{\partial z} + \dfrac{\partial w}{\partial y}\right) \end{cases}$$

其中,t 为时间变量,x、y、z 为直角坐标的三个方向变量,ρ 为流体的密度,p 为流体的压强,T 为流体的温度,E 为流体微团的总能量,u、v、w 分别为 x、y、z 方向上的速度分量,τ_{ij} 为分子黏性应力张量的分量,μ 为黏性系数,k 为热传导系数。

为了使控制方程组封闭,还需引入附加方程。在通常的空气动力计算过程中,可以认为气体是理想气体,即满足以下两个方程:

$$p = \rho R T \tag{2.50}$$

$$e = c_V T \tag{2.51}$$

式中,R 为气体常数,e 为内能,c_V 为气体的定容比热。

2.6.2 数值离散

在进行数值计算之前,先要将计算区域离散化。有限体积法是近年来发展迅速的一种离散化方法,在 CFD 领域得到了广泛应用。因此本书选用有限体积法。具体做法是先把空间上连续的计算区域划分成许多个互不重叠的子区域,即计算网格,然后确定每个子区域中的节点位置和该节点代表的控制体积,再将控制方程对每个控制体积积分,从而得到离散方程。

在离散过程中,将每个控制体上的物理量定义并储存在节点上,如图 2.15 所示[112],(i,j,k) 是网格点,位于控制体的中心,每一个顶点都是其周围 8 个网格点坐标的平均值。

把微分形式的控制方程写为以下形式:

$$\frac{\partial U}{\partial t} + \nabla \cdot f = 0 \tag{2.52}$$

其中
$$f = (Fi + Gj + Hk) - (F_v i + G_v j + H_v k) \tag{2.53}$$

将式(2.52)在每个单元体积分:

$$\iint_{\Omega} \frac{\partial U}{\partial t} + \iint_{\Omega} \nabla \cdot f \mathrm{d}\Omega = 0 \tag{2.54}$$

28

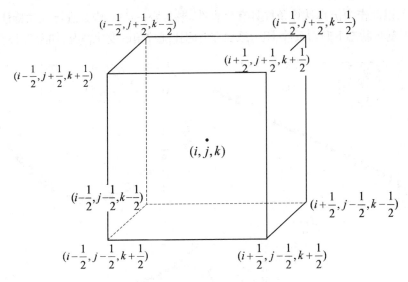

$(i-\frac{1}{2}, j+\frac{1}{2}, k-\frac{1}{2})$ $(i-\frac{1}{2}, j+\frac{1}{2}, k-\frac{1}{2})$

$(i+\frac{1}{2}, j+\frac{1}{2}, k+\frac{1}{2})$

$(i-\frac{1}{2}, j+\frac{1}{2}, k+\frac{1}{2})$

(i,j,k)

$(i-\frac{1}{2}, j-\frac{1}{2}, k-\frac{1}{2})$ $(i+\frac{1}{2}, j-\frac{1}{2}, k-\frac{1}{2})$

$(i-\frac{1}{2}, j-\frac{1}{2}, k+\frac{1}{2})$ $(i+\frac{1}{2}, j-\frac{1}{2}, k+\frac{1}{2})$

图 2.15 控制体积示意图

对空间导数应用 Gauss 定理:

$$\int_{\Omega} \frac{\partial \boldsymbol{U}}{\partial t} \mathrm{d}\Omega + \int_{S} \boldsymbol{f} \cdot \boldsymbol{n} \mathrm{d}S = 0 \tag{2.55}$$

其中,Ω 为控制体积,S 为 Ω 的边界,$\boldsymbol{n}$ 为控制体积表面外法向单位矢量,则控制方程的离散形式为

$$\left(\frac{\partial \boldsymbol{U}}{\partial t}\right)_{i,j,k} = -\left\{\left[(\boldsymbol{F}_{i+\frac{1}{2}} - \boldsymbol{F}_{i-\frac{1}{2}})_{j,k} + (\boldsymbol{G}_{j+\frac{1}{2}} - \boldsymbol{G}_{j-\frac{1}{2}})_{i,k} + (\boldsymbol{H}_{k+\frac{1}{2}} - \boldsymbol{H}_{k-\frac{1}{2}})_{i,j}\right] - \right.$$
$$\left.\left[(\boldsymbol{F}_{v,i+\frac{1}{2}} - \boldsymbol{F}_{v,i-\frac{1}{2}})_{j,k} + (\boldsymbol{G}_{v,j+\frac{1}{2}} - \boldsymbol{G}_{v,j-\frac{1}{2}})_{i,k} + (\boldsymbol{H}_{v,k+\frac{1}{2}} - \boldsymbol{H}_{v,k-\frac{1}{2}})_{i,j}\right]\right\} \tag{2.56}$$

2.6.3 湍流模型

现在已发展了多种湍流模型,包括零方程模型、单方程模型、双方程模型、大涡模拟等。双方程模型在计算机容量及计算精度之间取得了较好的平衡,在工程上得到了广泛应用。因此本节选用双方程模型中的标准 $k-\varepsilon$ 湍流模型进行计算。

2.6.4 边界条件

在求解具体流动问题的过程中,需要合理地添加相应的边界条件和初始条件。实践证明如果边界条件处理不当,不但会引起较大的计算误差,甚至可能致使迭代计算收敛困难。对于高超声速飞行器,其边界条件包括入口条件、出口条件及壁面条件。入口条件取来流状态参数(速度、温度、压强);出口条件采用外推方式获得;在运动物体表面应该满足无穿透、无滑移的壁面边界条件。

2.6.5 计算结果及数据处理

查标准大气属性表得到 30km 处的大气压强为 1172Pa,温度为 226.5K,密度为 $1.8 \times$

$10^{-2}\mathrm{kg/m^3}$，以此作为仿真计算条件具有代表性，根据某一 CAV 构型进行气动特性数值计算，得到不同马赫数状态下升力系数、阻力系数和升阻比随攻角的变化情况，如图 2.16 所示。

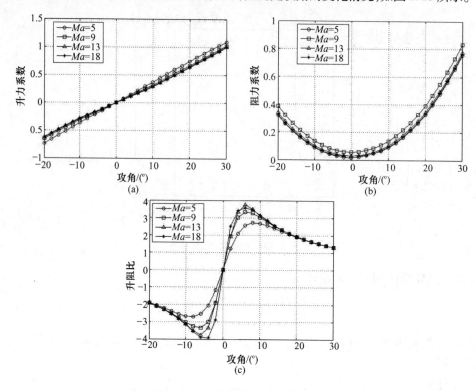

图 2.16　飞行器的气动特性曲线

（a）升力系数随攻角变化情况；（b）阻力系数随攻角变化情况；（c）升阻比随攻角变化情况。

从图中可以看出升力系数随攻角的变化曲线近似为一次函数，阻力系数随攻角的变化曲线近似为二次函数。在马赫数高于 9 时，飞行器气动特性曲线非常接近，这与高马赫数无关原理相吻合。

根据图 2.16 所示结果，气动系数可拟合成攻角的函数，即

$$C_L = 1.9038\alpha + 0.0076$$
$$C_D = 2.6766\alpha^2 + 0.0163\alpha + 0.0255 \tag{2.57}$$

在攻角位于 6°附近时，升阻比达到最大值 3.56。

2.7　约 束 模 型

助推 - 滑翔式飞行器的飞行环境复杂，为保证飞行过程能够顺利进行，需设定诸多约束条件。主要包括过程约束、端点约束和控制量约束。

2.7.1　过程约束

1. 动压约束

整个飞行过程中气动力和力矩都与动压成比例关系，考虑动压对控制系统的影响和

侧向稳定性的要求,动压应该有一定限制,即

$$q = \frac{1}{2}\rho V^2 \leqslant q_{max} \tag{2.58}$$

2. 法向过载约束

根据运载火箭和飞行器的结构强度限制,需要考虑法向过载的影响。运载火箭的法向过载和升力、推力、攻角相关,即

$$n_y = \frac{|L + T\sin\alpha|}{mg} \leqslant n_{ymax} \tag{2.59}$$

由于飞行器在滑翔段时无推力影响,所以仅需令式(2.59)中 $T = 0$,即可得到滑翔段的法向过载。

3. 热流密度约束

由于整流罩的保护,在主动段可不考虑热流密度的约束。而飞行器在滑翔段以高超声速飞行过程中,由于烧蚀作用会导致飞行器外形改变,进而使气动性能下降,因此有必要对气动加热有所限制,驻点是飞行器加热最严重的区域,所以将驻点热流密度作为约束条件,即[113]

$$\dot{Q} = \frac{C}{\sqrt{R_d}}\rho^{0.5}V^{3.08} \leqslant \dot{Q}_{max} \tag{2.60}$$

式中,C 为与飞行器特性相关的常数,R_d 为飞行器驻点处的曲率半径。

2.7.2 端点及控制量约束

端点是指弹道每个阶段的初始点和终端点,即本书中运载火箭发射点、主动段与滑翔段交接点(关机点)、滑翔段与末制导段的交接点。端点约束主要是考虑初始状态变量和终端状态变量的受限问题,一般取固定值,即

初始状态:$x_0 = x_0$;

终端状态:$x_f = x_{f*}$。

其中,$x = [h \; ; \; \theta \; ; \; \varphi \; ; \; V \; ; \; \gamma \; ; \; \psi]$,带"*"的量表示期望达到的目标值。

也可以根据需要将某些状态变量设定在一定区间内,例如,若要终端速度不低于 V_f^*,则 $V_f \geqslant V_f^*$,若初始航向角限制在一定范围内,则 $\psi_0 \in [\psi_{0min*}, \psi_{0max*}]$。

攻角和滚转角做为控制量,应处于飞行器所允许的最大可控范围之内,即控制量约束:

$$\alpha_{min} \leqslant \alpha \leqslant \alpha_{max}, \quad \sigma_{min} \leqslant \sigma \leqslant \sigma_{max}$$

第二篇　助推-滑翔飞行器弹道特征及应用

第3章　助推-滑翔飞行器弹道优化与应用

3.1　引　言

根据飞行器数学模型,在给定各个状态参数的条件下即可求得主动段和滑翔段的飞行弹道,但由于助推-滑翔式飞行器的运动方程形式复杂、飞行弹道对控制变量高度敏感且再入过程的非线性约束较强,因此其弹道优化问题需要运用有效的数值方法加以解算。本书详细阐述了解决弹道优化问题的方法,并将此方法应用于计算飞行器的最大射程、可达区和绕飞规避能力,为飞行器的任务规划提供数据参考。

3.2　优化方法

近几年来,用新兴的伪谱法来解决弹道优化问题受到广泛关注。伪谱法是将状态变量和控制变量在一系列配点上离散,并以离散点为节点构造 Largrange 插值多项式来拟合状态变量和控制变量。通过对全局插值多项式求导来近似状态变量对时间的导数,将运动微分方程转化成一组代数方程,将弹道优化问题最终转化为非线性规划问题。根据配点的不同,伪谱法一般划分为 Legendre 伪谱法、Gauss 伪谱法和 Radau 伪谱法[114]。为提高计算效率,本书采用一种 hp-自适应 Radau 伪谱法[115],此方法能够在不影响计算精度的情况下缩短计算时间。

3.2.1　Bolza 最优控制问题

将弹道优化问题看作 Bolza 形式的最优控制问题[116]。具体来讲:将状态变量(包括地心距、经度、纬度、速度、弹道倾角和航向角)设为 $\boldsymbol{x}(t) \in \mathbb{R}^n$,将控制变量(攻角和滚转角)设为 $\boldsymbol{u}(t) \in \mathbb{R}^m$,时间为 t,初始时间为 t_0,终端时间为 t_f,然后寻找 $\boldsymbol{u}(t)$,在满足一系列约束方程的情况下,最小化具有一般性的 Bolza 型目标函数,即

$$J = \boldsymbol{\varPhi}(\boldsymbol{x}(t_0),t_0,\boldsymbol{x}(t_f),t_f) + \int_{t_0}^{t_f} g(\boldsymbol{x}(t),\boldsymbol{u}(t),t)\mathrm{d}t \tag{3.1}$$

运动方程可写成

$$\frac{\mathrm{d}\boldsymbol{x}}{\mathrm{d}t} = \boldsymbol{f}(\boldsymbol{x}(t),\boldsymbol{u}(t),t) \tag{3.2}$$

过程约束可写成

$$C(\boldsymbol{x}(t),\boldsymbol{u}(t),t) \leqslant 0 \tag{3.3}$$

端点约束可写成

$$\phi(\boldsymbol{x}(t_0),t_0,\boldsymbol{x}(t_f),t_f) = 0 \tag{3.4}$$

由于后续工作需要,对时间变量进行变换。将时间区间 $t \in [t_0,t_f]$ 划分为 K 段子区间 $[t_{k-1},t_k],(k=1,2,\cdots,K)$,且 $t_0 < t_1 < \cdots < t_K = t_f$。然后将每段子区间的 $t \in [t_{k-1},t_k]$ 通过下式转换成 $\tau = [-1,+1]$。

$$\tau = \frac{2t-(t_k+t_{k-1})}{t_k-t_{k-1}}(t_{k-1} < t_k) \tag{3.5}$$

$$\frac{\mathrm{d}\tau}{\mathrm{d}t} = \frac{2}{t_k-t_{k-1}},(k=1,2,\cdots,K) \tag{3.6}$$

则每段子区间的状态变量和控制变量分别为 $\boldsymbol{x}^k(\tau)$ 和 $\boldsymbol{u}^k(\tau)$。

方程(3.1)~式(3.4)可以转换为

$$J = \Phi(\boldsymbol{x}^{(1)}(-1),t_0,\boldsymbol{x}^{(K)}(+1),t_f) +$$

$$\sum_{k=1}^{K} \frac{t_k-t_{k-1}}{2} \int_{-1}^{+1} g(\boldsymbol{x}^k(\tau),\boldsymbol{u}^k(\tau),\tau;t_{k-1},t_k)\mathrm{d}\tau \tag{3.7}$$

$$\frac{\mathrm{d}\boldsymbol{x}^{(k)}(\tau)}{\mathrm{d}\tau} = \frac{t_k-t_{k-1}}{2}f(\boldsymbol{x}^k(\tau),\boldsymbol{u}^k(\tau),\tau;t_{k-1},t_k) \tag{3.8}$$

$$C(\boldsymbol{x}^k(\tau),\boldsymbol{u}^k(\tau),\tau;t_{k-1},t_k) \leqslant 0 \tag{3.9}$$

$$\phi(\boldsymbol{x}^{(1)}(-1),t_0,\boldsymbol{x}^{(K)}(+1),t_f) = 0 \tag{3.10}$$

由于状态变量是连续的,所以各段区间边界要衔接起来,即 $\boldsymbol{x}(t_k^-) = \boldsymbol{x}(t_k^+)$,其中 $k = 1,2,\cdots,K-1$。

3.2.2 Radau 伪谱法

前文已将整个时间区间划分为各个子区间,则每段子区间内的状态变量用 N_k 次多项式近似表示:

$$\boldsymbol{x}^{(k)}(\tau) \approx \boldsymbol{X}^{(k)}(\tau) = \sum_{j=1}^{N_k+1} \boldsymbol{X}_j^{(k)} L_j^{(k)}(\tau), L_j^{(k)}(\tau) = \prod_{\substack{l=1 \\ i \neq j}}^{N_k+1} \frac{\tau-\tau_l^{(k)}}{\tau_j-\tau_l} \tag{3.11}$$

其中,$\tau = [-1,+1]$,$L_j^{(k)}(\tau),(j=1,2,\cdots,N_k+1)$ 为 Lagrange 插值多项式基函数,$(\tau_1^{(k)},\cdots,\tau_{N_k}^{(k)})$ 为在每段子区间上的 LGR(Legendre – Gauss – Radau) 离散点,其中 $\tau_{N_k+1}^{(k)} = +1$ 不属于 LGR 离散点。将 $\boldsymbol{X}^{(k)}(\tau)$ 微分,得

$$\frac{\mathrm{d}\boldsymbol{X}^{(k)}(\tau)}{\mathrm{d}\tau} \equiv \dot{\boldsymbol{X}}^{(k)}(\tau) = \sum_{j=1}^{N_k+1} \boldsymbol{X}_j^{(k)} \dot{\boldsymbol{L}}_j^{(k)}(\tau) \tag{3.12}$$

利用 LGR 积分将目标函数近似为

$$J \approx \Phi(\boldsymbol{X}_1^{(1)},t_0,\boldsymbol{X}_{N_k+1}^{(K)},t_K) + \sum_{k=1}^{K} \sum_{j=1}^{N_k} \frac{t_k-t_{k-1}}{2}\omega_j^{(k)} g(\boldsymbol{X}_j^{(k)},\boldsymbol{U}_j^{(k)},\tau_j^{(k)};t_{k-1},t_k) \tag{3.13}$$

其中，$w_j^{(k)}(j = 1, \cdots, N_k)$ 为 LGR 加权项，$\boldsymbol{U}_j^{(k)}$ 为控制变量在子区间 k 中的 LGR 点处的近似值，$\boldsymbol{X}_1^{(1)}$ 为 $\boldsymbol{x}(t_0)$ 的近似值，$\boldsymbol{X}_{N_k+1}^{(K)}$ 为 $\boldsymbol{x}(t_f)$ 的近似值。

运动方程(3.2)在 LGR 点的离散形式为

$$\sum_{j=1}^{N_k+1} \boldsymbol{X}_j^{(k)} D_{ij}^{(k)} - \frac{t_k - t_{k-1}}{2} \boldsymbol{f}(\boldsymbol{X}_i^{(k)}, \boldsymbol{U}_i^{(k)}, \tau_i^{(k)}; t_{k-1}, t_k) = \boldsymbol{0}, (i = 1, \cdots, N_k) \quad (3.14)$$

其中 $\qquad D_{ij}^{(k)} = \dot{L}_j^{(k)}(\tau_i), \begin{cases} (i = 1, \cdots, N_k) \\ (j = 1, \cdots, N_k + 1) \\ (k = 1, \cdots, K) \end{cases} \qquad (3.15)$

过程约束(3.3)在 LGR 点的离散形式为

$$\boldsymbol{C}^{(k)}(\boldsymbol{X}_i^{(k)}, \boldsymbol{U}_i^{(k)}, \tau_i; t_{k-1}, t_k) \leqslant \boldsymbol{0}, (i = 1, \cdots, N_k) \quad (3.16)$$

端点约束(3.4)在 LGR 点的离散形式为

$$\boldsymbol{\phi}(\boldsymbol{X}_1^{(1)}, t_0, \boldsymbol{X}_{N_K+1}^{(K)}, t_K) = \boldsymbol{0} \quad (3.17)$$

通过上述一系列的数值近似方法，最终将连续的 Bolza 问题转化为非线性规划问题，即求得每段 LGR 点处的状态变量和控制变量，在满足运动方程(3.2)、过程约束(3.3)和端点约束(3.4)的情况下，使得性能目标函数(3.13)最小。本书采用序列二次规划算法(SQP)作为求解器对上述非线性规划问题进行求解。

3.2.3　*hp* - 自适应更新方法

从前面的连续最优控制问题的转换可知，子区间段数 K 和每段子区间内 Lagrange 多项式的阶数决定了近似计算的精度。自适应算法的目的是通过网格重构，提高离散后的计算精度。在每段子区间内设定一个离散状态方程和过程约束的误差容忍度 ε_d，如果在当前网格划分条件下，每段子区间内的计算精度大于 ε_d，则对当前的网格进行重构。重构的方法包括两种：一是在每段子区间内增加 Lagrange 多项式的阶数；二是增加时间分段的段数。

前面只对状态变量采用了 Lagrange 多项式逼近，现在对控制变量也采用多项式逼近的方法。在前 $1 \sim (K-1)$ 个子区间内采用 N_k 阶多项式近似表示控制变量：

$$\boldsymbol{U}^{(k)}(\tau) = \sum_{i=1}^{N_k+1} \boldsymbol{U}_i^{(k)} \hat{L}_i^{(k)}(\tau), \hat{L}_j^{(k)}(\tau) = \prod_{\substack{i=1 \\ i \neq j}}^{N_k+1} \frac{\tau - \tau_i^{(k)}}{\tau_j - \tau_i^{(k)}} \quad (3.18)$$

由于第 K 段子区间的最后一个点不属于 LGR 点，因此，在第 K 段子区间内的控制变量采用 $N_k - 1$ 阶多项式近似表示为

$$\boldsymbol{U}^{(k)}(\tau) = \sum_{i=1}^{N_k} \boldsymbol{U}_i^{(k)} \widetilde{L}_i^{(k)}(\tau), \widetilde{L}_j^{(k)}(\tau) = \prod_{\substack{i=1 \\ i \neq j}}^{N_k} \frac{\tau - \tau_i^{(k)}}{\tau_j - \tau_i^{(k)}} \quad (3.19)$$

在每段子区间 $k \in [1, \cdots, K]$ 内，设定 L 个采样点 $(\bar{\tau}_1^{(k)}, \cdots, \bar{\tau}_L^{(k)}) \in [-1, 1]$，用于计算每段子区间的精度，进而可将每段子区间内的离散形式运动方程和过程约束方程计算所得误差表示为

$$\left| \dot{\boldsymbol{X}}^{(k)}\left(\bar{\tau}_l^{(k)}\right) - \frac{t_k - t_{k-1}}{2}\boldsymbol{f}^{(k)}\left(\boldsymbol{X}_l^{(k)},\boldsymbol{U}_l^{(k)},\bar{\tau}_l^{(k)};t_{k-1},t_k\right) \right| = \boldsymbol{e}_l^{(k)}, \qquad (l=1,\cdots,L)$$

$$(3.20)$$

$$\boldsymbol{C}_l^{(k)}\left(\boldsymbol{X}_l^{(k)},\boldsymbol{U}_l^{(k)},\bar{\tau}_l^{(k)};t_{k-1},t_k\right) = \boldsymbol{b}_l^{(k)} \qquad (3.21)$$

如果 $\boldsymbol{e}_l^{(k)}$ 和 $\boldsymbol{b}_l^{(k)}$ 均小于 ε_d，则当前状态变量和控制变量为最优控制的近似解，如果 $\boldsymbol{e}_l^{(k)}$ 和 $\boldsymbol{b}_l^{(k)}$ 其中任一值大于 ε_d，则说明当前的网格划分不满足精度要求，需要增加每段子区间内的 Lagrange 多项式阶数或者增加时间分段的数量。在没有过程约束的情况下，$\boldsymbol{b}_l^{(k)}$ 为负值，总是小于 ε_d；当存在过程约束时，$\boldsymbol{b}_l^{(k)}$ 有可能为正值，如果该值超过 ε_d，说明当前计算精度不满足要求，需要对网格进行重构。

1. 重构方法的确定

设第 $k \in [1,\cdots,K]$ 段子区间内的第 m 个状态分量 $X_m^{(k)}(\tau)$ 的曲率为

$$\kappa^{(k)}(\tau) = \frac{\left| \ddot{X}_m^{(k)}(\tau) \right|}{\left| \left[1 + \dot{X}_m^{(k)}(\tau)^2\right]^{3/2} \right|} \qquad (3.22)$$

设 $\kappa_{\max}^{(k)}$ 和 $\tilde{\kappa}^{(k)}$ 分别为第 k 段子区间内所有状态量计算得到的 $\kappa^{(k)}(\tau)$ 的最大值和平均值，引入一个判断量 $r_k = \kappa_{\max}^{(k)} / \tilde{\kappa}^{(k)}$。如果 $r_k < r_{\max}$，则需要增加每段子区间内的多项式阶数；若 $r_k > r_{\max}$，则将需要划分更多的子区间。

2. 每段子区间内 Lagrange 多项式阶数的确定

设更新前和更新后每段子区间内的配点数分别为 N_k^- 和 N_k^+，则更新后配点数目与更新前配点数目的误差容忍度 ε_d 和最大误差量 $e_{\max}^{(k)}$ 的函数关系可表示为

$$N_k^+ = N_k^- + \mathrm{ceil}\left(\lg\left(e_{\max}^{(k)}\right) - \lg(\varepsilon_d)\right) + X \qquad (3.23)$$

其中 X 为任意整数，用来控制每段区间内配点数的增长。

3. 每段子区间内重新分段数目的确定

设第 k 段子区间内重新划分的段数为 n_k，则

$$n_k = Y \cdot \mathrm{ceil}\left(\lg\left(e_{\max}^{(k)}\right) - \lg(\varepsilon_d)\right) \qquad (3.24)$$

其中 Y 为任意整数，用来控制段数的增长。

4. hp - 自适应更新流程

设每段子区间内 Lagrange 多项式的最小阶数为 m（等于每段子区间内的配点数），然后按照以下流程进行自适应更新：

第一步：在每次网格迭代后，计算当前状态参数和网格迭代前状态参数的差值，如果状态参数的最大误差小于 ε，则停止计算，如果误差大于 ε，则进入第二步计算。

在所有子区间（$k=1,\cdots,K$）内进行第二步到第五步的计算：

第二步：在每段子区间内的各个配点之间设定 L 个抽样点，如果每段抽样点计算得到的离散形式运动方程和过程约束满足精度 ε_d，则在该子区间内保持原有的分段情况；否则进入第三步。如果所有子区间内的计算精度均满足 ε_d，则停止自适应更新，转而进入第六步。

第三步：如果每段子区间内 $N_k = m$，则应用公式（3.22）计算状态参数的曲率并确定 r_k，若 $r_k \geq r_{\max}$ 或者 $N_k \neq m$，则进入第五步；如果 $r_k < r_{\max}$，则进入第四步。

第四步:应用公式(3.23)计算更新后每段子区间内的配点数。

第五步:应用公式(3.24)计算更新后每段子区间内重新划分的段数,并令重新划分后的每段子区间内的配点数 $N_k = m$。

第六步:返回第一步,直到计算精度满足设置的 ε。

3.3　滑翔段初始参数选择

前面所述的优化方法需要合理选择初始值才能保证弹道优化过程顺利进行。根据第2章所确立的弹道划分,需要考虑的初始值包括火箭发射时刻的状态参数,滑翔段的初始参数及末制导段的初始参数,其中火箭发射时刻初始状态可直接设定,而目前对于滑翔段及末制导段的初始参数选取未有明确定论,本节先对滑翔段的初始条件选取范围开展研究。

飞行器在飞行过程中可以达到的极限距离为最大射程,是评价飞行器性能的一项重要指标。为研究方便,假设飞行器在滑翔过程中不发生滚转,即飞行方向不发生变化,仅考虑初始倾角、速度、高度三个典型参数变化时滑翔段最大射程变化情况。运载火箭采用表3.1所设定的各级参数,根据初始参数估计值:弹道倾角6°,速度5000m/s,高度50km,然后再分别改变各个初始参数,具体参数选择如表3.1。

表 3.1　飞行器分离点初始参数

序号	初始倾角/(°)	初始速度/m·s⁻¹	初始高度/km
(1)	3/6/9/14	5000	50
(2)	6	4000/5000/6000/6500	50
(3)	6	5000	40/60/80/100

将飞行器质量设为907.18 kg,气动参考面积设为0.48387m²;将过程约束设定为 $q_{max} = 200\text{kPa}$, $\dot{Q}_{max} = 1200\text{kW/m}^2$, $n_{ymax} = 6$。由于飞行器在滑翔段的热防护主要分布在机体下表面,飞行器不宜进行负攻角飞行,因此将控制量约束设定为 $0° \leqslant \alpha \leqslant 30°$, $-50° \leqslant \sigma \leqslant 50°$。飞行器在滑翔段的最低飞行高度应大于防空武器的有效拦截高度,即 $h \geqslant 30\text{km}$。此外,飞行器在高速滑行过程中总吸热量也是一项重要的参考指标,其计算公式为

$$Q = \int_{t_0}^{t_f} \dot{Q} \, dt \tag{3.25}$$

考虑末制导段对弹道的要求,滑翔段的终端参数(即末制导段的初始参数)如表3.2所设,选取此参数的原因在后面将有详细的阐述。

表 3.2　终端参数

终端倾角/(°)	终端速度/m·s⁻¹	终端高度/km
−10	2500	30

3.3.1　初始倾角范围

飞行器分离点的初始倾角不仅直接影响到飞行器的再入飞行品质,而且还会影响助

推火箭的方案设计,因而有必要对飞行器分离点初始倾角开展研究。假设飞行器在同一高度和速度下以不同倾角分离,其纵向飞行参数如图 3.1 所示。

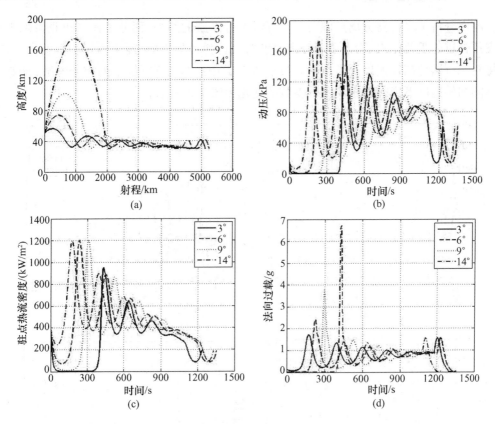

图 3.1　不同初始倾角时弹道及约束量变化情况
（a）弹道曲线；（b）动压变化曲线；（c）驻点热流密度变化曲线；（d）过载变化曲线。

按照表 3.1 中(1)方案的初始参数,得到不同初始倾角的纵向飞行轨迹如图 3.1(a)所示。从中不难发现,初始倾角对飞行器自由段和再入滑翔段的弹道形状影响很大,初始倾角的增大,可提高自由段弹道的高度,增加自由飞行的距离。但是,从图 3.1(d)中所示飞行器过载变化可以看出,初始倾角为 14°时,飞行器再入初期的最大过载就已经超出了约束条件,对飞行器自身结构十分不利,所以飞行器分离点的初始倾角不易取大。由图 3.1(b)所示飞行器动压变化情况可知,初始倾角为 9°时,飞行器再入初期的最大动压就已经接近极限值,不利于飞行器的控制,因而飞行器分离点初始倾角的选取应小于 9°,但从表 3.3 所示飞行器弹道特性中不难发现,增大初始倾角可以减小飞行器再入滑翔过程中的总吸热量,因此分离点初始倾角的选取应大于 3°。

表 3.3　不同初始倾角下的弹道特性

初始倾角/(°)	3	6	9	14
飞行时间/s	1327.7	1353.1	1352	1230.3
飞行距离/km	5111.7	5236.5	5230.1	4689.5
总吸热量/kJ·m^{-2}	6.1517e5	5.7266e5	5.0162e5	3.2825e5

3.3.2 初始速度范围

前面分析了飞行器分离点倾角对飞行器飞行品质的影响,而分离速度也是影响飞行器飞行弹道的重要因素,为了明确分离速度对飞行弹道的影响,便于指标参数的选择,下面将对飞行器分离点速度开展分析。按照表 3.1 中序号(2)所设定的初始参数,计算得到不同初始速度下飞行器主要飞行参数的变化如图 3.2 所示。

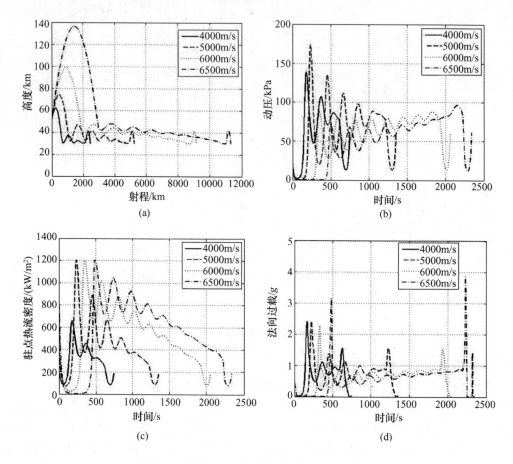

图 3.2　不同初始速度时弹道及约束量变化情况

(a)弹道曲线;(b)动压变化曲线;(c)驻点热流密度变化曲线;(d)过载变化曲线。

如图 3.2(a)所示,初始速度对弹道的形状影响也很大,分离点初始速度的增大,可增加飞行器自由段飞行距离,增加滑翔时的跳跃次数,增大总射程,这也可从能量的角度来解释,在势能相同的情况下,初始动能较大情况下的飞行距离更远。观察图 3.2(b)、图 3.2(c)、图 3.2(d)可知,飞行器各项约束量都很好地控制在合理范围内,但由表 3.4 可知,增大初始速度会增加飞行器再入滑翔阶段的总吸热量,因此初始速度不宜过大,应依照射程需求,选取在 4000~6500m/s 之间。

表 3.4 不同初始速度下的弹道特性

初始速度/m·s⁻¹	4000	5000	6000	6500
飞行时间/s	747.3	1353.1	2058.6	2338.7
飞行距离/km	2457.7	5236.5	9186.2	11307.1
总吸热量/kJ·m⁻²	2.2266e5	5.7266e5	1.0678e6	1.2537e6

3.3.3 初始高度范围

飞行器分离点高度主要影响助推火箭的弹道特性,在保证飞行器顺利完成再入滑翔飞行的情况下还要考虑助推火箭的指标要求,因而需要对飞行器分离点高度进行分析。按照表3.1中序号(3)的分离点初始参数,得到不同初始高度条件下飞行器的主要飞行参数变化情况如图3.3所示。

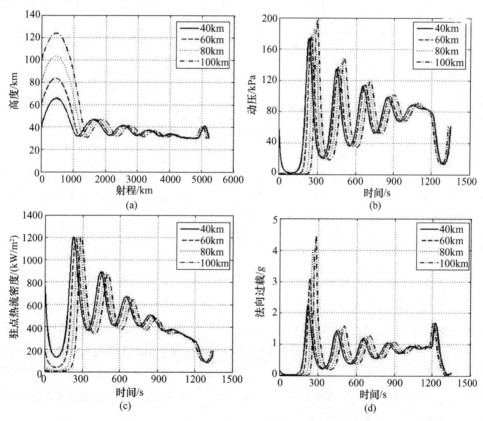

图 3.3 不同初始高度时弹道及约束量变化情况
（a）弹道曲线；（b）动压变化曲线；（c）驻点热流密度变化曲线；（d）过载变化曲线。

如图3.3(a)所示,初始高度对弹道的形状影响较小,初始高度的增大,可增大自由飞行的距离,但在跳跃滑翔阶段,高度变化曲线逐渐趋向一致,射程相差较小,而初始高度的增加必然是以主动段能量的消耗为代价的,因此初始高度的选取不宜太大。而且由图3.3(b)所示飞行器动压变化情况可以发现,当初始高度为100km时,飞行器再入初期最大动压接近于极限值,因此初始高度的选取应不大于80km;而由表3.5可知总吸热量会随着初始高度的降低而增加,这是由于初始高度太低会导致飞行器长时间在稠密大气中飞行,因此初始高度应高于40km。

表3.5 不同初始高度下的弹道特性

初始高度/km	40	60	80	100
飞行时间/s	1348.9	1350.7	1340.6	1331.2
飞行距离/km	5213.0	5226.9	5182.2	5141.6
总吸热量/kJ·m^{-2}	5.9263e5	5.5096e5	5.1461e5	4.8693e5

综合上述分析结果可知,飞行器分离点初始状态参数选取范围如表3.6所示,此参数范围能够为主动段助推火箭关机点参数的选择提供参考。

表3.6 初始状态参数选取范围

初始状态	初始倾角/(°)	初始速度/m·s^{-1}	初始高度/km
参考范围	3~9	4000~6500	40~80

3.4 全程优化方案

在对飞行器分离点初始参数进行分析后,分别对主动段和滑翔段进行优化,并将不同优化方案求得的最大射程进行对比分析,明确更为合理的方案,为主动段关机点参数提供具体的指标参考。

3.4.1 优化方案

假设火箭从地面垂直发射,发射点位置设定为(0°E,0°N),由于整流罩的存在,不必考虑热流密度约束,仅考虑动压和法向过载约束,$q_{max} = 100\text{kPa}$,$n_{ymax} = 1$。洲际固体导弹的攻角一般不超过7°,所以控制量约束设为$-7° \leqslant \alpha \leqslant 7°$。运载火箭的性能参数选用表2.1的数据。由于发动机的关机点参数(即滑翔段的初始参数)直接决定了滑翔段的弹道特性,因此根据不同的优化目标,主动段需采取不同的优化方案,然后从中挑选出最佳方案。为了使主动段+滑翔段的射程最大,同时确保关机点参数限制在表3.6所设定的范围内,主动段一般有三种优化方案:

方案1:增加主动段的射程,即优化目标为主动段射程$J = \max s_f$;

方案2:增加滑翔段的射程,根据上节的分析可知,关机点的速度对滑翔段的射程有着决定性因素,即优化目标为关机速度$J = \max V_f$;

方案3:由于关机点高度也会对滑翔段射程造成一定影响,因此同时增加关机点的高度和速度,即优化目标为关机点机械能$J = \max (V^2/2 + gh)_f$。

不同方案优化得到的关机点参数见表3.7。

表 3.7　助推火箭关机点参数

	高度/m	速度/m·s^{-1}	弹道倾角/(°)	航向角/(°)
方案 1	40045	4976.4	5.2	90
方案 2	49443.5	5035.1	5.75	90
方案 3	60853	5022.3	11	90

得到主动段优化结果后,再以主动段关机点参数作为飞行器滑翔段的初始参数,对滑翔段进行优化。需要考虑过程约束包括动压约束、法向过载约束和驻点热流密度约束,即 $q_{max}=200\text{kPa}$,$n_{ymax}=6$,$\dot{Q}_{max}=1200\text{kW/m}^2$。控制量约束仍为 $0\leqslant\alpha\leqslant30°$,$-50°\leqslant\sigma\leqslant50°$,终端参数仍如表 3.2 所设,优化目标为滑翔段射程最大。

3.4.2　优化结果分析

不同优化方案得到的纵向轨迹和控制参数如图 3.4 和图 3.5 所示,从图中不难看出,三种方案的飞行弹道存在较大差异。

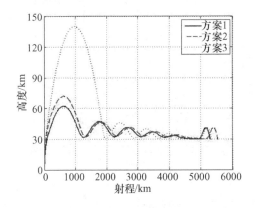

图 3.4　不同方案的弹道曲线　　　　　图 3.5　控制量变化曲线

方案 1 中,滑翔段的初始倾角较小,自由飞行弹道较低,飞行高度基本保持在 30 ~ 60km,该高度为大部分防空导弹的拦截盲区,利于突防,攻角变化较为平滑,易于控制,但射程最短;方案 2 中,自由飞行弹道比方案 1 略高,攻角最大值为 15.9°,没有出现剧烈波动的情况,且射程最远;方案 3 中,滑翔段的初始倾角较大,自由飞行弹道较高,最高点达到了 139.9km,不利于突防,而且在 192 ~ 493s 这段时间内,攻角出现剧烈波动,不利于控制,射程处于方案 1 和 2 之间。由此可见,主动段的终端速度对总射程影响很大[117]。

由图 3.6、图 3.7 和表 3.8 可知,三种方案的过程约束最大值都满足本书所设的约束条件,验证了三种方案的可行性。

对比方案 1 和方案 2,方案 1 在主动段的最大法向过载接近极限值,这对运载火箭的结构强度要求较高,同时射程也小于方案 2,可见方案 2 优于方案 1。对比方案 2 和方案 3,方案 3 在滑翔段的最大动压和法向过载更接近极限值,这对飞行器的自身承受能力要

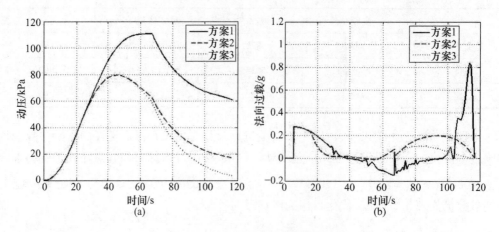

图 3.6　主动段约束量变化情况

（a）动压；（b）法向过载。

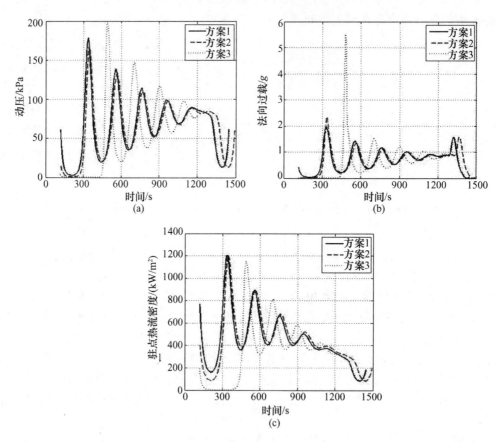

图 3.7　滑翔段约束量变化情况

（a）动压；（b）过载；（c）热流密度。

求较高,同时射程也小于方案 2,因此方案 2 优于方案 3。综合对比发现,方案 2 射程最远,且实现难度适中,是更为合理的方案。

42

表 3.8　过程约束量的最大值

	主动段		滑翔段			总射程/km
	动压/kPa	法向过载	动压/kPa	法向过载	热流密度/kW·m^{-2}	
方案 1	110.8	0.84	178.9	2.0	1200	5291
方案 2	79.5	0.28	168.3	2.3	1200	5526
方案 3	80.1	0.28	199	5.5	1152	5331

3.5　可达区仿真与分析

为表征飞行器在滑翔过程的纵横向机动能力,需确定飞行器最大机动范围,即可达区。可达区是指在某些约束条件下,飞行器在地球表面上可达范围的边界曲线,此曲线可通过若干组最优弹道的末端点拟合得到。此区域的确定可为飞行任务提供有力支持。

3.5.1　航程、纵程及横程定义

定义航程、纵程和横程时把地球近似看成球形,$O - XYZ$ 表示地心坐标系,设 e 点为飞行器在地球表面的发射点,发射时的初始速度为 V_0,航向角为 ψ_0,$(V_0, \overrightarrow{Oe})$ 构成发射平面。f 为任意时刻飞行器所在的星下点位置,简称当前点或计算点。过 f 作大圆弧 $\overset{\frown}{ff'}$ 垂直发射平面于 f',大圆弧 $\overset{\frown}{ef}$ 为总航程,记为 s,对应的航程角为 β_c。飞行器在发射平面内的运动称为纵向运动,即大圆弧 $\overset{\frown}{ef'}$ 为纵程,记为 l,对应的纵程角为 δ_l;偏离此平面的运动称为横向运动,即大圆弧 $\overset{\frown}{ff'}$ 为横程,记为 z,对应的横程角为 δ_z。

如图 3.8 所示,设当前点 f 的经度和纬度为 $f(\theta_f, \phi_f)$,e 点经度和纬度为 $e(\theta_0, \phi_0)$,结合北极点 p,解一个球面三角形两边夹角问题。由球面三角形的余弦定理和正弦定理有

$$\cos\beta_c = \cos(\pi/2 - \phi_0)\cos(\pi/2 - \phi_f) + $$
$$\sin(\pi/2 - \phi_0)\sin(\pi/2 - \phi_f)\cos(\theta_f - \theta_0) \quad (3.26)$$

$$\frac{\sin\beta_c}{\sin(\theta_f - \theta_0)} = \frac{\sin(\pi/2 - \phi_f)}{\sin\angle pef} \quad (3.27)$$

即可解出航程角 β_c 和 $\angle pef$。

大圆弧 $\overset{\frown}{ef'}$ 和 $\overset{\frown}{ef}$ 与正北方向的夹角分别为 ψ_0 和 $\angle pef$,则

$$\angle fef' = \angle pef - \psi_0 \quad (3.28)$$

点 e、f'、f 又形成球面直角三角形,利用球面直角三角形计算公式可得

$$\sin\delta_z = \sin\beta_c\sin\angle fef' \quad (3.29)$$
$$\tan\delta_l = \tan\beta_c\cos\angle fef' \quad (3.30)$$

则横程为 $z = r_e\delta_z$,纵程为 $l = r_e\delta_l$,航程为 $s = r_e\beta_c$,其中 r_e 为地球平均半径。

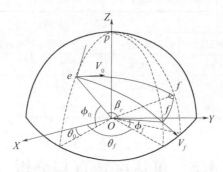

图 3.8　航程、纵程及横程计算示意图

3.5.2　可达区的仿真算例

一般的,可达区的获取涉及四类情形的弹道计算:

(1)最大和最小纵程(横程无约束):$J = \max l_f$,$J = \min l_f$;

(2)最大和最小横程(纵程无约束):$J = \max z_f$,$J = \min z_f$;

(3)纵程固定时,最大和最小横程:$J = \max z_f(l_f)$,$J = \min z_f(l_f)$;

(4)横程固定时,最大和最小纵程:$J = \max l_f(z_f)$,$J = \min l_f(z_f)$。

将计算得到的弹道端点通过拟合曲线连接起来就构成了可达区。

助推火箭性能参数选用表 2.1 的数据。主动段优化方案选取方案 2,终端参数按表 3.2 中的数据,其他参数不作限制。根据不同优化目标进行仿真计算后,得到的弹道末端点位置参数见表 3.9,用光滑曲线将各个端点连接即获得飞行器可达区[118]。

表 3.9　弹道末端点位置参数

	纵程/km	横程/km
最大纵程	5525	0
最小纵程	1855	±306
最小纵程(横程固定为 0 km)	2001	0
最大/最小横程	3491	±1982
最大/最小横程(纵程固定为 2780 km)	2780	±1611
最大/最小横程(纵程固定为 4448 km)	4448	±1734
最大/最小横程(纵程固定为 5004 km)	5004	±1312

观察图 3.9 所示飞行器可达区域分布可以发现,可达区的形状类似带缺口的椭圆,覆盖范围较大,体现了此类飞行器较强的横向机动能力。

3.5.3　终端约束条件的影响

终端速度和终端倾角是影响飞行器末端攻击的重要因素,同时也会对滑翔段的可达区带来一定的影响,因此将主动段的关机点参数保持不变,仅改变终端指标,分析终端条件对可达区的影响。

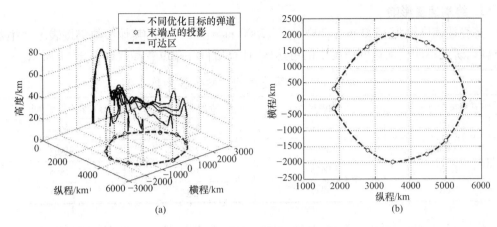

(a)   (b)

图 3.9　优化弹道和可达区
（a）立体图；（b）俯视图。

1. 终端倾角影响

根据 3.2 节的优化方法，计算出终端倾角的最小值为 −16.4°，根据滑翔段的终端倾角 $\gamma_f \leqslant 0°$，因此将终端倾角分别选取 0°、−5°、−10°、−13°，其他参数仍按表 3.2 中数据选取，研究不同终端倾角情况下的可达区，计算所得终端位置参数如表 3.10 所示。

表 3.10　不同倾角的终端位置参数

终端倾角/(°)	最大纵程/km	最大横程/km	最小纵程/km
0	5523	1980	1846
−5	5561	2015	1829
−10	5525	1982	1855
−13	5424	1890	1867

终端倾角由 −13° 调整到 0°，最大纵程的变化幅度不超过 137km，最大横程的变化幅度不超过 125km，最小纵程的变化幅度不超过 38km，相对几千公里的跨度而言皆为小量。由图 3.10 可知四种情况下的可达区差别很小，终端倾角约束对可达区影响不大，根据飞行任务需要可以适当调整终端倾角。

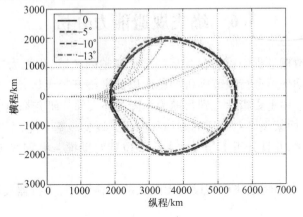

图 3.10　不同终端倾角的可达区

2. 终端速度影响

将终端速度设为 1500 m/s、2000 m/s、2500 m/s、3000 m/s,其他参数仍按表 3.2 中数据选取,研究不同终端速度情况下的可达区,计算所得终端位置参数如表 3.11 所示。

表 3.11　不同速度的终端位置参数

终端速度/m·s^{-1}	最大纵程/km	最大横程/km	最小纵程/km
1500	6118	2545	2046
2000	5909	2341	1902
2500	5525	1982	1855
3000	4987	1514	1791

将终端速度由 1500 m/s 增加到 3000 m/s,则飞行器可达区的纵向跨度减小了 876km,横向跨度减小了 2062km,如图 3.11 所示,可达区逐渐缩小且有向左平移的趋势。由此可见,终端速度对飞行器的覆盖能力制约很大,若因任务需要而调整终端速度大小,必须考虑此调整对可达区的影响。较大的终端速度必定会造成可达区的整体缩小,因此需要根据具体的任务指标来选择合适的终端速度以满足区域覆盖和打击效果的要求。

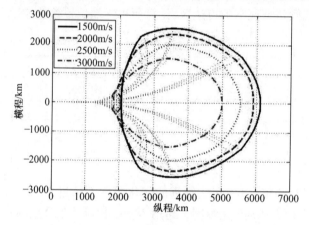

图 3.11　不同终端速度的可达区

3.6　绕飞规避能力分析

由于飞行器在滑翔过程中可能存在某些避免穿越的区域,称之为禁飞区。飞行器凭借其高升阻比的气动外形进行大范围机动转弯以此来绕开禁飞区,飞行器的绕飞规避能力是评价其性能的一项重要指标。到目前为止国内外大部分研究都集中在给定路径点和禁飞区的弹道优化,而禁飞区对弹道的制约程度研究较少。基于此,本节对含有禁飞区约束的弹道进行了优化,并且分析了禁飞区大小和位置对助推-滑翔式飞行器绕飞规避能力的影响。

为了研究方便,本书将禁飞区假设为无限长的圆柱模型,飞行器要绕开禁飞区,即禁飞区约束:

$$\begin{cases} l \geq r \\ l = \arccos\left[\cos(\theta - \theta_T)\cos(\varphi - \varphi_T)\right]R_0 \end{cases} \quad (3.31)$$

如图 3.12 所示,设发射点位置为 (0°E,0°N),受禁飞区(黄色圆形区域)约束,对于普通的弹道导弹,侧向机动能力有限,只能对图中 A 区的目标进行打击,但对阴影区域(B 区)的目标无法覆盖;但助推 – 滑翔式飞行器能够凭借其高升阻比特性,在飞行过程中进行机动转弯(虚线),绕开禁飞区,从而覆盖到目标区域,体现了其在突防能力上的优势[119]。

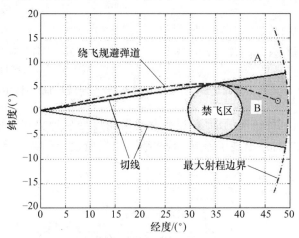

图 3.12　禁飞区与绕飞弹道

3.6.1　针对不同目标的绕飞情况

由于将地球设为无自转的圆球模型,为计算方便,发射点和禁飞区中心点相连的大圆弧可设在赤道上,另设禁飞区半径为 600km,中心位置为 (35°E,0°N),发射点、关机点和目标点参数如表 3.12 所示,以到达目标的飞行时间最短为优化目标,即 $J = \min t_f$。运载火箭经过垂直上升阶段后,根据目标位置来决定航向角,且主动段弹道固定在发射平面上,主动段火箭飞行时间为 116.7s,飞行距离为 180.14km。

表 3.12　发射点、关机点和目标点参数

	经纬度坐标	高度/km	速度/m·s⁻¹	弹道倾角/(°)	航向角/(°)
发射点	(0°E , 0°N)	0	0	90	
关机点	free	49.4	5035.1	5.75	
目标点	T1 (43.58°E , 0.24°N)	30	2500	– 10	free
	T2 (47.47°E , 2°N)				
	T3 (48.83°E , 4°N)				

飞行器到达这三个目标的地面轨迹如图 3.13 所示,飞行器先调整初始航向角,然后在滑翔过程中大范围机动,最后到达了目标位置。T1 的轨迹弯转幅度最大,T2 次之,T3 最小。由图 3.14 可以看出,飞行器与禁飞区中心的相对距离都满足绕飞规避的要求,且最小相对距离几乎都等于禁飞区的半径。这是因为优化目标是最短时间,飞行器绕飞规避时都选择紧贴禁飞区边缘飞行,尽可能地缩短绕行的路程,节省飞行时间。

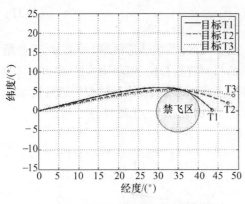

图 3.13　到达不同目标的地面轨迹　　　　图 3.14　飞行器与禁飞区中心相对位置变化情况

由图 3.15 可知,三种情况的动压、过载和热流密度变化趋势在前部分时间内基本一致,在飞行器进行绕飞时才出现了差异,不过都未超出所设定的约束条件,验证了绕飞规避的可行性。

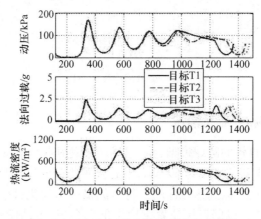

图 3.15　动压、过载和热流密度变化情况

如图 3.16 所示,三种情况下的攻角变化趋势基本一致,大部分时间内攻角都是保持在 6° 附近,即最大升阻比飞行,以尽可能地减少能量损耗。在飞行末端为满足终端指标

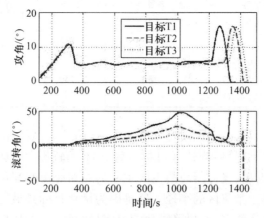

图 3.16　控制量变化情况

48

的要求,攻角和滚转角需要大幅度调整。在滚转角变化中,T1 的滚转角大部分时间内都处于三者中最大,T2 的次之,T3 的最小,且 970~1020s 这段时间内,滚转角先后达到极大值,分别为48.1°、27.7° 和 15.6°,可见,目标位置越接近禁飞区背面,转弯幅度就越大,所需的滚转角也越大。

3.6.2 盲区的影响因素

前面已经分析了助推 – 滑翔式飞行器针对禁飞区后方不同目标的绕飞情况,体现出突防性能上的优势。但是受滚转角变化范围的约束,飞行器的绕飞能力毕竟有限,势必存在部分区域因禁飞区的影响而致使飞行器无法到达,本书将这部分区域称为飞行器的覆盖"盲区",此区域的确定能够为飞行任务规划提供参考,有着十分重要的意义,而禁飞区的大小和位置直接决定了盲区的产生,以下就禁飞区对盲区的影响因素展开分析。

1. 禁飞区半径的影响

设禁飞区中心位置为(35°E , 0°N),半径分别为 300km,600km 和 900km,计算不同禁飞区半径对飞行器的覆盖盲区影响。以规定纬度下,最大和最小经度为优化目标,即 $J = \max\theta_f(\varphi_f)$ 和 $J = \min\theta_f(\varphi_f)$;经过大量仿真试验得出一系列飞行器能够到达的极限位置点,将这些点通过曲线拟合,其包围的区域即为盲区。

图 3.17 显示了三种不同禁飞区半径下飞行器覆盖盲区的变化情况,图中实线为典型的规避弹道,圆弧为无禁飞区约束下的最远距离,即最大射程边界,阴影部分为绕飞后的覆盖盲区。

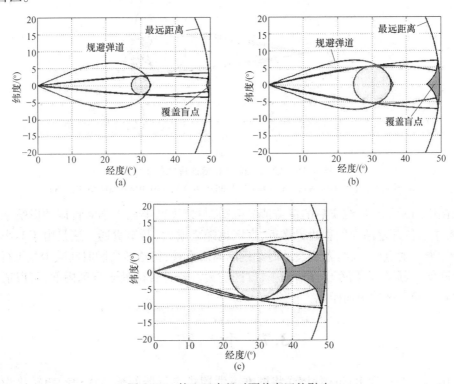

图 3.17　禁飞区半径对覆盖盲区的影响
(a) 半径 300km;(b) 半径 600km;(c) 半径 900km。

从图中所示情况不难发现,当半径为300km时,仅在禁飞区后方紧靠着禁飞区边缘的小部分区域和经度48.87°~49.7°射程边界附近区域存在盲区;当半径为600km时,禁飞区边界的盲区有增大的趋势,而在射程附近的盲区显著扩大;当半径为900km时,禁飞区边缘的盲区与射程边界附近的盲区都继续扩大,以致两部分盲区贯通。这是由于随着半径的增大,飞行器需要更长时间做横向机动,进而损失了部分能量,导致无法到达射程边界位置。若是目标处于盲区内部,则需要更改发射点位置。

2. 禁飞区位置的影响

设禁飞区半径为600km,中心位置分别为(30°E,0°N),(35°E,0°N)和(40°E,0°N),盲区的变化情况如图3.18所示。

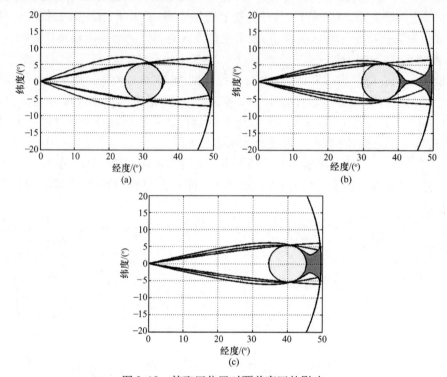

图3.18 禁飞区位置对覆盖盲区的影响

(a) 中心位置(30°E,0°N); (b) 中心位置(35°E,0°N); (c) 中心位置(40°E,0°N)。

从图中所示飞行器绕飞后的覆盖情况可知,与禁飞区半径大小对盲区的影响变化类似,随着中心位置逐渐向射程边界靠近,盲区也随之增大,乃至贯通。这是由于当中心位置逐渐远离发射点时,飞行器绕飞的时刻逐渐向后推移,留给转弯的时间减少且飞行速度也逐渐降低,因此转弯幅度也逐渐减小,盲区扩大。若是目标处于盲区内部,可以适当缩短发射点与禁飞区的纵向距离。

3.7 小 结

利用 hp-自适应Radua伪谱法将助推-滑翔式飞行器的弹道优化问题转化为非线性规划问题,仿真并分析了主动段性能指标对飞行器最大射程的影响,不同终端约束条件对可达区的影响,计算了在给定禁飞区时针对不同目标点的绕飞规避弹道,并根据计算结果综合分析了禁飞区半径以及位置对盲区的影响,由此可知:

(1)主动段火箭关机点参数选取范围为:弹道倾角 3°~9°,速度 4000~6500m/s,高度 40~80km;

(2)优化目标选取为主动段关机点速度最大和滑翔段射程最远的组合方案,可以使总射程达到最大,且实现难度适中,是较为合理的方案;

(3)与终端倾角的影响相比,终端速度对飞行器可达区影响相对较大,终端速度增大,可达区的纵向跨度和横向跨度都会减小;

(4)飞行器通过对滚转角实施有效控制,可以达到绕飞规避的目的,体现出突防性能上的优势,且受滚转角变化范围的制约,飞行器的覆盖范围中存在盲区;

(5)随禁飞区半径的增大,盲区范围会扩大,并且禁飞区位置逐渐远离发射点时,盲区范围也会扩大,若采用机动发射的方式更改发射点位置,盲区是可以消除的。

第4章 落角约束下飞行器撞击弹道

4.1 引 言

飞行器在主动段及滑翔段采用方案飞行弹道,不考虑制导律对弹道的修正,仅考虑飞行器进行俯冲攻击时的末制导。当飞行器滑翔至适当的交接班条件时,转而进入末制导阶段,飞行器将由导航、制导及控制系统控制其飞行轨迹,通过气动力作为控制力来调整其飞行姿态,实施精确打击。作为飞行的最后阶段,精确制导技术直接决定了整个作战任务的成败。为了更好地确定飞行器的作战能力,有必要对末制导段的制导方式以及战技指标开展研究。基于此,本书采用落角约束下的滑模变结构导引律对末端弹道进行仿真,确立了滑翔段到末制导段的交接班指标和交接窗口。

4.2 飞行器的末导引律

4.2.1 运动方程

由于末制导阶段的时间比较短暂,飞行距离较近,因此可将地球视为平坦大地,飞行器在飞行过程中侧滑角始终保持接近于0°的小量,仅通过改变攻角和滚转角来实现导引飞行和减速。考虑飞行器的侧向机动,则飞行器的运动方程为[120]

$$
\begin{cases}
\dfrac{\mathrm{d}V}{\mathrm{d}t} = -\dfrac{D}{m} - g\sin\gamma \\[2mm]
\dfrac{\mathrm{d}\gamma}{\mathrm{d}t} = \dfrac{L\cos\sigma}{mV} - \dfrac{g\cos\gamma}{V} \\[2mm]
\dfrac{\mathrm{d}\chi}{\mathrm{d}t} = -\dfrac{L\sin\sigma}{mV\cos\gamma} \\[2mm]
\dfrac{\mathrm{d}x}{\mathrm{d}t} = V\cos\gamma\cos\chi \\[2mm]
\dfrac{\mathrm{d}y}{\mathrm{d}t} = V\sin\gamma \\[2mm]
\dfrac{\mathrm{d}z}{\mathrm{d}t} = -V\cos\gamma\sin\chi
\end{cases}
\tag{4.1}
$$

式中,V 为速度,D 为阻力,m 为飞行器的质量,g 为重力加速度,由于末制导阶段的飞行高度范围相对不大,g 取常值,γ 为弹道倾角,且速度向量位于水平线下方时,γ 取负值,L 为升力,χ 为弹道偏角,x 为纵向射程,y 为高度,z 为横向射程。

若不考虑飞行器的侧向机动,则射面弹道模型为

$$\begin{cases} \dfrac{\mathrm{d}V}{\mathrm{d}t} = -\dfrac{D}{m} - g\sin\gamma \\[2mm] \dfrac{\mathrm{d}\gamma}{\mathrm{d}t} = \dfrac{L\cos\sigma}{mV} - \dfrac{g\cos\gamma}{V} \\[2mm] \dfrac{\mathrm{d}l}{\mathrm{d}t} = V\cos\gamma \\[2mm] \dfrac{\mathrm{d}y}{\mathrm{d}t} = V\sin\gamma \end{cases} \qquad (4.2)$$

式中,l 为弹目水平距离。射面弹道是三维弹道的特例,其模型简单,能体现弹道的主要特征,在弹道分析阶段,射面弹道的地位不容忽视。

4.2.2 落角约束的滑模变结构导引律

末段攻击属于高动态打击过程,这要求制导律必须具备较强的误差适应性和精确度。如文献[121]所述,滑模变结构控制系统具有宝贵的抗干扰和抗参数摄动特性,飞行器的末制导采用滑模变结构导引律,控制效果较好,可以提高制导的性能,增强整个系统的适应性和鲁棒性,因此末制导采用滑模变结构导引律。本节对带落角约束的导引律进行设计。

如图 4.1 所示,为了简化飞行器和目标的相对运动关系,以目标点和飞行器质心为基准,将飞行器的运动分解为俯冲平面和转弯平面。

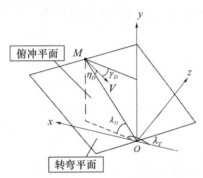

图 4.1 弹目相对运动关系

设速度在俯冲平面内的方位角为 $\gamma_D(\gamma_D < 0)$,视线角 λ_D,速度矢量与视线的夹角为 η_D,相对距离为 R,相对接近速度为 $\dot{R}$。根据相对运动关系,可以得到以下关系式[122]:

$$\eta_D = \gamma_D + \lambda_D \qquad (4.3)$$

$$\dot{R} = -V\cos\eta_D \qquad (4.4)$$

$$R\dot{\lambda}_D = V\sin\eta_D \qquad (4.5)$$

由式(4.3)~式(4.5)可得俯冲平面内的相对运动方程:

$$\ddot{\lambda}_D = \left(\dfrac{\dot{V}}{V} - 2\dfrac{\dot{R}}{R}\right)\dot{\lambda}_D - \dfrac{\dot{R}}{R}\dot{\gamma}_D \qquad (4.6)$$

末制导目的是要将飞行器引导至目标点并且保证飞行器具有期望的弹道倾角。因此终端时刻视线角要等于期望的弹道倾角,并且保证视线角速度为0,可以表示为

$$\lambda_D(t_f) + \gamma_{Df} = 0, \dot{\lambda}_D(t_f) = 0$$

式中,γ_{Df}为弹道倾角期望值。

本书采用滑模变结构控制制导律,设滑模开关函数为

$$S = \dot{\lambda}_D + K_D(\lambda_D + \gamma_{Df}) \tag{4.7}$$

取俯冲平面内倾角约束下变结构导引预测控制律为

$$\dot{\gamma}_D = K_1 \dot{\lambda}_D + K_2 \frac{\dot{R}}{R}(\lambda_D + \gamma_{Df}) \mathrm{sign}((\lambda_D + \gamma_{Df})S) \tag{4.8}$$

为了抑制高动态飞行引起的控制变量抖动[123],采用$S/(|S|+\delta)$代替$\mathrm{sign}((\lambda_D + \gamma_{Df})S)$,得到俯冲平面内的控制律为

$$\dot{\gamma}_D = K_1 \dot{\lambda}_D + K_2 \frac{\dot{R}}{R}(\lambda_D + \gamma_{Df}) \frac{S}{|S|+\delta} \tag{4.9}$$

转弯平面内的导引控制主要考虑修正侧向距离偏差,该平面内的导引控制可采用如下形式的比例导引律生成控制指令[124]

$$\dot{\gamma}_T = K_T \dot{\lambda}_T \cos\lambda_D \tag{4.10}$$

式(4.7)~式(4.10)中K_D、K_1、K_2、K_T皆为常数。

根据几何关系可知:

$$\lambda_D = \arctan\left(\sqrt{\frac{y}{x^2 + z^2}}\right) \tag{4.11}$$

$$\lambda_T = -\arctan\left(\frac{z}{x}\right) \tag{4.12}$$

$$R = \sqrt{x^2 + y^2 + z^2} \tag{4.13}$$

$\dot{\lambda}_D$和$\dot{\lambda}_T$可按下述方法计算得到:

根据目标坐标系与视线坐标系之间的关系,可得两个坐标系之间的转换矩阵为

$$\boldsymbol{E}_O = \begin{bmatrix} \cos\lambda_D\cos\lambda_T & \sin\lambda_D & -\cos\lambda_D\sin\lambda_T \\ -\sin\lambda_D\cos\lambda_T & \cos\lambda_D & \sin\lambda_D\sin\lambda_T \\ \sin\lambda_T & 0 & \cos\lambda_T \end{bmatrix} \tag{4.14}$$

由此可以得到视线坐标系下各个速度分量的表达式为

$$\begin{bmatrix} v_\xi \\ v_\eta \\ v_\zeta \end{bmatrix} = \boldsymbol{E}_O \begin{bmatrix} \dot{x} \\ \dot{y} \\ \dot{z} \end{bmatrix} \tag{4.15}$$

进而可以求得

$$\dot{\lambda}_D = \frac{v_\eta}{R} \tag{4.16}$$

$$\dot{\lambda}_T = -\frac{v_\zeta}{R\cos\lambda_D} \tag{4.17}$$

4.2.3 末制导弹道仿真

为验证导引律的可靠性,需进行弹道仿真。在末制导阶段,飞行器需要增大负向攻角以实现弹道下压,因此将攻角变化范围设定为 $-20° \leqslant \alpha \leqslant 30°$,导引方程中常数值设为:$K_D = 5, K_1 = -3, K_2 = 1, K_T = -8$,导引飞行仿真时间步长设为 0.1s;另设飞行器进入末制导时的初始参数如表 4.1 所示,初始时刻飞行器在地面上的坐标为(38.5km,1.7km),采用垂直打击方式,即着地倾角接近 $-90°$,目标静止在原点位置。根据以上初始条件,采用欧拉法积分末制导段的运动方程,得到飞行器末制导弹道如图 4.2 所示。

表 4.1 末制导初始参数

高度/km	速度/m·s⁻¹	倾角/(°)	过载
30	1500	−10	10

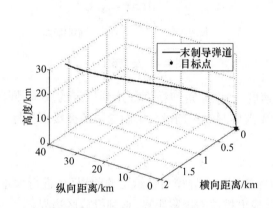

图 4.2 弹道曲线

如图 4.3 所示,飞行器的终端倾角为 $-89°$,终端速度为 1062.9m/s,控制量也在合理的范围内变化,最终落点与目标偏差仅为 0.79m,成功实现了对目标的高速精确垂直打击,验证了导引律的可行性。

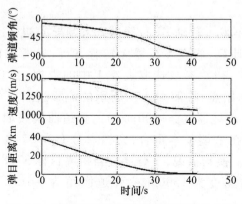

图 4.3 弹道倾角、速度和相对距离变化曲线

4.3　末制导阶段交接班指标

对于确定目标的前提下,飞行器的滑翔段与末制导段之间并不是随意衔接的,受各种约束条件的限制,交接点必然限制在一定范围内。限制交接点的状态参数范围即交接班指标范围;限制交接点的位置范围即为交接窗口,可参照制导炸弹投放域的定义[125],给出交接窗口的具体定义:飞行器采用一定的制导方式,在一定的初始状态参数的条件下,若在某个封闭的区域内进行末制导,均能命中给定目标,这个区域就称之为交接窗口,滑翔段与末制导段的交接示意图如图4.4所示。

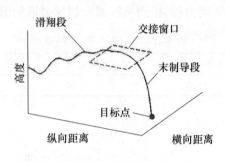

图4.4　交接窗口

为保证终端打击速度、命中倾角和精度等达到指定的要求,同时也为计算交接窗口提供初始状态参数,首先需要制定滑翔段与末制导段的交接班指标。

4.3.1　搜索法

搜索法[126]是在弹体模型和制导模型都给定的前提下,进行大量弹道仿真,通过判断落点是否命中目标来寻找出投放的极限距离,得到投放区边界。

此方法也适用于寻找交接窗口,即在初始状态参数给定的情况下,通过调整飞行器进入末制导的初始坐标,进行打靶测试,判断是否命中目标,然后将能够命中目标的初始坐标进行统计,得到初始坐标的分布区域,即飞行器的交接窗口。获得此区域需经过确定初始位置、弹道生成、命中判断和变换初始位置这一不断调整和判断的过程。

一般来讲,若目标不发生移动,飞行器进入末制导的初始速度方向在地面上的投影应指向目标,为方便计算,假设飞行器无转弯飞行,只考虑在俯冲平面内的运动。根据上节给出的导引律,初始参数选取表4.1中的数据,在$0 \sim 100 km$的水平距离内,随机选取1000个初始点,按照图4.5所示的流程进行打靶试验,得到符合打击条件(落点偏差$\leq 10 m$,着地速度$\geq 1000 m/s$)的弹道曲线簇如图4.6所示,观察发现整个弹道簇比较集中,在末端基本重合,初始点分布在$37.8 \sim 41.7 km$的较小区域内,此区域即交接窗口。换句话说,飞行器应当距离目标$37.8 \sim 41.7 km$时进入末制导阶段,且初始时刻的速度为$1500 m/s$,弹道倾角为$-10°$,就可以精确垂直命中目标。

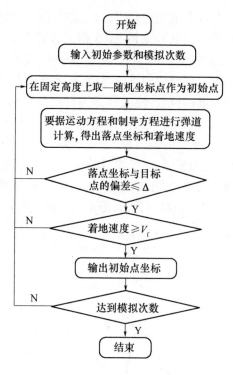

图 4.5　模拟计算流程

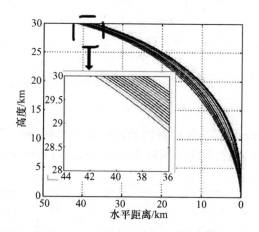

图 4.6　符合打击条件的弹道曲线簇

4.3.2　交接班指标的选取

飞行器进入末制导阶段时的初始状态参数是影响其攻击能力的关键因素,下面分别取不同的法向过载、初始速度和初始倾角,运动方程选取射面弹道模型,按照图 4.5 的流程计算命中速度和交接窗口,分析不同初始状态参数对其影响情况。

1. 法向过载影响

将最大法向过载设为 6、10、15、20,其他初始参数仍取表 4.1 的数据,如图 4.7 所示,法向过载为 6 时,飞行器的交接窗口为 38.5～38.9km,跨度仅为 0.4km,在此区间内很难

57

实现准确交接。当法向过载逐渐增大,交接窗口也越来越大,当法向过载为 20 时,交接窗口扩大到 37.9~46.5km,跨度是其原来的 21.5 倍。这是由于飞行器所能承受的最大法向过载会直接影响其机动能力,对目标进行垂直打击时,过载约束将影响弹道的下压能力。增大法向过载能够使飞行器较快地下压弹道,初始点可以选在距目标较近的位置;也可以将初始点选在距目标较远的位置,使飞行器飞行一段距离后再下压弹道。另外发现命中速度与距离成正比,这是由于初始点距目标较近时,为保证弹道迅速下压,飞行器需以较大的负攻角飞行,致使其承受的阻力较大,飞行器动能损失较多,而初始点距目标较远时,弹道下压较晚且形状较为平缓,飞行器以较小的负攻角飞行,承受的阻力较小,动能损失也比较少。但是受飞行器结构强度的限制,最大法向过载也存在上限。借鉴文献[127]中导弹机动时的最大法向过载,将飞行器最大法向过载设定为 20。

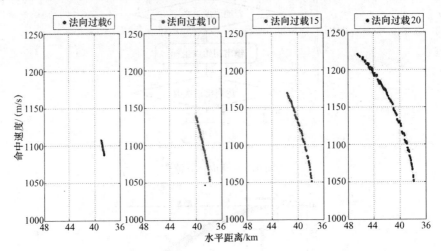

图 4.7　不同法向过载下的交接窗口和命中速度

2. 初始速度影响

将最大法向过载固定为 20,分别将初始速度设为 1500 m/s、2000 m/s、2500 m/s 和 3000 m/s,其他参数不变,飞行器在不同初速下的交接窗口和命中速度如图 4.8 所示。

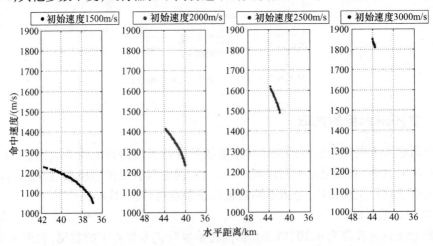

图 4.8　不同初始速度下的交接窗口和命中速度

当初始速度为1500m/s时,飞行器的交接窗口为37.8～47.5km,但将初始速度增大到3000m/s时,交接窗口仅为43.6～44.0km,跨度明显缩小,实现准确交接的难度很大。这是由于初始速度的增大,会缩短飞行时间,若飞行器未能在此窗口内交接,则其着地前没有足够的时间将弹道倾角调整到 -90°。但是命中速度会随着初始速度的增大而增大,文献[128]中对命中速度要求为1200m/s,文献中所要求的攻击速度更是不低于马赫数4,即1360m/s,因此初始速度要合理选择。当初始速度为2500m/s时,命中速度达到1491～1619m/s,交接窗口的跨度为1.9km,实现准确交接的难度较小,因此选此初速更为合适。

3. 初始倾角影响

根据3.2节的优化方法,计算出进入末制导时的弹道倾角变化范围为 -16.4°～0°。因此将最大法向过载定为20,初始速度定为2500m/s,分别将初始倾角设为0°、-5°、-10°和-15°,飞行器在不同初始倾角下的交接窗口和命中速度如图4.9所示。

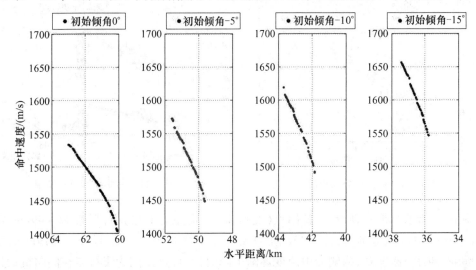

图4.9 不同初始倾角下的交接窗口和命中速度

当初始倾角为0°时,交接窗口为60.1～63.0km,命中速度为1403～1533m/s,当初始倾角为 -15°时,交接窗口为35.8～37.4km,命中速度达到1547～1657m/s。观察发现,随着初始倾角的负向增大,交接窗口逐渐向目标靠近,而跨度略有缩小,命中速度逐渐增大,这是因为较大的负向倾角可以缩短弹道下压时间,使飞行器能够尽快地以大倾角着地,因而具有较高的命中速度。但是受滑翔段的限制,飞行器为达到较大的负向倾角,需在滑翔段长时间调整弹道,这将严重制约飞行器的机动能力,不利于突防,因此初始倾角选取 -10°更为合适。

综上所述,从滑翔段到末制导段的交接班指标如表4.2所示,从而验证了滑翔段终端参数(表3.2)的合理性。

表4.2 交接班指标

高度/km	速度/m·s^{-1}	倾角/(°)	过载
30	2500	-10	20

4.4 交接窗口分析

前面仅分析了二维射面上的交接窗口,为确定飞行器在转弯平面上的制导能力,需确定在三维坐标系中的交接窗口。

4.4.1 无初始参数误差的交接窗口

初始参数选取表4.1中的数据,进行打靶测试的范围为纵向距离 0 ~ 100km,横向距离 -50 ~ 50km,随机选取的目标点为20000个,仿真出的结果如图4.10和图4.11所示。

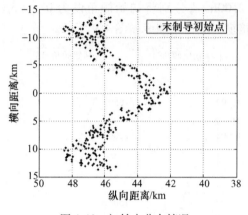

图4.10 初始点分布情况

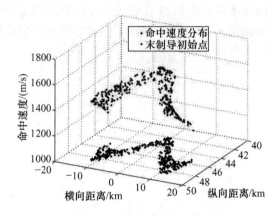

图4.11 命中速度分布情况

从图中所示结果不难看出,初始点(交接窗口)主要集中在纵向距离 42 ~ 49km,横向距离 -15 ~ 15km 的范围内,且呈"W"形状分布。命中速度集中在 1219 ~ 1619m/s,呈现出中间区域命中速度高、两侧命中速度逐渐下降的特点,这是因为飞行器在侧向机动过程中造成能量损耗,致使命中速度下降。

虽然得到了飞行器的交接窗口,但其狭长的形状不便作为参考指标,出于对交接可靠性的考虑,往往采取比较保守的做法,取交接窗口中心的规则区域(圆形或者矩形)为实际有效的交接窗口,因此本书选取纵向距离 42 ~ 43.6km,横向距离 -0.8 ~ 0.8km 的矩形区域作为末制导的交接窗口,如图4.12所示,飞行器在此区域内任一点开始进入末制导段,都可精确命中目标,并且命中速度集中在 1498 ~ 1548m/s,适合高速打击地面固定目标。

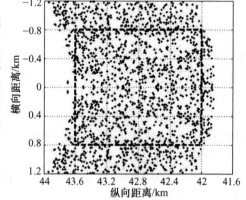

图4.12 1.6km×1.6km 的交接窗口

经过大量打靶模拟试验,统计出初始点位置如表4.3所示,此时落点偏差最小,约为 0.26m,此点可作为进入末制导的参考点。

表 4.3　参考点位置及状态参数

位置坐标/km	高度/km	速度/m·s⁻¹	弹道倾角/(°)	弹道偏角/(°)
(42.379，0)	30	2500	−10	180

4.4.2　参数误差对落点精度的影响

上一节计算出了末制导的参考点,但飞行器在实际制导过程中存在一定的误差,如系统误差、测量误差等,过大的误差会使制导精度下降,为保证飞行器在误差干扰下仍能够命中目标,有必要确定制导律对各个状态参数误差的适应范围。

首先分析单项状态参数对落点的影响。依然采用搜索法的策略,初始点参数按表 4.3 设定,通过调整单项状态初始参数,进行打靶测试,判断是否命中目标,然后将落点偏差小于 10m 的参数值进行统计,得到初始状态参数分布区间,如图 4.13 所示。

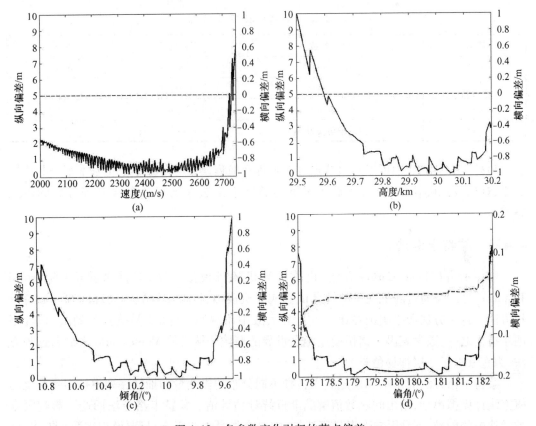

图 4.13　各参数变化引起的落点偏差

(a) 初始速度与落点偏差的关系;(b) 初始高度与落点偏差的关系;
(c) 初始倾角与落点偏差的关系;(d) 初始偏角与落点偏差的关系。

由图 4.13(a) 可知,初始速度小于 2600m/s 时,落点纵向偏差在 3m 以内,当速度大于 2600m/s 时,由于受制导周期限制,速度过大会造成精确度的下降,落点纵向偏差会显著增大,当速度超过 2754 m/s 时,落点纵向偏差超过 10m;落点横向偏差与初始速度关系不大,近乎为零。

由图4.13(b)可知,初始高度在29.8～30.2km之间时,落点纵向偏差在3m以内,当高度小于29.75km时,落点纵向偏差会显著增大,当高度小于29.5km或大于30.2km时,落点纵向偏差超过10m;而落点横向偏差与初始高度也关系不大。

由图4.13(c)可知,弹道倾角在-10.5°～-9.7°之间时,落点纵向偏差在3m以内,在此范围之外,落点纵向偏差会逐渐增大,当倾角小于-10.85°或大于-9.55°时,落点纵向偏差超过10m;落点横向偏差与初始倾角关系也不大。

由图4.13(d)可知,弹道偏角在178°～182°之间时,落点纵向偏差在3m以内,在此范围之外,落点纵向偏差会逐渐增大,当倾角小于177.7°或大于182.3°时,落点纵向偏差超过10m;落点横向偏差也受倾角的影响,在178°～182°之间时,落点横向偏差近乎为零,即使超出这个区间范围,横向偏差也不超过±0.2m。

可见落点分布纵向偏差主要受初始速度、高度和弹道倾角的影响;横向偏差则主要受弹道偏角的影响。为保证较高的落点精度,各个状态参数误差范围选取如表4.4所示。

表4.4 状态参数误差范围

序号	状态参数	误差范围	单位
(1)	速度误差 ΔV	[-100 100]	m/s
(2)	高度误差 Δy	[-200 200]	m
(3)	弹道倾角误差 $\Delta \gamma$	[-0.3 0.3]	(°)
(4)	弹道偏角误差 $\Delta \chi$	[-2 2]	(°)

另外,从图4.13中可以看出落点分布纵程及横程误差与各参数变化基本都是非线性关系,难以找到确切的规律,因此需要通过蒙特卡洛法来确定各个误差综合后的落点精度。

4.4.3 蒙特卡洛法

蒙特卡洛(Monte Carlo)方法,也称计算机随机模拟方法、统计试验法(Statistical Testing),是一类通过随机变量的统计试验或随机模拟,近似求解数学物理问题的数值模拟方法。这一方法源于美国在第二次世界大战中研制原子弹的"曼哈顿计划"。该计划的主持人之一、数学家冯·诺伊曼用驰名世界的赌城摩纳哥的 Monte Carlo 来命名这种方法,为它蒙上了一层神秘色彩。

蒙特卡洛方法的基本原理是利用各种不同分布随机变量的抽样序列模拟实际系统的概率统计模拟模型,给出问题数值解的渐近统计估计值。蒙特卡洛方法回避了影响因素数学建模的困难,不管影响因素是否线性、随机变量是否非正态,只要模拟次数足够多,就能得到一个比较精确的概率和可靠度指标。20世纪40年代电子计算机的出现,特别是近年来高速电子计算机的出现,使得用数学方法在计算机上大量、快速地模拟类似试验成为可能。运用蒙特卡洛法在计算机上进行数学模拟打靶可以减少复杂而又昂贵的飞行试验,而且思路简单易于编程,对武器系统的研制、定型或改进等工作都具有非常现实的意义。

用蒙特卡洛方法进行模拟打靶的一般步骤为[129]:

(1)选择重要的影响因素并分析确定其概率分布;

（2）产生符合干扰变量概率分布规律的抽样值；

（3）将抽样值送入弹道数学模型进行多次仿真飞行；

（4）对仿真结果进行统计。

4.4.4　仿真结果

假设各个随机状态误差服从正态分布，即状态参数 $X \sim N(\mu, \sigma_1^2)$。根据前述的误差范围，选取合适标准差（详见表4.5），在仿真中用 MATLAB 的正态分布随机函数生成符合要求的随机抽样参数，然后代入末制导数学模型进行计算。

表4.5　随机状态参数设置

随机参数	初始速度/m·s⁻¹	初始高度/m	弹道倾角/(°)	弹道偏角/(°)
μ	2500	30000	−10	180
σ	100	200	0.3	2

在图4.12所确定的交接窗口内，经过5000次随机试验后得到的落点分布如图4.14所示，经统计有2814个落点偏差在10m以内，概率超过50%，可见前文确立的交接窗口在误差干扰下仍能够保证 CEP[①]≤10m，选取可靠。

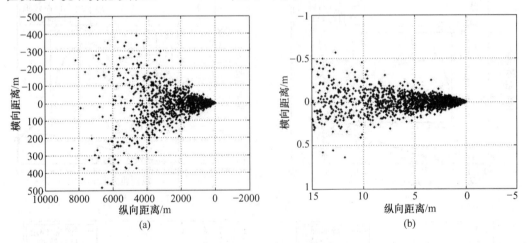

图4.14　落点分布情况

（a）落点完整分布；（b）原点附近的局部放大。

4.5　末制导阶段的攻击范围

给定初始点获得的攻击范围与给定目标点获得的交接窗口本质上是一致的，通过简单的弹道平移可以相互转换[130]。如图4.15所示，保持弹道形状不变，将各个弹道的初始点都集中到一点，则落点就构成了单个飞行器在末制导阶段的攻击范围，这体现了两者的对应关系。

---

① CEP—命中概率为50%的圆周半径。

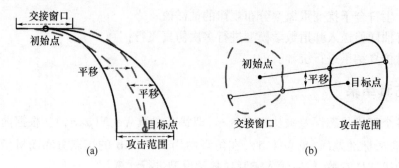

图 4.15　交接窗口和攻击范围的转换关系

（a）剖面图；（b）俯视图。

4.5.1　导引律对移动目标适应性

前面分析了目标不移动时飞行器进入末制导的初始条件,而实际情况中,目标可能在制导过程中发生移动,因此需分析目标移动时对制导律的影响。初始参数仍按表4.2所取,目标的移动方式如表4.6所设,经过仿真得到的弹目地面轨迹如图4.16所示。

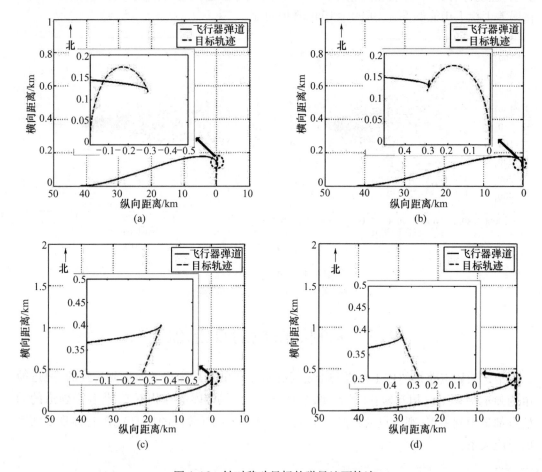

图 4.16　针对移动目标的弹目地面轨迹

表 4.6 目标的移动方式

序号	初始坐标	速度	移动方式
(a)			顺时针以角速度 $\omega = 5°$ 转弯运动
(b)	(42km , 0km)	15 m/s	逆时针以角速度 $\omega = 5°$ 转弯运动
(c)			北偏东 60° 直线运动
(d)			北偏西 60° 直线运动

观察发现,若目标以方式(a)移动,则飞行器末制导弹道和目标轨迹逐渐重合,最终落点偏差仅为 2.02m,符合精确打击的要求;若目标以方式(b)移动,则飞行器弹道和目标轨迹出现了明显偏离,最终落点偏差为 18.4m,已经不符合精确打击的要求;若目标以方式(c)移动,则飞行器弹道和目标轨迹逐渐重合,最终落点偏差为 2.16m,符合精确打击的要求;若目标以方式(d)移动,则飞行器弹道和目标轨迹出现了更为明显偏离,最终落点偏差达到了 36.39m,不符合精确打击的要求。可见导引律对移动目标有一定的适应性,但目标的移动方式会对制导效果产生很大影响。为确保在目标移动的情况下也能精确打击,需要确定飞行器的攻击范围,只要目标的运动不超出这个范围,飞行器都能精确命中目标。

4.5.2 有效攻击范围

根据图 4.15 的转换关系,得到初始点在原点位置的飞行器攻击范围,即图 4.17(a)所示。由于单个飞行器攻击范围呈狭长形状分布,因此同样取其中间矩形区域作为有效攻击范围。但此范围较小,对于机动能力较强的目标很可能会在短时间内逃离此范围,无法对其构成威胁。

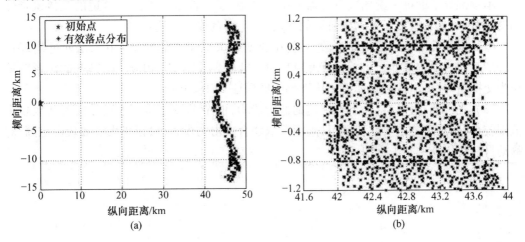

图 4.17 单个飞行器攻击范围
(a) 完整攻击范围;(b) 有效攻击范围。

为解决这一问题,试将多个飞行器联合攻击,初始参数按照表 4.2 的数据,将初始位置的地面坐标分别改为(-3.6 km,0 km)、(-1.8 km,0 km)、(0 km,0 km)、(1.8 km,0km)和(3.6 km,0 km),仿真得到的攻击范围如图 4.18 所示。

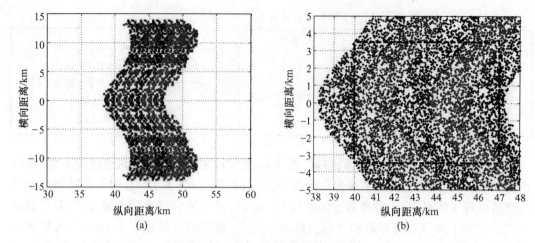

图 4.18　联合攻击范围
(a) 完整攻击范围；(b) 有效攻击范围。

可以看出 5 个飞行器的攻击范围无间断地连为一体,联合后的攻击范围明显扩大,取其中最大矩形区域作为有效攻击范围,则有效攻击范围的纵向距离为 40 ~ 47km,横向距离为 - 3.5 ~ 3.5km,其面积达到了 49km², 相比之下,单个飞行器的有效攻击面积仅有 2.56km², 联合攻击优势非常明显。可见合理地采用联合攻击的方式,飞行器能够充分利用横向机动能力,扩大有效攻击范围,保留更多的攻击机会。

4.6 小 结

本章推导了助推 – 滑翔式飞行器末制导模型,通过搜索法得到了合适的交接班指标和交接窗口,最后仿真了末制导阶段的攻击范围,得到以下结论:

（1）末制导段合理的初始参数为:初始速度 2500m/s,初始倾角 - 10°,法向过载 20;

（2）飞行器选取距目标横向距离 42 ~ 43.6km,纵向距离 - 0.8 ~ 0.8km 的矩形区域作为交接窗口,可以在初始误差干扰下仍能够保证 CEP ≤ 10m;

（3）飞行器对移动目标也有一定的适应能力,但单个飞行器在末制导段的有效攻击范围较小,不利于攻击快速移动目标,而采取联合攻击的模式,可以扩大有效攻击范围,对移动目标有更高的打击概率。

第三篇 弹道式再入打击方案特征及应用

第5章 弹道式再入打击方案特点

5.1 引 言

弹道式再入打击是高速对地精确打击的主要方案之一,该方案由于实施流程简单,弹头再入时间短,因而受到广泛关注。高速精确打击的目的在于实现弹头的快速再入和大倾角高速命中目标,以非爆破式的动能撞击对目标实施硬摧毁,主要针对地下深层目标和加固目标。根据动能毁伤的要求,动能弹头质量、命中速度、命中精度、命中倾角、作战响应时间以及打击覆盖能力将成为论证弹道式再入动能精确打击可行性和适用范围的重要指标参数。目前,弹道式再入打击方案可分为两种形式:一是采用弹道导弹式的大角度再入,弹头再入时依靠气动力作用在大气层内实现倾角的转变,并以接近垂直的倾角命中目标;二是在弹头离轨制动阶段以接近垂直的倾角再入,减小弹头在大气层内的调整和机动,进而实现弹头高速垂直命中目标。

本书根据国外提出的"上帝之杖"再入动能打击的假想,针对上述两种再入打击形式,分别从弹头制动离轨和再入打击两个阶段,研究分析弹道式再入打击方案的可行性和适用范围。

5.2 最优离轨制动计算模型

弹道式打击的理想状态是以较大的倾角再入,并以近乎垂直的倾角高速命中目标,保证对地下目标或坚固目标的打击效果。为了实现大倾角再入,弹头的离轨制动过程就显得十分重要。

本书设弹头的地心距为 R、经度 θ、纬度 φ、速度 V、航迹角 γ(与当地水平线夹角,下偏为负)、航向角 ψ(从正北方向开始度量,顺时针方向为正)、发动机俯仰角 α、发动机偏角 β、发动机推力 T、发动机出口速度 V_e、地球自转角速度 ω、总质量 m。在考虑地球自转和地球非球形影响的条件下,得到采用相对参数表示的制动离轨段运动学方程组和动力学方程组。

$$\frac{\mathrm{d}R}{\mathrm{d}t} = V \cdot \sin\gamma$$

$$\frac{\mathrm{d}\theta}{\mathrm{d}t} = \frac{V \cdot \cos\gamma \cdot \sin\psi}{R \cdot \cos\varphi}$$

$$\frac{\mathrm{d}\varphi}{\mathrm{d}t} = \frac{V \cdot \cos\gamma \cdot \cos\psi}{R} \tag{5.1}$$

$$\frac{\mathrm{d}V}{\mathrm{d}t} = \frac{T \cdot \cos(\alpha) \cdot \cos(\beta)}{m} - g_r \cdot \sin\gamma - g_\phi \cdot \cos\gamma \cdot \cos\psi +$$

$$\omega^2 \cdot R \cdot \cos\varphi \cdot (\sin\gamma \cdot \cos\varphi - \cos\gamma \cdot \sin\varphi \cdot \cos\psi)$$

$$\frac{\mathrm{d}\gamma}{\mathrm{d}t} = \frac{1}{V}\left[\frac{T \cdot \sin(\alpha)}{m} + \frac{V^2}{R} \cdot \cos\gamma - g_r \cdot \cos\gamma + g_\phi \cdot \sin\gamma \cdot \cos\psi + \right.$$

$$\left. 2\omega \cdot V \cdot \cos\varphi \cdot \sin\psi + \omega^2 \cdot R \cdot \cos\varphi \cdot (\cos\gamma \cdot \cos\varphi + \sin\gamma \cdot \sin\varphi \cdot \cos\psi) \right]$$

$$\frac{\mathrm{d}\psi}{\mathrm{d}t} = \frac{1}{V}\left[\frac{T \cdot \cos(\alpha) \cdot \sin(\beta)}{m\cos\gamma} - \frac{V^2}{R} \cdot \cos\gamma \cdot \sin\psi \cdot \tan\varphi - \frac{g_\phi \cdot \sin\psi}{\cos\gamma} + \right.$$

$$\left. 2\omega \cdot V \cdot (\cos\varphi \cdot \tan\gamma \cdot \cos\psi - \sin\varphi) - \frac{\omega^2 \cdot R}{\cos\gamma} \cdot \sin\varphi \cdot \cos\varphi \cdot \sin\psi \right]$$

$$\frac{\mathrm{d}m}{\mathrm{d}t} = -\frac{T}{V_e} \tag{5.2}$$

通常情况下,在轨航天器的表达形式都是以惯性坐标系下的绝对参数表述的。因此,为了更加形象地描述动能弹的再入参数,在进行优化时需将在轨航天器的绝对速度转化为相对速度来表示。设 V^* 是惯性坐标系下的绝对速度,V 是飞行器相对大气的速度,V_c 为大气在某一位置相对地心的速度[131]。根据上述速度矢量的定义,可以得到:

$$V^* = V + V_c \tag{5.3}$$

若地球自转角速度为 $\boldsymbol{\omega}_e$,则有 $V_c = \boldsymbol{\omega}_e \times \boldsymbol{R}$,而地球自转角速度可以表示为

$$\boldsymbol{\omega}_e = \omega_e \cos\varphi \boldsymbol{i} + \omega_e \sin\varphi \boldsymbol{k} \tag{5.4}$$

根据坐标系之间的转换关系:$\theta^* = \theta + \omega_e \cdot t$,$R^* = R$,$\varphi^* = \varphi$,由航迹角、航向角和纬度的定义,可将飞行器的相对速度表示为

$$\boldsymbol{V} = (V^*\sin\gamma)\boldsymbol{i} + (V^*\cos\gamma^*\sin\psi^* - \omega_e R\cos\varphi)\boldsymbol{j} + (V^*\cos\gamma^*\cos\psi^*)\boldsymbol{k} \tag{5.5}$$

$$V\sin\gamma = V^*\sin\gamma^*$$

$$V\cos\gamma\cos\psi = V^*\cos\gamma^*\cos\psi^*$$

$$V\cos\gamma\sin\psi = V^*\cos\gamma^*\sin\psi^* - \omega_e R\cos\varphi$$

因为绝对参数和相对参数存在以下转换关系:

$$V^* = \sqrt{\left[V^2 + 2\omega_e RV\cos\gamma\sin\psi\cos\varphi + (\omega_e R\cos\varphi)^2 \right]} \tag{5.6}$$

$$\tan\gamma^* = \frac{V\sin\gamma}{\sqrt{\left[(V\cos\gamma)^2 + 2\omega_e RV\cos\gamma\sin\psi\cos\varphi + (\omega_e R\cos\varphi)^2 \right]}} \tag{5.7}$$

$$\tan\psi^* = \frac{V\cos\gamma\cos\psi}{V\cos\gamma\sin\psi + \omega_e R\cos\varphi} \tag{5.8}$$

所以,可以得到飞行器离轨制动方程中计算所需的相对速度、相对倾角以及相对航向

68

角表达式:

$$V = \sqrt{\left[(V^*)^2 - 2\omega_e R^* V^* \cos\gamma^* \sin\psi^* \cos\varphi^* + (\omega_e R^* \cos\varphi^*)^2\right]} \quad (5.9)$$

$$\tan\gamma = \frac{V^* \sin\gamma^*}{\sqrt{\left[(V^* \cos\gamma^*)^2 - 2\omega_e R^* V^* \cos\gamma^* \sin\psi^* \cos\varphi^* + (\omega_e R^* \cos\varphi^*)^2\right]}}$$

$$(5.10)$$

$$\tan\psi = \frac{V^* \cos\gamma^* \cos\psi^*}{V^* \cos\gamma^* \sin\psi^* - \omega_e R^* \cos\varphi^*} \quad (5.11)$$

根据再入点航迹角的定义,并设再入角为 Θ_e,再入角与再入时的航迹角存在如下关系: $\Theta_e = -\gamma_e$,即航迹角的最小值便是再入角的最大值。

目前,飞行器离轨制动通常采用有限推力制动和连续小推力制动两种方式,采用有限推力制动时,可采用分段优化:第一段为发动机作用下的制动段,发动机工作时间 $[t_0, t_1]$,推力 T 为一固定值或可变值;第二段为无动力自由飞行段,飞行时间 $[t_1, t_f]$,该阶段发动机推力 T 为 0,而采用连续小推力制动时,推力 T 始终保持一固定值,工作时间 $[t_0, t_f]$。

为了说明该优化方法用于航天器离轨制动的可行性,本书以航天飞机离轨制动为例,与文献[132]提供的标准航天飞机点火制动时序和再入参数进行对比,验证该计算方法的正确性。以文献中航天飞机某次任务为例,制动发动机点火时航天飞机位于(103.64° E,22.88°S),轨道倾角38°,轨道高度275km,标准初始参数如表5.1所示。

表5.1 航天飞机某次任务标准离轨再入参数

T/N	$V_e / \mathrm{m \cdot s^{-1}}$	m_0 / kg	$V_0*/\mathrm{m \cdot s^{-1}}$	$\gamma_0*/(°)$	$\psi_0*/(°)$	$V_0 / \mathrm{m \cdot s^{-1}}$	$\gamma_0/(°)$	$\psi_0/(°)$
26000 ×2	3000	88000	7741.62	0.011	58.67	7363	0.011	58.67

根据表5.1所示航天飞机初始参数和发动机点工作参数,采用伪谱法以能量最省为优化指标(即优化指标为 $\min J = \int_{t_0}^{t_1} \dot{m}\mathrm{d}t$),计算得到航天飞机离轨制动时主要参数变化如图5.1所示。

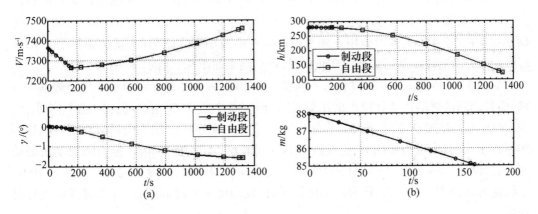

图5.1 航天飞机燃料最省情况下参数变化情况

(a)速度和航迹角变化;(b)高度和质量变化。

对比表 5.2 所示文献提供的标准量和本书计算得到的优化值不难发现,文献中航天飞机离轨制动燃料消耗为 3130kg,而本书计算得到的燃料消耗为 3000kg,比文献中的标准燃料消耗量还小;文献提供的再入点相对速度 7453m/s,再入倾角 −1.604°,航向角 66.07°,而本书计算得到的再入点相对速度为 7452m/s,再入倾角 −1.601°,航向角 66.1°。由此可见,采用最优化方法计算得到的再入速度、再入倾角、再入航向角以及燃料消耗与文献提供的标准参数基本一致,充分说明该优化方法用于航天器离轨制动研究是可行的。

表 5.2 文献提供参数与仿真结果对比

	$m_f/$ kg	$V_e/$ m·s^{-1}	$\gamma_e/(°)$	$\psi_e/(°)$
文献标准量	84870	7453	−1.604	66.07
本书优化值	85000	7452	−1.601	66.1

5.3 弹头垂直再入可行性

设想弹头在大气层外依靠离轨制动发动机的作用,以近乎垂直的倾角再入,这样的再入方式将减小弹头在大气层内的飞行时间,降低弹头在大气层内的机动调整幅度,有助于提高动能弹头的命中速度和精度。因此,分别针对有限推力制动和连续小推力制动两种方式,研究弹头已接近垂直的倾角再入时过渡段飞行参数的变化情况,论证该再入方式的可行性。

5.3.1 有限推力离轨制动

有限推力离轨制动是目前已经广泛应用的航天器离轨制动方式,技术成熟,可靠性高。因此,本书首先分析采用有限推力离轨制动是否能够实现弹头以接近垂直倾角再入。

1. 发动机推力大小对离轨制动的影响

假设弹头所在轨道高度为 800km,弹头质量为 100kg,在不计其他结构质量的情况下,要求弹头和燃料总重量小于 1000kg,分别针对推力为 5000N、10000N 和 35700N 三种制动发动机,计算不同推力作用下弹头所能达到的最小再入倾角(即优化指标为 $\min J = \theta_f$),并分析其过渡段飞行参数的变化情况,计算结果如图 5.2 所示。

如图 5.2(a)和图 5.2(b)所示,不同推力作用时,弹头的速度和倾角变化趋势基本一致,而且达到的终端速度和倾角也几乎相同,再入倾角在 −85°左右,但再入速度较小,约为 3500m/s。35700N 推力发动机作用时间小于 80s,而 5000N 推力发动机作用时间达到 500s 以上,并且大推力作用时,过渡段飞行时间较小,如采用 35700N 推力的发动机制动时,飞行时间 450s 左右,而采用 5000N 推力的发动机制动时,过渡段飞行时间达到 700s。从快速再入的角度出发,大推力发动机作用时,发动机工作时间较短,弹头过渡段飞行时间短。

从图 5.2(c)所示弹头高度变化不难发现,采用大推力发动机作用时,弹头过渡段飞行轨迹更为陡峭,利于弹头的快速再入。但是从图 5.2(d)所示质量变化情况可知,无论

70

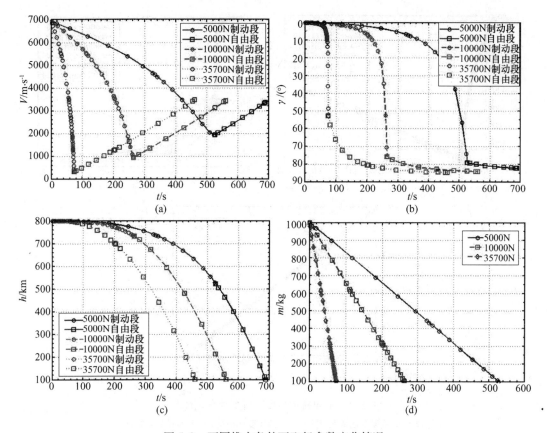

图 5.2　不同推力条件下飞行参数变化情况

（a）弹头速度变化情况；（b）弹头倾角变化情况；（c）过渡段高度变化情况；（d）质量变化情况。

采用多大推力的制动发动机,为了实现100kg弹头以接近垂直的倾角再入,燃料消耗均为900kg,弹头与燃料的质量比达到1∶9,仅弹头和燃料的总质量就达到1000kg。由此可见,弹头接近垂直再入主要取决于载荷和燃料的质量比,即便是实现小质量弹头以接近垂直的倾角再入都将消耗大量燃料,而推力大小仅仅影响过渡段飞行时间。

2. 初始轨道高度对离轨制动的影响

采用大推力发动机能够减小发动机工作时间和弹头过渡段飞行时间,因此本小节以35700N推力的发动机为例,分别计算了弹头从600km、800km和1000km高度的圆轨道制动离轨后所能达到的最小再入倾角(即优化指标为 $\min J = \theta_f$),分析初始轨道高度对弹头过渡段飞行参数的影响。主要参数变化曲线如图5.3所示。

如图5.3(a)和图5.3(b)所示,不同初始轨道高度情况下,弹头过渡段飞行速度和倾角变化趋势基本一致,而初始轨道较高时,弹头的再入速度和最大再入倾角相对较大。从600km高度轨道离轨时,再入速度约为3000m/s,再入倾角 -81°,过渡段飞行时间小于400s;而从1000km高度轨道离轨时,再入速度可达4000m/s,再入倾角小于 -85°,但过渡段飞行时间接近550s。

从图5.3(c)所示质量变化不难发现,在上述三种初始轨道高度情况下,为了获得最小再入倾角,弹头和燃料消耗的质量比依然达到1∶9。由此可见,在要求弹头以接近垂

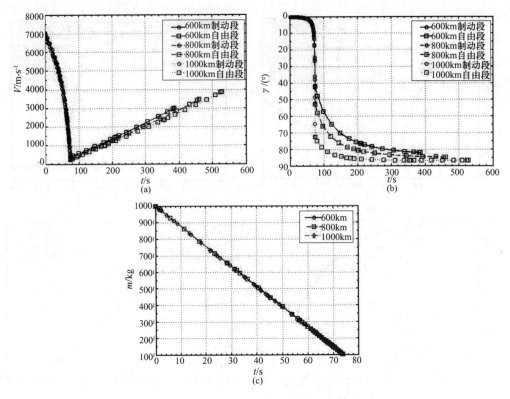

图 5.3　不同轨道高度飞行参数变化情况

（a）弹头速度变化情况；（b）弹头倾角变化情况；（c）质量变化情况。

直的倾角再入时,燃料消耗基本一致,均达到 900kg。但是较高的初始轨道高度能够使弹头获得更高的再入速度和更小的再入倾角,同时弹头的过渡段飞行时间也相应增加。

3. 弹头质量对离轨制动的影响

通过分析发现,仅 100kg 质量的弹头已接近垂直的倾角再入时,弹头和燃料消耗的质量比就达到 1∶9,而决定弹头毁伤效果的主要因素是弹头的速度和质量。因此,有必要研究分析不同质量弹头以接近垂直倾角再入时的飞行参数变化情况,分析弹头离轨制动时的燃料消耗情况,为可行性论证提供依据。

以初始轨道高度 800km 的圆轨道为例,采用 35700N 推力的制动发动机,分别计算弹头质量为 100kg、300kg 和 500kg 时所能达到的最小再入倾角（即优化指标为 $\min J = \theta_f$）,主要参数的变化情况如图 5.4 所示。

从图 5.4（a）和图 5.4（b）所示弹头过渡段飞行速度和倾角变化情况可以发现,无论弹头的质量多大,再入速度和再入倾角几乎相同,再入速度约为 3500m/s,再入倾角在 $-85°$ 左右。当弹头质量为 100kg 时,发动机工作时间小于 100s,但是随着弹头质量的增加,发动机工作时间大幅增加;当弹头质量达到 500kg 时,发动机作用时间接近 400s。

虽然不同质量的弹头均能够以接近垂直的倾角再入,但是从图 5.4（c）所示质量变化情况可知,随着弹头质量的增加,燃料消耗量成倍增加。当弹头质量为 100kg 时,燃料消耗量为 900kg,弹头和燃料的总质量为 1000kg;而当弹头质量增加到 500kg 时,燃料消耗量增加到 4500kg,仅弹头和燃料的质量就高达 5000kg。

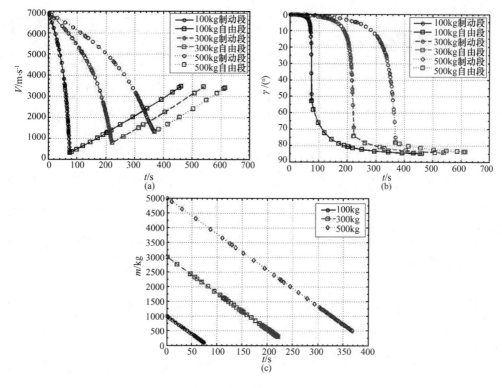

图 5.4　不同弹头质量飞行参数变化情况

（a）弹头速度变化情况；（b）弹头倾角变化情况；（c）质量变化情况。

由此可见,在相同初始轨道条件下,不同质量弹头以接近垂直的倾角再入,燃料的消耗量约为弹头质量的 9 倍。大质量弹头以接近垂直的角度再入,不但再入速度较低,影响打击效果,而且燃料消耗量过大,以 500kg 的弹头为例,仅弹头和燃料总质量就高达5000kg,在考虑其他结构质量的情况下,总质量难以想象,所以说大质量弹头以接近垂直的倾角再入基本不可取。

5.3.2　连续小推力离轨制动

1. 不同推力作用下弹头离轨情况

连续小推力发动机在航天器精确轨道转移控制方面具有独特的优势。因此,可将连续小推力发动机引入到离轨制动控制中,研究分析以该制动方式实现弹头以接近垂直倾角再入的可行性。

首先假设弹头质量为 100kg,弹头与燃料的总质量为 1000kg,以初始轨道高度 800km为例,在不同连续小推力作用下,以两小时内所能达到的最小再入倾角为优化指标(即 $\min J = \theta_f$),计算得到弹头过渡段主要飞行参数变化情况如图 5.5 所示。

图 5.5 (a)显示了不同推力作用下弹头两小时内所能达到的最小再入倾角。从图中可知,当发动机推力从 100N 增加到 400N 时,弹头两小时内所能达到的最小再入倾角逐渐减小,直至推力增加到 400N 时,再入倾角达到 -85°,并且当推力增加到 500N 时,弹头两小时内所能达到的最小再入倾角与 400N 推力作用时基本一致。

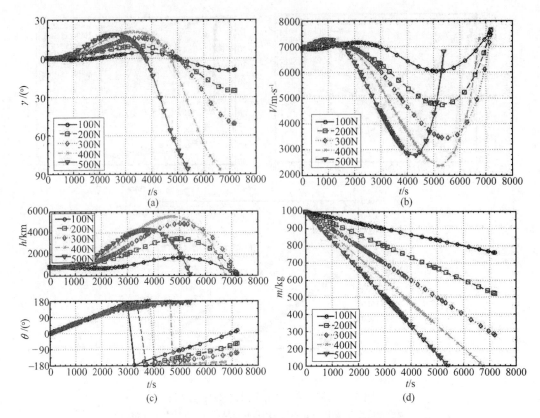

图 5.5 不同连续小推力作用下主要飞行参数的变化情况

(a) 倾角变化情况; (b) 速度变化情况; (c) 高度和经度变化情况; (d) 质量变化情况。

图 5.5 (b)显示了不同推力作用下弹头的速度变化情况。从图中不难发现,当推力从 100N 增加到 300N 时,弹头的再入速度几乎相同,均接近 8000m/s,而当推力增加到 400N 时,弹头的再入速度有所降低,并且当推力增加到 500N 时,弹头的再入速度已经减到 7000m/s 以下,但发动机工作时间明显减小,约为 5400s 左右。从作战响应时间考虑,选用 500N 推力的发动机既能保证弹头以接近垂直的倾角再入,还能保证较高的再入速度,同时减小弹头过渡段的飞行时间(即发动机工作时间),在 1.5 小时内完成弹头的离轨再入。

图 5.5 (c)所示为弹头飞行高度和经度变化。从图中可以发现,当发动机推力逐渐从 100N 增加到 400N 时,弹头再入前的最大机动高度逐渐增加,进而实现弹头的大倾角再入。但是当推力增加到 500N 时,弹头的最大机动高度反而减小,进而减小了弹头的过渡段飞行时间,缩短了弹头的飞行距离。

图 5.5 (d)所示为不同推力作用下的质量变化情况。对照比较图 5.5 (a)所示倾角变化情况可知,随着再入点倾角的减小,燃料消耗量在逐渐增加。但是,当推力为 400N 和 500N 时,燃料消耗完全相同,均为 900kg,而且在上述两种推力作用下,弹头的再入倾角均为 −85°,且弹头与燃料消耗质量的比也为 1∶9。综合 5.3.1 节的研究结果发现,要实现弹头以接近垂直的倾角再入,无论制动方式和推力大小如何,弹头和消耗燃料质量的比都接近 1∶9。

2. 不同质量弹头离轨情况

以500N推力为例,研究100kg和300kg质量的弹头在连续小推力作用下,三小时内所能达到的最小再入倾角以及相关参数的变化情况,如图5.6所示。

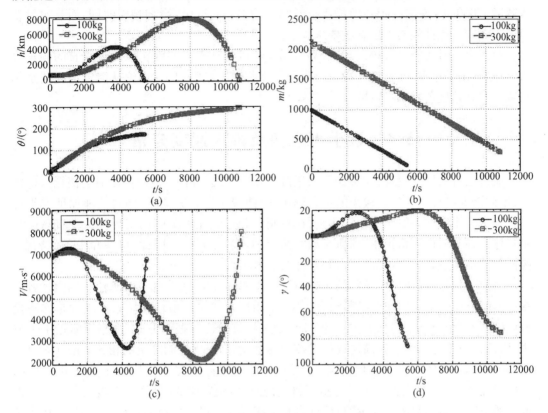

图5.6 不同动能弹头质量对比情况

(a) 高度及经度变化情况;(b) 质量变化情况;(c) 速度变化情况;(d) 倾角变化情况。

正如图5.6所示,当弹头质量为100kg时,其过渡段飞行时间约为5400s,再入点倾角达到-85°,再入速度接近7000m/s,最大机动高度超过4500km,燃料消耗900kg,弹头和燃料的总质量为1000kg;而当动能弹头质量增加到300kg时,即便过渡段飞行时间长达3小时,再入点倾角也仅为-76°,再入速度超过8000m/s,最大机动轨道高度接近8000km,燃料消耗1800kg,弹头和燃料的总质量达到2100kg。

由此可见,采用连续小推力发动机实施离轨制动时,随着弹头质量的增加,为了获得接近垂直的再入角,不但总质量会随之成倍增加,而且弹头的过渡段飞行时间过长,不利于弹头的快速响应作战。

通过上面的研究可以得到以下几点结论:

(1)无论采用哪种制动方式,要让弹头以接近垂直的倾角再入,必然会消耗大量燃料,弹头与消耗燃料的质量比达到1:9。所以说"上帝之杖"所描述的打击方式只适合采用小质量弹头(约100kg),随着弹头质量的增加,燃料及相关附加设备的质量将成倍增加;

(2)有限推力制动时,采用大推力发动机可缩短发动机工作时间和动能弹过渡段飞行时间,但这种制动方式在实现弹头短时间内以接近垂直倾角再入的同时,造成再入速度的损失(再入速度约3500m/s左右),影响打击的效果;

（3）连续小推力作用时,能够保证弹头以接近垂直倾角再入的同时还具有较高的再入速度(7000m/s左右),但过渡段飞行时间长达1小时以上,影响响应时间,而且对发动机的长时间工作性能提出了新的要求。

通过上述研究结果不难发现,依靠空间发动机制动来实现弹头以接近垂直的倾角再入时,燃料消耗过大,而且过渡段飞行时间几乎都在1小时以上,无论从能量消耗还是作战响应时间角度考虑都不可取。

5.4 最小再入角及再入速度分布

通过已有的研究发现,弹头如果采用接近垂直的倾角再入,离轨制动时会消耗大量燃料,因此需要寻找一种相对较小的再入倾角,既能减小燃料的消耗,同时又能保证弹头再入过程中利用气动力的作用下压倾角,在控制角和过载允许范围内实现弹头垂直高速命中目标。弹头的再入角越小,离轨制动时消耗的燃料就越少。因此,可在命中条件约束、控制角约束和过载约束条件下,对制导弹头的最小再入角展开研究。

目前,对弹药最佳初始参数的研究主要采用两种方法:搜索法和计算法。国内学者大多根据制导弹药不同的初始参数组合方案,采用搜索法寻找最佳初始条件或者是弹药投放区域[133-138],但是采用该类方法计算时,如果没有较好的搜索方式,搜索策略近乎于穷举;而计算法是将寻优过程描述成最优控制模型,利用最优控制理论的相关算法计算出满足某项指标最优的控制量变化情况,主要有间接法和直接法。基于Pontryagin极大值原理的间接法[139,140]是根据某项性能指标最优,推导出制导律的解析解;直接法[141-143]是将连续的最优控制问题离散并参数化,针对某项指标最优得到离散的最优控制律,而在制导控制规律已经确定的条件下,计算满足各项条件的最优初始参数的研究还较少。

采用最优控制中直接法的离散思想,根据最大落地速度指标要求下推导出的最优制导律和弹头飞行状态参数之间的关系,将原来带控制量的微分方程组转化成为由状态参数表示的微分方程组,并通过离散过程将该方程组转化成为由一系列状态参数表示的代数方程组,通过非线性规划方法求解最优初始参数。采用该方法既能保证弹头在已知制导律控制下的落速最大,而且还能得到最优的初始指标参数。

5.4.1 最优初始参数计算方法

1. 纵平面终端倾角约束制导方程

根据文献[124]可知,简化后弹头在纵向平面内的运动方程可以表示为

$$
\begin{cases}
\dot{V} = \dfrac{-\rho V^2 S C_x(\alpha)}{2M} + g_{xh} \\[2mm]
\dot{\theta} = \dfrac{1}{V}\left(\dfrac{\rho V^2 S C_y(\alpha)}{2M} + g_{yh}\right) \\[2mm]
\dot{x} = V\cos\theta \\[2mm]
\dot{y} = V\sin\theta
\end{cases}
\tag{5.12}
$$

在简化模型中，$g_{xh} = -g_h\sin\theta, g_{yh} = -g_h\cos\theta$，重力加速度 $g_h = 9.8\mathrm{m/s^2}$，大气密度 $\rho = \rho_0 e^{(-y/H)}$，ρ_0 为海平面大气密度，大气参考高度 $H = 7254\mathrm{m}$，x 为弹目距离，y 为飞行高度，此处 θ 为弹道倾角，V 为弹体飞行速度。

视线坐标系和目标坐标系的关系如图 5.7 所示。图中目标坐标系 $O_{\mathrm{target}} - xy$ 的原点位于目标点 O_{target}，x 轴在地平面内指向弹体，y 轴与 x 轴垂直并指向天顶；视线坐标系即导引坐标系 $O_{\mathrm{target}} - \xi\eta$ 的原点也位于目标点 O_{target}，ξ 轴从目标点指向弹体，η 轴与 ξ 轴垂直(具体指向如图 5.7 所示)。

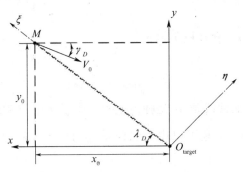

图 5.7　视线坐标系和目标坐标系的关系

图中 x_0 为弹头与目标之间的初始距离，y_0 为弹头初始高度，V_0 为弹头初始速度，γ_D 为速度矢量在纵向平面内投影与当地水平面的夹角，视线 MO 为弹头与目标点之间的连线，视线高低角 λ_D 为视线 MO 与 x 轴正向的夹角，从 x 轴正向顺时针方向开始度量。

根据图 5.7 所示弹头与目标在纵向平面内的相对位置关系，可以得到简化后纵向平面内以弹头最大命中速度最优指标的倾角约束最优制导律为

$$\dot{\gamma}_D = K_{GD}\,\dot{\lambda}_D + \frac{K_{LD}(\lambda_D + \gamma_{DF})}{T_g} \tag{5.13}$$

2. 动力学方程转化

本书在进行最优初始参数计算时，考虑将带有控制量的运动方程组转化成为用状态参数表示的运动方程，并将微分方程组离散，转化成为由状态参数表示的一系列代数方程组，通过求解非线性规划问题得到最优初始参数[145]。

根据视线坐标系和目标坐标系之间的转换关系，可得

$$\dot{\lambda}_D = \frac{V\cos\theta\sin\lambda_D + V\sin\theta\cos\lambda_D}{\sqrt{x^2 + y^2}} \tag{5.14}$$

$$\lambda_D = \arctan\left(\frac{y}{x}\right) \tag{5.15}$$

预估飞行时间：

$$T_g = \frac{\sqrt{x^2 + y^2}}{V\cos\theta\cos\lambda_D + V\sin\theta\sin\lambda_D} \tag{5.16}$$

77

因此,把式(5.14)~式(5.16)代入式(5.13)中,可以将纵向平面内的制导律转换为如下形式:

$$\dot{\gamma}_D = K_{GD}\frac{V\cos\theta\sin\arctan\left(\dfrac{y}{x}\right) + V\sin\theta\cos\arctan\left(\dfrac{y}{x}\right)}{\sqrt{x^2 + y^2}} +$$

$$K_{LD}\left(\arctan\left(\dfrac{y}{x}\right) + \gamma_{DF}\right)\frac{V\cos\theta\cos\arctan\left(\dfrac{y}{x}\right) + V\sin\theta\sin\arctan\left(\dfrac{y}{x}\right)}{\sqrt{x^2 + y^2}} \tag{5.17}$$

在三维空间中 $\dot{\theta}$ 和 $\dot{\gamma}_D$ 存在以下关系:

$$\dot{\theta} = \frac{-\dot{\gamma}_D}{\cos(\lambda_T - \sigma)}$$

式中,λ_T 是转弯平面内的视线角,σ 是弹道偏角。由于本书只考虑纵向平面内的情况,上述两个角度均可视为0。于是可以得到纵向平面内 $\dot{\theta} = -\dot{\gamma}_D$ 的关系,并通过式(5.12)可得

$$C_y(\alpha) = \frac{2(-\dot{\gamma}_D V - g_{yh}) \cdot M}{\rho(y)V^2 S} \tag{5.18}$$

又因为 $C_y(\alpha) = C_y^{\alpha}\alpha$,于是可以求得攻角的表达式:

$$\alpha = \frac{C_y(\alpha)}{C_y^{\alpha}} = \frac{1}{C_y^{\alpha}} \cdot \frac{2(-\dot{\gamma}_D V - g_{yh}) \cdot M}{\rho(y)V^2 S} \tag{5.19}$$

其中,$\rho(y) = \rho_0 e^{-(y/H)}$,海平面大气密度 $\rho_0 = 1.226\text{kg/m}^3$,参考高度 $H = 7254.24\text{m}$,重力加速度 $g_h = 9.81\text{m/s}^2$,动能弹气动参考面积 $S = 0.102\text{m}^2$。

同理,阻力系数 $C_x(\alpha) = C_x^0 + C_x^{\alpha}\alpha^2$,于是可以得到用状态参数表示的阻力系数表达式:

$$C_x(\alpha) = C_x^0 + C_x^{\alpha}\left[\frac{1}{C_y^{\alpha}} \cdot \frac{2(-\dot{\gamma}_D V - g_{yh}) \cdot M}{\rho_0 e^{-(y/H)} V^2 S}\right]^2 \tag{5.20}$$

至此,可以将原来带控制量 α 的微分方程组变为用四个状态参数 $[x, y, V, \theta]$ 表示的微分方程组:

$$\begin{cases} \dfrac{\mathrm{d}V}{\mathrm{d}t} = -\dfrac{\rho_0 e^{-(y/H)}V^2 S}{2M}\left\{C_x^0 + C_x^{\alpha}\left[\dfrac{1}{C_y^{\alpha}} \cdot \dfrac{2(-\dot{\gamma}_D V - g_{yh}) \cdot M}{\rho_0 e^{-(y/H)} V^2 S}\right]^2\right\} + g_{xh} \\[4mm] \dfrac{\mathrm{d}\theta}{\mathrm{d}t} = K_{GD}\dfrac{V\cos\theta\sin\lambda_D + V\sin\theta\cos\lambda_D}{\sqrt{x^2 + y^2}} + K_{LD}(\lambda_D + \gamma_{DF})\dfrac{V\cos\theta\cos\lambda_D + V\sin\theta\sin\lambda_D}{\sqrt{x^2 + y^2}} \\[4mm] \dfrac{\mathrm{d}x}{\mathrm{d}t} = V\cos\theta \\[4mm] \dfrac{\mathrm{d}y}{\mathrm{d}t} = V\sin\theta \end{cases}$$

$$\tag{5.21}$$

式中,$\dot{\gamma}_D$ 和 λ_D 分别见式(5.17)和式(5.15)。

现在已经将带制导律和控制量的微分方程组变换为由状态变量 $\boldsymbol{x} = [x, y, V, \theta]'$ 表示的微分方程组,也就是说由一组初始参数 $\boldsymbol{x}_0$,经过积分就能得到一组确定的终端参数 $\boldsymbol{x}_f$。因此,带制导律和控制量的最优初始参数求解可转换成下述初始参数最优化问题:

优化指标:

$$\min \quad J = \varphi(x_0)$$

满足微分方程组约束.:

$$\dot{\boldsymbol{x}} = \boldsymbol{f}(\boldsymbol{x})$$

满足不等式约束:

$$|\alpha| = \left| \frac{1}{C_y^\alpha} \cdot \frac{2(-\dot{\gamma}_D V - g_{yh}) \cdot M}{\rho_0 e^{-(y/H)} V^2 S} \right| \leqslant \alpha_{\text{limit}}$$

$$|n_y| = \frac{|-\dot{\gamma}_D V - g_{yh}|}{g_h} \leqslant n_{y\text{limit}}$$

$$|x_f| \leqslant r_{\text{limit}}, x_0 > 0$$

$$V_f \geqslant V_{\text{limit}}$$

边界条件:

$$y_0 = y_{\text{initial}}, V_0 = V_{\text{initial}}, y_f = y_{\text{terminal}}, \theta_f = \gamma_{DF}$$

3. 微分方程组离散

现将连续的微分方程组按照 Radau 伪谱法的思想进行离散化处理,可以将带微分方程组约束的最优化问题转变成为用以下形式代数方程组表示的参数优化问题。

指标函数:

$$\min J \approx \boldsymbol{\Phi}(\boldsymbol{X}_1^{(1)}, t_0, \boldsymbol{X}_{N_{K+1}}^{(K)}, t_K)$$

等式约束:

微分方程组转化的代数方程组:

$$\sum_{j=1}^{N_{k+1}} D_{ij}^{(k)} \boldsymbol{X}_j^{(k)} - \frac{t_k - t_{k-1}}{2} \boldsymbol{f}(\boldsymbol{X}_i^{(k)}, \tau_i^{(k)}; t_{k-1}, t_k) = 0 \qquad (5.22)$$

其中,$i = 1, \cdots, N_k$。

边界条件转化的代数方程组:

$$\phi(\boldsymbol{X}_1^{(1)}, t_0, \boldsymbol{X}_{N_{K+1}}^{(K)}, t_K) = 0 \qquad (5.23)$$

不等式约束:

攻角和过载限制不等式约束:

$$\boldsymbol{C}^{(k)}(\boldsymbol{X}_i^{(k)}, \tau_i; t_{k-1}, t_k) \leqslant 0, (i = 1, \cdots, N_k) \qquad (5.24)$$

边界条件转化的不等式约束:

$$\phi(\boldsymbol{X}_1^{(1)}, t_0, \boldsymbol{X}_{N_{K+1}}^{(K)}, t_K) \leqslant 0 \qquad (5.25)$$

其中,$D_{ij}^{(k)}$ 的定义可以参考式(5.28)。

上述过程将满足制导控制律的微分方程组最优初始参数问题转化为由非线性代数方

程组表示的参数优化问题,利用序列二次规划法可求解出最优初始参数。

5.4.2 弹头再入参数

1. 弹头最小再入角研究及算法验证

根据国外提出的"上帝之杖"动能打击假想,过大的再入角会造成离轨制动时较大的燃料损耗,因而通过研究满足终端命中条件的最小再入角,为开展方案可行性论证提供理论支持。本书以某型制导弹头气动性能为例[146],研究不同速度下的最小再入角问题,即求解弹头的最大再入倾角,该优化问题可以描述为

$$\max \quad J = \theta_0$$
$$s.\ t.\ \dot{\boldsymbol{x}} = \boldsymbol{f}(\boldsymbol{x})$$

$$|\alpha| = \left| \frac{1}{C_y^\alpha} \cdot \frac{2(-\dot{\gamma}_D V - g_{yh}) \cdot M}{\rho_0 \mathrm{e}^{-(y/H)} V^2 S} \right| \leqslant 50° \qquad y_0 = 100000$$

$$|n_y| = \frac{|-\dot{\gamma}_D V - g_{yh}|}{g_h} \leqslant 60 \qquad V_0 = V_{\mathrm{initial}}$$

$$|x_f| \leqslant 10, x_0 > 0 \qquad y_f = 0$$

$$V_f \geqslant 2000 \qquad \theta_f = -90°$$

根据再入倾角和再入角 Θ_e 的定义,再入角与再入倾角存在如下关系:$\Theta_e = -\theta_e$,即再入倾角的最大值便是再入角的最小值。

在初始倾角和目标距离不确定的情况下,针对质量为100kg的弹头,假设弹头以8000m/s,7000m/s,6000m/s,5000m/s,4500m/s,4000m/s六种不同速度再入,研究不同再入速度下满足终端打击条件的最大再入倾角,从表5.3所示计算结果可知,在上述速度范围内,再入速度越高,最大再入倾角越大,对应的目标距离也更远,但是在最大再入倾角情况下,命中速度均不高,略大于2000m/s。为了说明该方法的可行性和上述数据的真实性,本书以中等再入速度5000m/s为例,采用蒙特卡洛法寻找满足命中条件的最大再入倾角,计算结果如图5.8和图5.9所示。

表5.3 不同速度对应的最大再入倾角对比

$V_e/\mathrm{m} \cdot \mathrm{s}^{-1}$	$\theta_{e\ \max}/(°)$	x_0/km	$V_{\mathrm{impact}}/\mathrm{m} \cdot \mathrm{s}^{-1}$
8000	-20.3	192	2025
7000	-23.8	167	2025
6000	-27.2	145	2028
5000	-32.7	117	2002
4500	-37.9	97	2001
4000	-46.3	71	2010

从图5.8不难发现,速度5000m/s的最大再入倾角约为 $-32.6°$,与本书所用方法计算得到的最大再入倾角差别仅有 $0.1°$,而对应的目标距离之间的差别也小于500m。并且从图5.9所示命中速度分布情况可知,蒙特卡洛法得到的最大再入倾角和相应目标距离对应的命中速度也接近2000m/s。

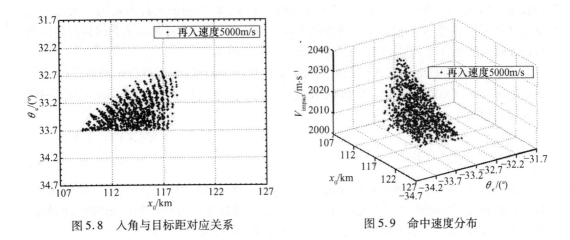

图 5.8　入角与目标距对应关系　　　　　图 5.9　命中速度分布

以再入速度 5000m/s,再入倾角 - 32.7°,目标距离 117km 为例,按照式(5.36)和式(2 - 5.37)描述的运动方程和制导律仿真得到弹头主要参数变化情况如图 5.10 所示。

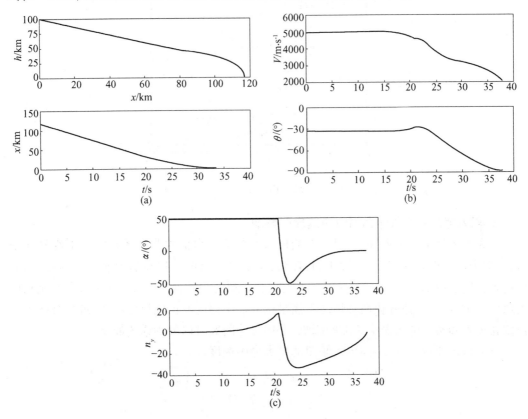

图 5.10　最大再入倾角对应的主要参数变化情况
(a)高度及相对距离变化情况;(b)速度和倾角变化情况;(c)攻角和法向过载变化情况。

从图 5.10 中所示的飞行弹道、相对距离、飞行速度、弹道倾角以及攻角和法向过载变化情况不难发现,弹头弹道陡峭,且与目标的相对距离逐渐减小直至命中目标,命中速度约为 2000m/s,命中倾角 - 90°,攻角范围在 ±50°之间,并且命中目标时的攻角为 0°,法向

过载在 $-40 \sim 20g$ 之间,命中目标法向过载为 0,有助于提高弹头的打击效果。通过上述研究结果可以证明,本书设计的参数优化方法是可行的,并且通过弹道仿真得到的各项参数均在限制范围以内,可见得到的最优初始参数真实可信。

根据表 5.3 中所示再入速度和最大再入倾角的分布情况,通过拟合得到如式(5.26)所示的再入速度和最大再入倾角边界的近似分布关系,在速度 $4000 \sim 8000\text{m/s}$ 的范围内计算得到如图 5.11 所示分布曲线。

$$\theta_{emin} = -1.583\text{e}^{-13} \cdot V_e^4 + 4.483\text{e}^{-9} \cdot V_e^3 - 4.739\text{e}^{-5} \cdot V_e^2 + 0.225 \cdot V_e - 434.7$$

$$(5.26)$$

图 5.11 中虚线右下方区域是弹头再入过程中,满足过载约束、攻角约束、命中速度、命中倾角和命中精度的可行区域。为了进一步验证该曲线和可行区域的正确性,同时研究再入速度和再入倾角对弹头终端命中参数的影响,还有待进一步研究分析。

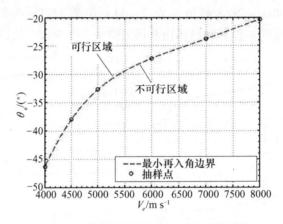

图 5.11 拟合最小再入角边界及可行区域

2. 再入速度与再入倾角对命中速度的影响

从表 5.3 所示数据可知,边界点上的再入参数能够保证弹头在各种约束下准确命中目标,但命中速度普遍较小,而弹头的目的就是要最大限度地提高命中速度。因此,本节以再入速度 7000m/s,再入倾角 $-23.8°$ 为例,依次研究再入倾角一定,再入速度变化和再入速度一定,再入倾角变化两种情况下满足最大命中速度的最优目标距离,进而分析再入速度和再入倾角对弹头命中速度的影响,上述优化问题可以分别描述如下。

（1）再入速度一定,不同再入倾角的最大命中速度:

$$\max \quad J = V_f$$
$$\text{s. t.} \quad \dot{\boldsymbol{x}} = \boldsymbol{f}(x)$$

$$|\alpha| = \left| \frac{1}{C_y^\alpha} \cdot \frac{2(-\dot{\gamma}_D V - g_{yh}) \cdot M}{\rho_0 \text{e}^{-(y/H)} V^2 S} \right| \leqslant 50° \qquad y_0 = 100000$$

$$|n_y| = \frac{|-\dot{\gamma}_D V - g_{yh}|}{g_h} \leqslant 60 \qquad V_0 = 7000$$

$$|x_f| \leqslant 10, x_0 > 0 \qquad y_f = 0$$

82

$$\theta_0 = \theta_{\text{initial}} \qquad \theta_f = -90°$$

（2）再入倾角一定，不同再入速度的最大命中速度：

$$\max \quad J = V_f$$
$$\text{s. t.} \quad \dot{\boldsymbol{x}} = \boldsymbol{f}(\boldsymbol{x})$$

$$|\alpha| = \left| \frac{1}{C_y^{\alpha}} \cdot \frac{2(-\dot{\gamma}_D V - g_{yh}) \cdot M}{\rho_0 e^{-(y/H)} V^2 S} \right| \leqslant 50° \qquad y_0 = 100000$$

$$|n_y| = \frac{|-\dot{\gamma}_D V - g_{yh}|}{g_h} \leqslant 60 \qquad V_0 = V_{\text{initial}}$$

$$|x_f| \leqslant 10, x_0 > 0 \qquad y_f = 0$$

$$\theta_0 = -23.8° \qquad \theta_f = -90°$$

通过计算得到不同情况下初始参数和命中参数如表 5.4 和表 5.5 所示。从表 5.4 中不难发现，当再入速度为 7000m/s，再入倾角为 -22.8°时，弹头获得最大命中速度为 1940m/s，而该再入速度和倾角对应的点正好位于图 5.11 所示边界曲线上方的不可行区，但是随着再入倾角的减小，逐渐进入图 5.11 所示中的可行区域，最大命中速度均大于 2000m/s。从表 5.4 所示结果还可以看出，当再入速度一定时，随着再入倾角的减小，最优目标距离逐渐缩短，弹头的最大命中速度逐渐提高。

表 5.4　不同再入角对应的最大命中速度对比

$V_e/\text{m} \cdot \text{s}^{-1}$	$\theta_e/(°)$	x_0/km	$V_{\text{impact}}/\text{m} \cdot \text{s}^{-1}$
7000	-22.8	174	1940
7000	-23.8	167	2025
7000	-28.8	126	2428
7000	-33.8	107	2734

表 5.5　不同再入速度对应的最大命中速度对比

$V_e/\text{m} \cdot \text{s}^{-1}$	$\theta_e/(°)$	x_0/km	$V_{\text{impact}}/\text{m} \cdot \text{s}^{-1}$
6500	-23.8	165	1920
7000	-23.8	167	2025
7500	-23.8	160	2313
8000	-23.8	164	2401

表 5.4 中所示为不同再入速度对应的最大命中速度和最优目标距离，从表中显示的数据可知，当再入速度为 6500m/s，再入倾角为 -23.8°时，弹头能够获得的最大命中速度仅为 1920m/s，不满足命中速度高于 2000m/s 的要求。对比图 5.11 不难发现，上述速度和倾角的对应点正好位于图中边界曲线左侧的不可行区。随着再入速度的增加，再入速度和倾角对应点向边界曲线的右侧移动，逐渐进入可行区域。从表 5.5 所示结果可以看出，当再入倾角一定时，随着再入速度的增加，最优目标距变化并不大，基本保持在 165 ± 5km 范围内，但命中速度却有明显提高。

通过上述研究分析可知，通过设计的最优初始参数计算方法获得的再入速度和最大再入倾角边界曲线及可行区域分布是可信的,说明采用的参数优化方法是可行的。并通过再入速度和再入倾角对最大命中速度的影响研究发现,与依靠减小再入倾角来提高命中速度相比,增加再入速度不但能够提高动能弹的命中速度,而且还能够保证弹头再入时具有相对较大的再入倾角,进而减少离轨制动时的燃料消耗。

3. 弹体质量对最大再入倾角的影响

弹头以接近垂直的倾角再入将消耗大量的燃料,为了节省弹头在离轨制动阶段的燃料消耗,只能以相对较大的倾角再入,而不同质量的弹头其最大再入倾角不尽相同。因此,本小节以 7000m/s 的再入速度为例,研究不同质量弹头的最大再入倾角,为下一步研究弹头离轨制动提供理论依据。不同质量弹头的最大再入角、目标距离及命中速度如表 5.6 所示。从中不难看出,再入速度相同的情况下,随着再入弹头质量的增加,满足命中条件的弹头最大再入倾角也随之减小。而较小的再入倾角将会造成离轨制动时更大的燃料消耗,因此本书后续研究仅以 100kg 的小质量动能弹头为例,研究分析其制动离轨情况。

表 5.6　不同质量弹头对应的最大再入倾角情况

m/kg	$V_e/\mathrm{m \cdot s^{-1}}$	$\theta_{e\,max}/(°)$	x_0/km	$V_{impact}/\mathrm{m \cdot s^{-1}}$
100	7000	-23.8	167	2025
200	7000	-24.1	161	2040
300	7000	-25.2	166	2025
400	7000	-27.4	162	2045

5.5　最小再入角要求下离轨制动性能

通过前面研究发现,弹头以接近垂直的倾角再入,离轨制动时能量消耗太大,而以相对较小的角度再入,不仅能够实现弹头垂直高速命中目标,而且还能减小弹头离轨制动时的燃料消耗,并且当倾角一定时,再入速度越高越有利于提高动能弹的命中速度。因此,本小节假设再入倾角为 $-23.8°$,以再入速度最大为优化指标,在推力 5000N 的发动机作用下制动离轨,分析不同弹头空重和轨道倾角对弹头离轨制动参数的影响,并分析弹头离轨制动时的侧向机动能力。在开展本小节研究前,首先定义弹头质量与其他结构质量之和为弹头空重,弹头空重与消耗燃料的比为空燃比,空重与燃料质量之和为弹头的总质量。

5.5.1　不同空重动能弹离轨燃料消耗

本小节假设弹头空重分别为 100kg、200kg、300kg 和 400kg,初始轨道高度为 800km,轨道倾角 0°,要求再入倾角为 $-23.8°$,并以再入速度最大为优化指标(即 $\max J = V_f$),计算分析动能弹过渡段飞行参数的变化情况。

通过图 5.12 (a)和图 5.12 (b)所示弹头过渡段飞行速度和倾角变化情况可知,不同空重的弹头在 $-23.8°$ 的再入倾角要求下,最大再入速度均为 7749m/s。但同时也不难发现,随着弹头空重的增加,其过渡段飞行时间也相应增加,并且发动机工作时间也随之延长,以空重400kg为例,发动机的工作时间就超过400s,甚至空重仅200kg时,发动机工作时间都超过200s。并且随着弹头空重的增加,其自由段飞行时间逐渐缩短,将导致弹头调整分离弹头的时间减少。图5.12 (c)所示为弹头总质量变化情况。从图中可以看出,随着弹头空重的逐渐增加,燃料消耗也随之增加,当弹头空重达到400kg时,弹头的总质量就接近1200kg。

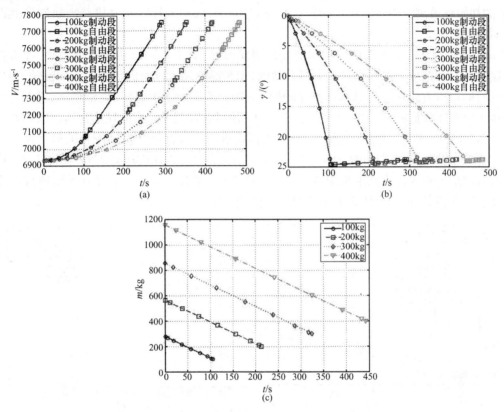

图 5.12　不同空重动能弹过渡段飞行参数变化情况
(a) 速度变化情况；(b) 倾角变化情况；(c) 质量变化情况。

　　表5.7 具体显示了不同空重的弹头在完成既定再入指标时对应的燃料消耗量、总质量和空燃比变化情况。从表中所示数据可知,再入倾角一定时,在以最大再入速度为最优指标的情况下,随着弹头空重的增加,空燃比也随之增大,也就是说如果要增加弹头质量,相应的其他结构质量也会随之增加,使得弹头的空重不断增加,进而造成弹头的总质量成倍增加。

表 5.7　不同空重时离轨燃料消耗情况

空重/kg	燃料消耗/kg	总质量/kg	空燃比
100	279	379	1.79
200	363	563	1.82
300	555	855	1.85
400	756	1156	1.89

5.5.2 不同轨道倾角离轨燃料消耗

弹头所在轨道的倾角不同,其离轨制动时的初始相对速度也不尽相同,当再入倾角一定时,其最大再入速度也存在差别。从前面的研究已经发现,当再入倾角一定时,载入速度增加有利于提高弹头的命中速度。因此,本小节假设空重100kg的弹头初始轨道高度为800km,以再入倾角 −23.8°为例,分别计算弹头从轨道倾角为 −60°、−30°、0°、30°和60°的初始轨道离轨后所能获得的最大再入速度(即 $\max J = V_f$),并分析其离轨制动时的燃料消耗情况。

由图5.13(a)所示弹头飞行速度变化情况可知,对于不同的初始轨道倾角,弹头过渡段飞行时的速度变化趋势基本上是一致的,但是随着轨道倾角向负倾角方向偏转,弹头制动时的运行方向逐渐与地球自转方向相反,造成弹头初始相对速度逐渐增加,进而使弹头再入速度明显提高,并缩短了弹头过渡段飞行时间,有利于弹头的快速再入。以初始轨道倾角30°和 −30°的速度变化情况为例,当初始轨道倾角为30°时,动能弹的最大再入速度约为7749m/s,而当初始轨道倾角为 −30°时,其最大再入速度超过8700m/s,比30°轨道倾角的最大再入速度高出近1000m/s。由此可见,弹道式再入打击可以采用逆行轨道的部署方式,利用地球自转提高命中目标时的相对速度。

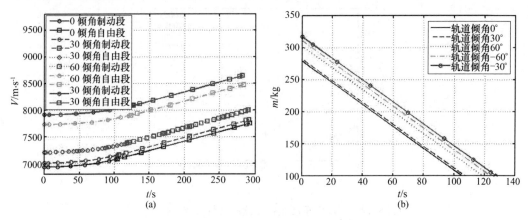

图5.13 不同轨道倾角过渡段飞行参数变化情况
(a)速度变化情况;(b)质量变化情况。

图5.13(b)所示为弹头的总质量变化情况。从图中不难发现,随着轨道倾角向负倾角方向偏转,弹头离轨制动时的燃料消耗量逐渐增加,发动机工作时间也随之增加。对比初始轨道倾角30°和 −30°的总质量变化情况可知,在相同再入倾角的情况下,弹头从 −30°倾角的初始轨道离轨消耗的燃料比从30°倾角轨道离轨时约多50kg。

5.5.3 平台侧向机动覆盖能力

弹头受自身结构和飞行环境的限制,再入后的机动覆盖范围较小[147],对于分布较广的目标,适应能力不足。因此,弹道式再入弹头则需要依靠空间轨道机动实现打击目标的转换和目标区域覆盖。文献对弹道式再入弹头的空间轨道机动能力开展了研究,发现实施轨道机动时间较长,在快速响应作战方面存在不足。本书假设弹头在离轨制动阶段实施机动,进而实现对打击目标的快速转换并完成目标区域覆盖。

假设推力 5000N 的发动机具有侧向调整能力,在燃料质量 1000kg 的情况下,研究弹头空重 100kg(case1)、200kg(case2)、300kg(case3)和 400kg(case4)时的空间最大侧向机动能力。以初始轨道高度 800km,轨道倾角 0° 为例,要求再入倾角 -23.8°,再入速度 7749m/s,计算得到弹头最大侧向机动(即 $\max J = \varphi_f$)时主要参数的变化情况如图 5.14 所示。

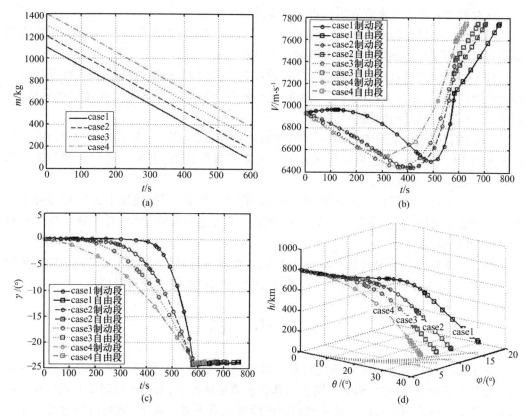

图 5.14　不同空重动能弹在 1000kg 燃料消耗时的空间侧向机动能力

(a)质量变化情况;(b)速度变化情况;(c)倾角变化情况;(d)不同空重动能弹的最大侧向机动轨迹。

从图 5.14(a)所示弹头总质量变化情况可知,不同空重的弹头为了达到最大侧向机动范围,燃料消耗量均达到 1000kg,发动机工作时间接近 600s,可见弹头在制动离轨阶段进行侧向机动将消耗大量的燃料,而且对发动机的长时间工作性能提出了更高的要求。图 5.14(b)和图 5.14(c)所示为弹头过渡段飞行时的速度及倾角变化情况。从图中可知,对于不同空重的弹头,再入点参数均满足速度 7749m/s 和倾角 -23.8° 的要求,只是随着弹头空重的增加,发动机关机时弹头的速度更大,而自由飞行段的时间更短。图 5.14(d)显示了不同空重弹头的最大侧向机动轨迹。正如图中所示,当空重为 100kg 时,弹头在纬度方向上的最大机动能力可达 15°,但是随着弹头空重的增加,其侧向机动覆盖能力迅速减小,当弹头空重达到 400kg 时,其纬度方向上机动范围仅为 5° 左右。

不难发现,随着弹头空重的增加,在满足再入倾角和速度的情况下,总质量将大幅增加,而侧向机动范围将大幅减小。由此可见,为了减小燃料消耗,弹头应尽量减少空间机动,这就要求弹头的空间运行轨道必须经过目标点上空,根据不同的目标分布情况设计部署不同的运行轨道。这样一来将极大地制约弹头的打击覆盖能力,影响空间部署弹头的隐蔽性,给弹头的星座构成和防御带来极大的困难。

5.6　弹道式再入打击特点

针对弹道式再入打击方式可以得到以下几点结论:

(1)连续小推力制动离轨飞行时间过长,不利于弹头的快速再入打击,而有限推力制动是弹道式再入打击较为可行的离轨制动方式;

(2)弹头实现垂直再入时载荷与燃料消耗的比值过大,基本不可行,而应该采用相对较小的角度再入,如本书采用的弹头最小再入角 23.8°,既能保证垂直高速命中目标,还能减小弹头离轨制动时的燃料消耗;

(3)随着弹头空重的增加,燃料消耗量随之增加,以 400kg 空重的弹头为例,在 −23.8°再入倾角的要求下,获得最大再入速度时的总质量就达到 1156kg,进而可知弹道式再入打击只适用于小质量弹头;

(4)弹头可以部署在轨道高度 803.87km 的回归轨道(回归周期 1 天),但是弹头的侧向机动能力有限,要求弹头的空间运行轨道必须经过目标点上空,对于分布较广的目标,轨道部署复杂;

(5)小质量弹头采用大推力发动机制动,过渡段飞行时间短,能在短时间内完成离轨再入打击,但是由于弹头质量较小,对深层加固目标的打击能力受到制约。

5.7　小　结

利用 hp − 自适应 Radau 伪谱法对有限推力和连续小推力作用下动能弹头的离轨制动阶段开展了研究,研究分析了不同推力和弹头质量情况下,采用两种制动方式实现动能弹头近乎垂直再入的可行性。发现离轨制动段实现近乎垂直再入,燃料消耗量近乎是弹头质量的 9 倍,而连续小推力作用时间过长,不满足快速响应作战的要求。

随后针对命中倾角约束的制导动能弹头,创新性地提出一种在纵向平面内计算最优初始参数的方法,该方法能够在命中指标、攻角和过载限制条件下计算得到最优的初始指标参数。利用该方法,本书计算得到了实现动能弹头垂直命中目标的最小再入角,即最大再入倾角。并分析了弹头质量对最小再入角的影响,以及再入速度和再入倾角对命中速度的影响。

随后在以最小再入角为终端要求和最大再入速度为优化指标的情况下,分别研究了不同空重、轨道倾角条件下的弹头离轨制动时的燃料消耗情况,并以最小再入角对应下的最大再入速度为终端指标,分析了不同空重条件下弹头离轨制动时所能达到的最大侧向机动能力,明确了弹道式再入打击的特点和适用范围。

第四篇 滑翔再入飞行器特征及应用

第6章 弹着角约束制导律及指标

6.1 引　言

通过研究发现,弹道式再入打击适用的弹头质量较小,而且机动覆盖范围有限,对分布较广的深层目标实施打击时会受到极大的限制。相比较而言,滑翔式再入飞行器机动性能强,对分布较广的目标具备较强的适应能力。因此,可以考虑综合利用滑翔式再入飞行器良好的机动能力和动能弹的高毁伤力来实现高速精确打击的目的。该实施方案是由滑翔再入飞行器将动能弹送至一定的高度,以特定的速度和倾角释放,最终由动能弹完成对目标的打击。

针对不同的目标特性,动能弹需要在攻角和侧滑角接近 0° 的情况下以不同的弹着角精确命中目标才能达到理想的打击效果。为了实现这一目标,动能弹的制导律和投放指标就显得尤为重要,并且动能弹的投放指标还将直接影响到整个飞行器任务剖面的设计。因此,本书将针对动能弹弹着角约束下的末制导律和投放指标参数开展研究,为下一步研究飞行器指标参数提供理论依据。

6.2 弹着角约束下的变结构制导律

6.2.1 弹着角约束变结构制导律设计

为描述动能弹和目标的位置关系,建立如图 6.1 所示的坐标系。以目标初始位置正东方向的反向延长线与弹体初始位置正南方向的反向延长线的交点为坐标原点 O,OX 为原点与目标初始位置连线,向东为正,OZ 为原点与末制导弹药初始位置连线,向南为正,OY 垂直地平面,指向天空为正。将弹体与目标的相对位置关系分解到俯冲平面和转弯平面内,并分别用 q_e、q_ξ 两个方位角以及弹目相对距离 R 来描述弹体与目标的相对关系。Δy、Δz 分别为短时间内弹体在 Y 方向和 Z 方向上的位置变化,Δq_e、Δq_ξ 分别为短时间内弹体在俯冲平面和转弯平面内的方位角变化[148]。

在不考虑外部干扰的情况下,假设弹体短时间在俯冲平面内 Y 方向上移动微小距离为 Δy,由此可近似得到俯冲平面内高低角 q_e 在短时间内的变化为

$$\Delta q_e(t) \approx \frac{\Delta y(t)}{R(t)} \tag{6.1}$$

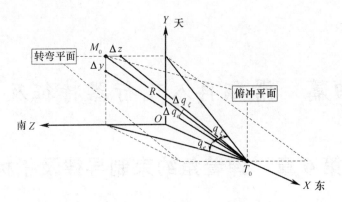

图 6.1 弹目相对位置关系图

将上式对时间求导可得视线角速度：

$$\Delta \dot{q}_e(t) = \frac{\Delta \dot{y}(t) R(t) - \Delta y(t) \dot{R}(t)}{R^2(t)} \tag{6.2}$$

其中，$R(t) = \sqrt{x_r^2 + y_r^2 + z_r^2}$，$\dot{R}(t) = \dfrac{\dot{x}_r x_r + \dot{y}_r y_r + \dot{z}_r z_r}{\sqrt{x_r^2 + y_r^2 + z_r^2}}$，$x_r$、$y_r$ 和 z_r 表示动能弹与目标在三个方向上的相对位置关系。

对式(6.2)对时间再次求导得到：

$$\Delta \ddot{q}_e(t) = \frac{\Delta \ddot{y}(t)}{R(t)} - 2 \frac{\dot{R}(t)}{R(t)} \Delta \dot{q}_e(t) - \frac{\ddot{R}(t)}{R(t)} \Delta q_e(t) \tag{6.3}$$

其中 $\Delta \ddot{y}(t) = a_y(t)$，即为制导律产生的控制加速度指令。

根据末制导弹药实施精确打击的要求，终端脱靶率为零，可用 $\dot{q}_e(t) = 0$ 表示；同时根据采用弹药类型和攻击目标的特点，末端弹着角有一定的限制范围，可用 $q_e(t) + \theta_f = 0$ 表示，因而可以设定切变函数为

$$S_e(t) = \lambda_1 \dot{q}_e(t) + \lambda_2 \frac{\dot{R}(t)}{R(t)} (q_e(t) + \theta_f) \tag{6.4}$$

式(6.4)对时间求导可得

$$\dot{S}_e(t) = \lambda_1 \ddot{q}_e(t) - \lambda_2 \frac{\dot{R}^2(t)}{R^2(t)} (q_e(t) + \theta_f) +$$

$$\lambda_2 \frac{\ddot{R}(t)}{R(t)} (q_e(t) + \theta_f) + \lambda_2 \frac{\dot{R}(t)}{R(t)} \dot{q}_e(t) \tag{6.5}$$

选择一种趋近率：

$$\dot{S}_e(t) = \lambda_e \frac{\dot{R}(t)}{R(t)} S_e(t) - \frac{\varepsilon_e}{R(t)} \operatorname{sgn}(S_e(t)) \tag{6.6}$$

由于 $\Delta \dot{q}_e(t) = \dot{q}_e(t)$，$\Delta \ddot{q}_e(t) = \ddot{q}_e(t)$，联立式(6.3)、式(6.5)、式(6.6)可得俯冲平面内的制导律为

$$a_y(t) = \left(\lambda_e + 2 - \frac{\lambda_2}{\lambda_1}\right)\dot{R}(t)\dot{q}_e(t) + \frac{\lambda_2}{\lambda_1}(\lambda_e + 1)\frac{\dot{R}^2(t)}{R(t)}(q_e(t) + \theta_f) -$$

$$\frac{\lambda_2}{\lambda_1}\ddot{R}(q_e(t) + \theta_f) + \ddot{R}(t)\Delta q_e - \frac{1}{\lambda_1}\varepsilon_e \text{sgn}(S_e(t)) \tag{6.7}$$

利用 $S_e(t)/|S_e(t)| + \delta_e$ 代替符号函数 $\text{sgn}(S_e(t))$ 以达到抑制随机干扰和末端高动态引起的控制变量高频振动,并且考虑到 $\ddot{R}(t)$、Δq_e 相比其他变量为较小量,可忽略不计,最终得到俯冲平面制导律为

$$a_y(t) = \left(\lambda_e + 2 - \frac{\lambda_2}{\lambda_1}\right)\dot{R}(t)\dot{q}_e(t) + \frac{\lambda_2}{\lambda_1}(\lambda_e + 1)\frac{\dot{R}^2(t)}{R(t)}(q_e(t) + \theta_f) -$$

$$\frac{1}{\lambda_1}\varepsilon_e\frac{S_e(t)}{|S_e(t)| + \delta_e} \tag{6.8}$$

同理,在转弯平面内 q_ξ 可以应用同样的方法设计制导律:

$$\Delta q_\xi(t) \approx \frac{\Delta z(t)}{R(t)} \tag{6.9}$$

$$\Delta\ddot{q}_\xi(t) = \frac{\Delta\ddot{z}(t)}{R(t)} - 2\frac{\dot{R}(t)}{R(t)}\Delta\dot{q}_\xi(t) - \frac{\ddot{R}(t)}{R(t)}\Delta q_\xi(t) \tag{6.10}$$

式中,$\Delta\ddot{z}(t) = a_z(t)$ 为制导律形成的 Z 向控制加速度指令。

设定转弯平面内的切变函数为

$$S_\xi(t) = \lambda_3\dot{q}_\xi(t) + \lambda_4\frac{\dot{R}(t)}{R(t)}(\psi_f - q_\xi(t)) \tag{6.11}$$

式(6.11)对时间求导可得

$$\dot{S}_\xi(t) = \lambda_3\ddot{q}_\xi(t) - \lambda_4\frac{\dot{R}^2(t)}{R^2(t)}(\psi_f - q_\xi(t)) +$$

$$\lambda_4\frac{\ddot{R}(t)}{R(t)}(\psi_f - q_\xi(t)) + \lambda_4\frac{\dot{R}(t)}{R(t)}\dot{q}_\xi(t) \tag{6.12}$$

选择趋近率为

$$\dot{S}_\xi(t) = \lambda_\xi\frac{\dot{R}(t)}{R(t)}S_\xi(t) - \frac{\varepsilon_\xi}{R(t)}\text{sgn}(S_\xi(t)) \tag{6.13}$$

联立式(6.10)、式(6.12)、式(6.13)可得俯冲平面内的制导律为

$$a_z(t) = \left(\lambda_\xi + 2 - \frac{\lambda_4}{\lambda_3}\right)\dot{R}(t)\dot{q}_\xi(t) + \frac{\lambda_4}{\lambda_3}(\lambda_\xi + 1)\frac{\dot{R}^2(t)}{R(t)}(\psi_f - q_\xi(t)) -$$

$$\frac{\lambda_4}{\lambda_3}\ddot{R}(\psi_f - q_\xi(t)) + \ddot{R}(t)\Delta q_\xi - \frac{1}{\lambda_3}\varepsilon_\xi\text{sgn}(S_\xi(t)) \tag{6.14}$$

忽略较小变量,利用 $S_\xi(t)/|S_\xi(t)| + \delta_\xi$ 代替符号函数 $\text{sgn}(S_\xi(t))$ 得到转弯平面内的制导律为

$$a_z(t) = \left(\lambda_\xi + 2 - \frac{\lambda_4}{\lambda_3}\right)\dot{R}(t)\dot{q}_\xi(t) + \frac{\lambda_4}{\lambda_3}(\lambda_\xi + 1)\frac{\dot{R}^2(t)}{R(t)}(\psi_f - q_\xi(t)) -$$

$$\frac{1}{\lambda_3}\varepsilon_\xi \frac{S_\xi(t)}{|S_\xi(t)| + \delta_\xi} \tag{6.15}$$

进而可将制导弹药在 Y 和 Z 方向上所需的瞬时加速度表示为

$$\begin{bmatrix} a_y(t) \\ a_z(t) \end{bmatrix} = \begin{bmatrix} \lambda_e + 2 - \dfrac{\lambda_2}{\lambda_1} & 0 \\ 0 & \lambda_\xi + 2 - \dfrac{\lambda_4}{\lambda_3} \end{bmatrix} \begin{bmatrix} \dot{q}_e(t) \\ \dot{q}_\xi(t) \end{bmatrix} \dot{R}(t) +$$

$$\begin{bmatrix} \dfrac{\lambda_2}{\lambda_1}(\lambda_e + 1) & 0 \\ 0 & \dfrac{\lambda_4}{\lambda_3}(\lambda_\xi + 1) \end{bmatrix} \begin{bmatrix} q_e(t) - \theta_f \\ \psi_f - q_\xi(t) \end{bmatrix} \dfrac{\dot{R}^2(t)}{R(t)} - \begin{bmatrix} \dfrac{1}{\lambda_1}\varepsilon_e \dfrac{S_e(t)}{|S_e(t)| + \delta_e} \\ \dfrac{1}{\lambda_3}\varepsilon_\xi \dfrac{S_\xi(t)}{|S_\xi(t)| + \delta_\xi} \end{bmatrix}$$

$$\tag{6.16}$$

6.2.2　无动力制导弹药动力学模型

考虑到无动力制导弹药飞行距离相对较短,因此可将地球看作一个平面进行研究。由于本书采用的无动力制导弹药为轴对称旋成体,在方程建立时不考虑弹体的转动,将攻角和侧滑角作为控制量,建立一个简易制导弹药动力学和运动学方程为

$$\begin{cases} \dot{V} = -\dfrac{D}{M} - g\sin\theta \\ \dot{\theta} = \dfrac{1}{V}\left(\dfrac{L}{M} - g\cos\theta\right) \\ \dot{\psi} = -\dfrac{K}{MV\cos\theta} \\ \dot{x} = V\cos\theta\cos\psi \\ \dot{y} = V\sin\theta \\ \dot{z} = V\cos\theta\sin\psi \end{cases} \tag{6.17}$$

式中,D、L、K 分别为速度坐标系下的气动阻力、升力和侧向力。通过式(6.16)生成的控制加速度指令是在如图6.1所示坐标系 Y 和 Z 方向上的加速度分量,但还需要通过一定的转化才能得到所需要的升力系数和侧向力系数,进而求得所需要的控制角。

根据弹道倾角和偏角的定义以及坐标轴指向关系,可得到图6.2所示飞行器各向分力的具体表达式如下:

$$L_X = -L\sin\theta\cos\psi, L_Y = L\cos\theta, L_Z = -L\sin\theta\sin\psi$$
$$D_X = -D\cos\theta\cos\psi, D_Y = -D\sin\theta, D_Z = -D\cos\theta\sin\psi$$
$$K_X = -K\sin\psi, K_Z = K\cos\psi$$

由此可得坐标轴各项加速度的表达式如下：

$$\begin{bmatrix} a_x \\ a_y \\ a_z \end{bmatrix} = \frac{1}{m} \begin{bmatrix} -\cos\theta\cos\psi & -\sin\theta\cos\psi & -\sin\psi \\ -\sin\theta & \cos\theta & 0 \\ -\cos\theta\sin\psi & -\sin\theta\sin\psi & \cos\psi \end{bmatrix} \begin{bmatrix} D \\ L \\ K \end{bmatrix} + \begin{bmatrix} 0 \\ -g \\ 0 \end{bmatrix} \qquad (6.18)$$

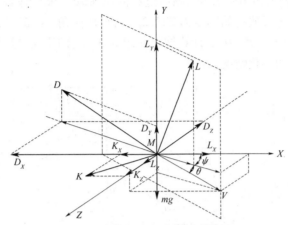

图 6.2　弹体速度方向及受力情况

图中,定义的弹道倾角 $\theta < 0°$(即为弹药投放倾角),弹道偏角 $\psi > 0°$。

考虑到弹药的轴对称性,速度坐标系下的阻力、升力和侧向力可按以下公式计算:

$$C_D = C_D^0 + C_{\eta D}(\alpha^2 + \beta^2), D = \frac{1}{2}\rho V^2 C_D S \qquad (6.19)$$

$$C_L = C_{\alpha L}\alpha, L = \frac{1}{2}\rho V^2 C_L S \qquad (6.20)$$

$$C_K = C_{\beta K}\beta, K = \frac{1}{2}\rho V^2 C_K S \qquad (6.21)$$

由式(6.22)所示过载限制条件得到可用的加速度 a_y 和 a_x,根据加速度和阻力、升力侧向力的关系,求解得到所需的 α_{need} 和 β_{need},并由攻角和侧滑角的限制条件判断得出实际用于控制飞行的 α_{real} 和 β_{real},并通过式(6.20)计算得出实际产生的各向力系数,求得实际使用的气动控制力,进而积分求解弹体的动力学方程。

$$\begin{bmatrix} |n_y| \\ |n_z| \end{bmatrix} \leqslant \begin{bmatrix} n_{y-\max} \\ n_{z-\max} \end{bmatrix} \qquad (6.22)$$

$$\begin{bmatrix} \alpha_{\min} \\ \beta_{\min} \end{bmatrix} \leqslant \begin{bmatrix} \alpha \\ \beta \end{bmatrix} \leqslant \begin{bmatrix} \alpha_{\max} \\ \beta_{\max} \end{bmatrix} \qquad (6.23)$$

6.3　制导性能验证

6.3.1　弹着角约束性能对比验证

针对所设计的弹着角约束下变结构制导律(Variable Structure Guidance,VSG)制导性能进行分析,并与文献[149]所述终端角度约束比例导引律的制导性能进行比较,该制导律控制加速度指令表示为

$$\begin{cases} \dot{\theta} = \lambda_1 \dot{q}_e(t) + \lambda_2 (q_e(t) + \theta_f) \\ \dot{\psi} = \lambda_3 \dot{q}_\xi(t) + \lambda_4 (q_\xi(t) + \psi_f) \end{cases} \tag{6.24}$$

以 JDAM 低阻轴对称制导炸弹为例[150]，该弹具有较强的滑翔能力，重量 450kg，弹药最大攻角 30°，最大侧滑角 10°，法向、侧向过载限制 ±5g。假设炸弹的投弹高度为 3km，目标距离为 6km，弹药投放初始速度为 222.2m/s，投放倾角 -0.52°，偏角 0°，终端要求弹道倾角接近 -85°，弹道偏角 10°。计算结果如图 6.3 所示不同制导律下炸弹空间飞行轨迹、弹道倾角和偏角的变化情况。

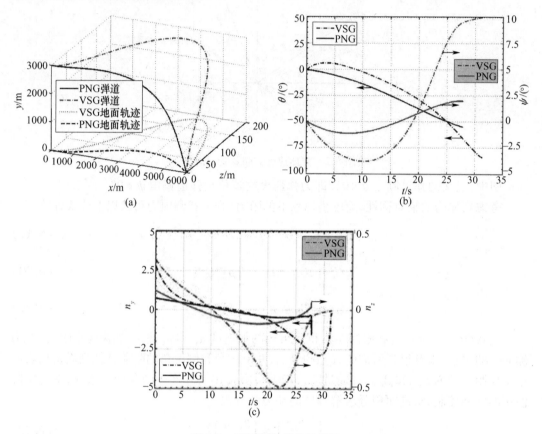

图 6.3　不同制导律性能对比

(a) 空间轨迹对比；(b) 倾角和偏角对比；(c) 法向和侧向过载对比。

通过图 6.3 (a) 中所示弹药空间飞行轨迹的对比可以发现，虽然在两种制导律控制下，制导弹药都能准确命中目标点，但采用 VSG 制导时弹药的末端弹道更加陡峭，并且侧向转弯半径较大，这一弹道特征使得弹药的弹着角更接近期望值。对比图 6.3 (b) 所示弹着角变化情况可知，虽然两种制导律下弹药的终端期望弹道倾角均为 -85°，弹道偏角期望值为 10°，但是采用 PNG 制导时所能达到的终端弹道倾角仅为 -54°，弹道偏角为 2.3°，而采用 VSG 制导时所能达到的终端弹道倾角为 -85°，弹道偏角为 9.8°，十分接近终端期望值。

根据上述分析可知，采用 VSG 制导时，弹药对终端弹着角约束的适应能力更强，更接近终端弹着角的期望值,而 PNG 制导下弹药的终端弹着角与期望角度偏差较大,达不到终端弹着角约束的要求。而且从图 6.3(c)所示过载变化可以发现,采用 PNG 制导时,弹体末端过载出现突变,不利于弹体的稳定攻击,而采用 VSG 制导时,法向和侧向过载在命中目标时都接近 0,能够保证弹体稳定地命中目标。

6.3.2 高速条件下制导性能

由于动能弹全程都处于高速飞行状态,制导性能将极大地影响动能弹的打击效果。因此,针对高速条件下动能弹的制导性能开展研究,分析该制导律在高速飞行条件下的适应能力。

选取一种质量约 450kg 的动能射弹,该弹在高超声速条件下的气动系数拟合曲线如图 6.4 所示。从图 6.4(b)中可知,动能弹在高超声速条件下最大升阻比约为 3.2,符合轴对称构型弹体的气动特点,而且其最大升阻比对应的攻角约为 7°。动能弹有效攻角范围 $-50° \sim 50°$,侧滑角范围 $-10° \sim 10°$,法向过载范围 $-60 \sim 60g$。

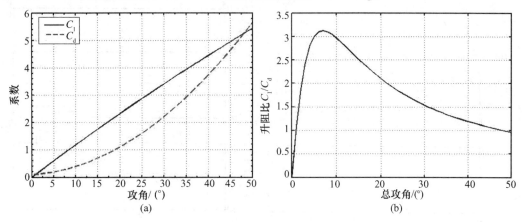

图 6.4　动能弹气动性能
（a）升力系数和阻力系数；（b）升阻比曲线。

动能打击主要针对地面或地下的坚固目标,这就要求动能弹以较大的倾角命中目标,而且在打击地下坚固目标时,甚至还要求动能弹已接近垂直的倾角命中目标。根据这一要求,本书针对表 6.1 中所述弹着角要求和投放参数,研究分析动能弹高速打击固定目标情况下弹着角约束性能。

表 6.1　不同弹着角性能要求和投放参数

	$\theta_0/(°)$	V_0 m·s^{-1}	y_0/km	x_f/km	$\theta_f/(°)$	$\psi_f/(°)$	Δ/m
case1	-15	3000	14	12	-65	5	1.0
case2	-15	3000	14	12	-65	-5	1.5
case3	-15	3000	14	12	-65	10	1.1
case4	-15	3000	14	12	-65	-10	0.8
case5	-15	3000	14	12	-89	0	1.2
注:Δ 表示动能弹落点偏差							

从图6.5(a)中所示动能弹空间飞行轨迹不难看出,在要求动能弹以指定偏角命中目标时,动能弹都进行了较大的侧向机动,而且终端要求的偏角越大,动能弹的侧向机动距离越大,但均能准确命中目标。从图6.5(b)所示动能弹倾角和偏角变化可知,动能弹终端倾角和偏角均满足指标要求,说明本书设计的制导律在高速条件下依然对动能弹的弹着角具有较强的约束能力。

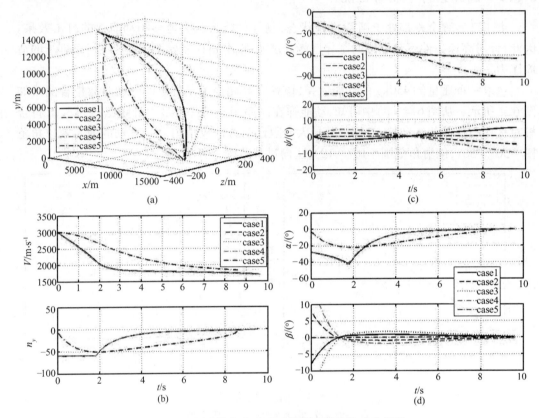

图6.5　不同弹着角约束下动能弹主要参数变化情况

(a)动能弹空间飞行轨迹;(b)弹道倾角和偏角变化情况;

(c)速度和法向过载变化情况;(d)攻角和侧滑角变化情况。

图6.5(c)显示了不同弹着角约束下,动能弹飞行速度和法向过载变化情况。从其速度变化可以发现,当要求动能弹以接近垂直的倾角命中目标时,动能弹的终端速度较高。这是由于在要求动能弹以接近垂直的倾角命中目标时,动能弹没有进行侧向机动,从而减小了能量损失,提高了命中速度。而从动能弹法向过载变化情况不难看出,不同弹着角要求下,虽然动能弹的法向过载变化存在较大差异,但是命中目标时的法向过载均接近0,有助于提高动能弹攻击目标时的稳定性。并且从图6.5(d)所示攻角和侧滑角变化情况可以发现,无论攻角和侧滑角如何变化,当动能弹命中目标时,其攻角和侧滑角都接近0°,这样的命中姿态更有利于提高动能弹的打击效果。

从上述结果可知,即便是在高速飞行条件下,采用设计的制导律,都能够保证动能弹以要求的弹着角命中目标。飞行过程中动能弹的法向过载、攻角和侧滑角变化均在限制范围以内,并且在命中目标时动能弹的法向过载接近0,攻角和侧滑角均接近0°,能够提高动能弹攻击目标时的稳定性和打击效果,充分验证了所设计制导律的正确性。

6.4 动能弹弹道特性影响因素

判断动能弹的打击效果除了命中倾角和命中精度两项指标外,最重要的一条就是要求具备较高的命中速度,根据指标需求设定动能弹的最小命中速度为2000m/s,命中倾角-89°,落点偏差小于10m,并以上述三项指标作为动能弹打击效果的评判标准。动能弹的初始参数不仅影响动能弹的打击效果,而且还将直接影响飞行器整个飞行方案的设计。因此,有必要对影响动能弹打击效果的主要因素开展研究,进而明确动能弹的投放参数,为下一步开展飞行器飞行方案研究提供依据。首先针对动能弹的投放速度、投放倾角、投放高度以及目标距离四项指标分别进行研究分析。

6.4.1 投放速度对弹道特性的影响

假设动能弹的初始投放高度为13.8km,目标距离投放点11.58km,投放倾角-15°。研究不同初始速度对动能弹弹道特性的影响,动能弹主要飞行参数的对比如图6.6所示。

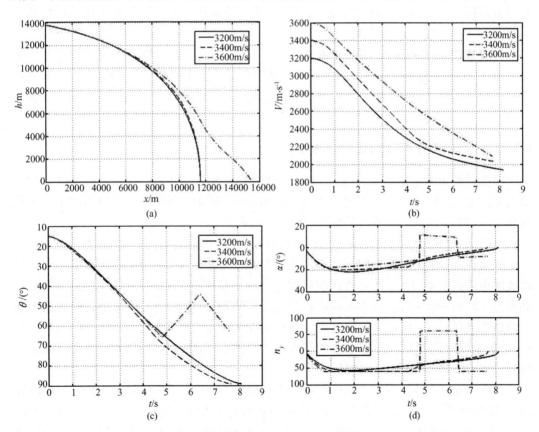

图6.6 不同投放速度下主要参数变化情况

(a) 动能弹纵向飞行轨迹;(b) 速度变化情况;(c) 倾角变化情况;(d) 攻角和法向过载变化情况。

图 6.6（a）所示为动能弹纵向飞行轨迹。从图中不难看出,在上述投放高度、目标距离和投放倾角的条件下,投放速度为 3200m/s 和 3400m/s 时,动能弹都能准确地命中目标点,且弹道曲线近似一条抛物线;但是当投放速度增加到 3600m/s 时,弹道出现明显偏差,动能弹完全偏离目标。从图 6.6（b）所示动能弹的飞行速度变化情况可知,随着动能弹投放速度的增加,其命中速度也随之增加。当投放速度为 3200m/s 时,动能弹命中速度在 1950m/s 左右,小于指标要求的 2000m/s;当投放速度达到 3400m/s 时,动能弹不仅能够准确命中目标,而且命中速度高于 2000m/s;当投放速度为 3600m/s 时,动能弹虽然未能命中目标,但其落地速度也接近 2100m/s。而图 6.6（c）则显示了动能弹倾角的变化情况,在 3200m/s 和 3400m/s 两种投放速度下,动能弹的命中倾角均达到要求的 −89°。而当投放速度为 3600m/s 时,倾角变化出现波动,动能弹落地时倾角仅为 −62.5°,与期望的 −89°相差甚远。

分析图 6.6（d）所示攻角和法向过载变化情况就可以发现投放速度影响动能弹弹道特性的原因。当动能弹投放速度为 3200m/s 和 3400m/s 时,动能弹几乎都是以负攻角飞行,利用负向过载完成弹道倾角的下压。但是随着投放速度的增加,动能弹逐渐出现负向满过载飞行状态,以 3400m/s 投放速度为例,动能弹在不到 8s 的飞行时间内,负向满过载飞行时间就长达 3.5s。也正是由于负法向过载的限制,使得动能弹在投放速度较高时出现偏离目标点的情况。以投放速度 3600m/s 为例,由于动能弹飞行速度较高,而在负法向过载限制下动能弹的倾角转换能力有限,致使动能弹还未完成倾角的下压就已经越过目标点上空,最终导致偏离目标。

在投放高度、目标距离、投放倾角确定的情况下,投放速度增加,有助于提高动能弹的命中速度,但动能弹负法向可承受的最大过载直接影响动能弹的倾角下压能力,当动能弹法向过载一定时,投放速度过高将会导致动能弹无法实现倾角的下压,甚至使得动能弹脱离目标。

6.4.2　投放倾角对弹道特性的影响

以投放倾角为主要对象,分析投放倾角对动能弹弹道特性的影响。假设动能弹的初始投放高度为 13.8km,目标距离投放点 11.58km,投放速度 3400m/s,计算得到不同投放倾角下动能弹主要飞行参数变化情况,如图 6.7 所示。

从图 6.7（a）所示动能弹纵向飞行轨迹可以发现,在投放高度、目标距离和投放速度一定的条件下,当投放倾角从 −5°减小到 −35°时,动能弹均能够准确命中目标。但是当投放倾角达到 −45°时,动能弹落点明显偏离目标。从图 6.7（b）所示速度变化可知,当倾角为 −5°和 −45°时,动能弹的命中速度均小于 2000m/s,其余投放倾角获得的命中速度均高于 2000m/s。而且从命中速度的变化趋势可知,当投放倾角从 −5°减小到 −25°时,命中速度也随之增加,但随着投放倾角的继续减小,命中速度反而降低,甚至出现投放倾角 −45°时动能弹偏离目标的情况。

分析图 6.7（c）和图 6.7（d）所示弹道倾角、攻角以及法向过载的变化情况可以发现,当投放倾角为 −5°和 −15°时,动能弹从一开始就采用负攻角下压弹道,而且当投放倾角为 −5°时,动能弹采用较大的负攻角飞行,并长时间处于负法向满过载状态。当投放倾角从 −25°向 −45°变化时,动能弹弹道倾角都会呈现出先增大后减小的变化趋势,而且采用正攻角满过载飞行的时间随着投放倾角的减小而增加。

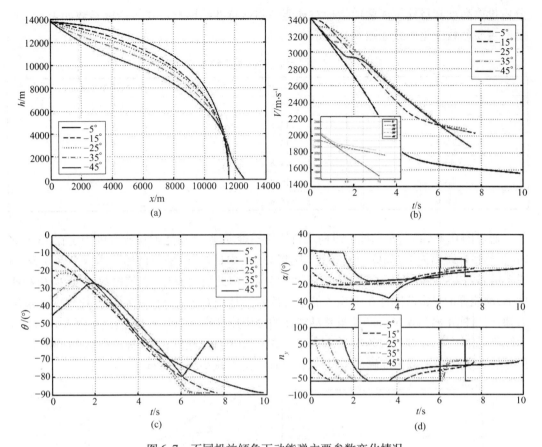

图 6.7　不同投放倾角下动能弹主要参数变化情况

（a）动能弹纵向飞行轨迹；（b）速度变化情况；（c）倾角变化情况；（d）攻角和法向过载变化情况。

分析上述参数变化情况不难发现，当投放倾角过大时（以 −5°倾角为例），由于动能弹延 x 方向的速度分量较大，在短时间内就有可能从目标点上空飞过。因此，动能弹需要采用较大的负攻角，利用长时间的负法向满过载下压倾角，进而造成动能弹命中速度的损失。而当投放倾角过小时（以 −45°倾角为例），动能弹在 y 方向上的速度分量较大，在短时间内就有可能触地。因此，动能弹需要先采用较大正攻角，在正法向满过载情况下将弹道拉起变缓，减小动能弹在 y 方向上的速度分量，保证动能弹能够飞抵目标点；随后又采用负法向满过载下压倾角，但是由于过载限制，提供的倾角转换能力有限，致使动能弹无法完成倾角下压，最终导致动能弹偏离目标。

在动能弹投放高度、目标距离以及投放速度一定的情况下，投放倾角过小或者过大都会造成动能弹命中速度的降低，甚至偏离目标，而且随着投放倾角的减小，动能弹的命中速度呈现出先增加后减小的变化趋势。由此可见，在其他三项指标参数一定的情况下，能够找到一个最优的投放倾角使得动能弹的命中速度最大。

6.4.3　投放高度和目标距离对弹道特性的影响

从前面的结果发现，投放速度 3400m/s，投放倾角 −45°，投放高度 13.8km，目标距离 11.58km 时，动能弹无法准确命中目标。因此，将以上述投放速度和投放倾角为例，研究分析投放高度和目标距离两项指标对动能弹弹道特性的影响。具体指标参数如表 6.2 所示。主要参数变化曲线如图 6.8 所示。

表 6.2　不同投放高度和目标距离搭配

	投放高度/km	目标距离/km
case1	13.8	6.58
case2	13.8	11.58
case3	13.8	13.58
case4	14.8	11.58
case5	16.8	11.58
case6	18.8	11.58

通过图 6.8（a）所示动能弹纵向飞行轨迹不难发现,当动能弹投放高度固定在 13.8km 时,虽然目标距离为 11.58km 时动能弹不能准确命中目标,但是当目标距离减小到 6.58km 或者增加到 13.58km 时,动能弹又能够命中目标。由此可以看出,在该投放高度、倾角和速度下,动能弹的打击范围存在不连续的空白区域。从图 6.8（b）所示动能弹速度变化情况可知,当目标距离为 6.58km 时,虽然动能弹的命中速度高达 2600m/s,但是从图 6.8（b）所示倾角变化可知,在此投放条件下,动能弹末端倾角出现了跳跃;当目标距离为 13.58km 时,虽然动能弹以 $-89°$ 倾角准确命中目标,但其命中速度减小到 1800m/s。

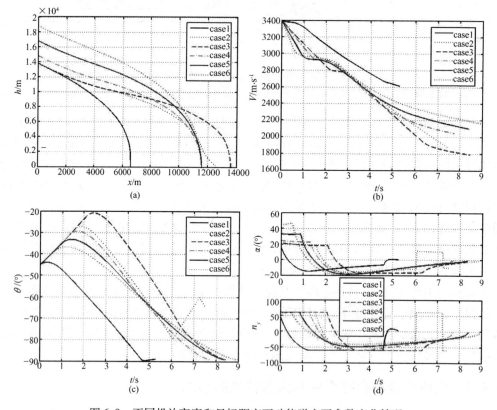

图 6.8　不同投放高度和目标距离下动能弹主要参数变化情况

（a）动能弹纵向飞行轨迹；（b）速度变化情况；（c）倾角变化情况；（d）攻角和法向过载变化情况。

与固定投放高度、改变目标距离相比,固定目标距离、改变动能弹的投放高度更容易实现动能弹的高速命中。当目标距离为11.58km时,动能弹从13.8km高度投放将完全偏离目标。但是当投放高度为14.8km时,动能弹就能准确命中目标,即便是投放高度增加到18.8km,动能弹依然能够准确命中。而且从图6.8(b)所示速度变化还可以发现,投放高度从14.8km增加到18.8km时,动能弹的命中速度均高于2000m/s,并且随着投放高度的增加,命中速度也随之增加。从图6.8(c)所示弹道倾角也可以看出,不同投放高度下动能弹倾角都能平稳地转变到期望的−89°。

图6.8(d)显示了不同投放高度和目标距离下动能弹攻角和过载的变化情况。从图中不难发现,在13.8km高度下,无论目标距离远近,动能弹总会出现负法向满过载飞行的情况,而随着投放高度的增加,动能弹正向满载飞行时间逐渐减少,并且不存在负向满过载下压弹道的情况,攻角和过载变化更为平缓。由此可见,动能弹比较适合在高空环境下投放。

从上述结果不难发现,在动能弹气动性能、攻角和过载约束一定的情况下,动能弹弹道特性受投放高度、目标距离、投放速度以及投放倾角四个初始参数共同制约,而且很难通过逐个参数的分析找到四种制约因素的最佳组合方式。因此,本书将在下面一节中针对平面内的最佳投放参数开展分析,进而实现动能弹命中速度最大的指标要求。

6.5 动能弹最优投放指标

6.5.1 多学科集成优化设计方法

采用的变结构制导律表达式较为复杂,采用第5章的最优参数计算方法在方程离散过程中存在一定难度,为了获得动能弹的最佳投放指标,将采用多学科优化集成设计平台ISIGHT开展相关研究,具体集成设计方法可参考文献[151]。动能弹投放指标参数不但关系到动能弹的打击效果,而且还会对滑翔飞行器的任务剖面规划造成影响。因此,可根据不同投放速度和投放倾角情况,研究最佳投放高度和目标距离使得动能弹命中速度最大,并分析相关参数对动能弹打击效果的影响,ISIGHT集成流程如图6.9所示。

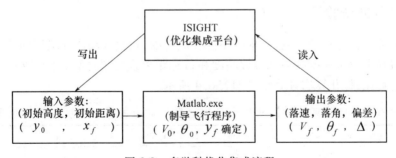

图6.9 多学科优化集成流程

设输入参数 y_0、x_f 为设计变量,分别表示动能弹的投放高度和目标距离;输出参数 V_f、θ_f、Δ 分别表示命中速度、终端倾角以及落点偏差,其中命中速度 V_f 为优化目标;制导飞行程序中 V_0、θ_0、y_f 分别表示投放速度、投放倾角以及终端高度,上述三个变量在每一次优化过程中,是根据不同方案固定在制导飞行程序中的,不随优化过程而改变;制导飞行程序中的 Matlab.exe 是满足攻角和过载限制的弹道仿真计算程序。

根据上述流程,动能弹的最大命中速度计算可以用下述方式表达:

设计变量: $\qquad y_0 \setminus x_f;$

优化指标: $\qquad \max\ V_f;$

满足条件:
$$\begin{bmatrix} v_0 \\ \theta_0 \\ y_f \end{bmatrix} = \begin{bmatrix} v_{\text{initial}} \\ \theta_{\text{initial}} \\ 0 \end{bmatrix},\ \begin{bmatrix} -90° \\ -10 \\ -50° \\ -60 \end{bmatrix} \leqslant \begin{bmatrix} \theta_f \\ \Delta \\ \alpha \\ n_y \end{bmatrix} \leqslant \begin{bmatrix} -85° \\ 10 \\ 50° \\ 60 \end{bmatrix}$$

多学科优化集成设计平台 ISIGHT 中主要包含了以下几种优化算法[152]:

(1)数值优化算法:二次规划法(NLPQL)、混合整数法(MOST);

(2)全局优化算法:自适应模拟退火法(ASA)、多岛遗传算法(MIGA);

(3)试验设计 + 优化算法:超拉丁方试验设计 + 混合整数法(LH + MOST)。

以投放速度 3200m/s,投放倾角 -15° 为例,利用不同算法得到的计算结果如表 6.3 所示。从表中显示的结果可以看出,采用 ASA、MIGA 和 LH + MOST 算法得到的结果完全一致,可将上述三种算法得到的计算结果作为动能弹在指定速度和倾角下的最优投放高度和目标距离。通过三种优化算法迭代次数的对比可知,LH + MOST 算法能够用更少的迭代次数得到最优解,可作为后续采用的优化算法。

表 6.3　不同优化方法得到的最佳投放高度和目标距离对比

算法	设计变量(y_0,x_f)/km	目标函数 V_f/m·s^{-1}	迭代次数
初始条件	(13.66,11.48)	1930	1
NLPQL	(14.26,12.32)	1925	18
MOST	(14.66,12.34)	1931	19
ASA	(12.66,11.48)	1945	325
MIGA	(12.66,11.48)	1945	1500
LH + MOST	(12.66,11.48)	1945	56

6.5.2　计算方法验证

为了验证计算方法的正确性,根据不同投放速度,在允许动能弹出现满载飞行的情况下对其获得最大命中速度的最优投放高度和目标距离进行了计算,并与搜索法计算得到的结果进行对比,优化算法计算结果如表 6.4 所示。

表 6.4　优化算法得到的最大命中速度及对应的投放高度和目标距离

θ_0/(°)	V_0/m·s^{-1}	y_0/km	x_f/km	V_f/m·s^{-1}	Δ/m
-15	3200	12.66	11.48	1945	1.35
-15	3400	13.80	11.58	2045	1.42
-15	3600	15.28	13.19	2134	1.50
-15	3800	16.76	14.69	2205	1.50
注:Δ 表示动能弹的落点偏差					

根据表6.4中所示不同投放速度和投放倾角组合,采用搜索法计算得到不同组合方式时,不同投放高度对应的目标距离和命中速度分布情况如图6.10所示。

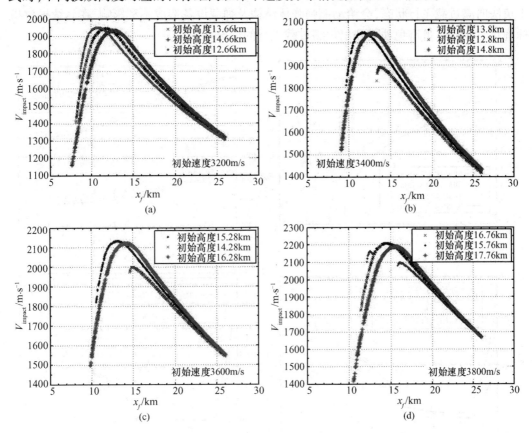

图 6.10　不同投放速度下投放高度、目标距离和命中速度分布情况

(a) 投放速度3200m/s;　(b) 投放速度3400m/s;　(c) 投放速度3600m/s;　(d) 投放速度3800m/s。

以投放速度3600m/s,投放倾角−15°为例,优化算法计算得到的最优投放高度和目标距离分别为15.28km和13.19km,最大命中速度2134m/s。图6.10(c)所示搜索法计算结果不难发现,将动能弹的投放高度增加到16.28km,其最大命中速度约为2120m/s,对应的目标距离约为14km;而将投放高度降低到14.68km,其最大命中速度约为2000m/s,对应的目标距离约为15km。从上述变化可知,无论是增加或降低投放高度,动能弹获得的最大命中速度都会减小,而投放高度15.28km时获得的最大命中速度约为2130m/s,对应的目标距离约为13km,与优化算法计算得到的最佳参数基本一致,而其他投放速度和倾角对应的情况也基本一致。由此可以充分说明,采用的参数计算方法是可行的。

利用表6.4所示投放指标参数进行弹道仿真计算,得到如图6.11所示动能弹主要参数变化情况。从图6.11(a)所示动能弹纵向飞行轨迹中不难发现,按照表6.4所示的投放高度、目标距离、投放速度和投放倾角计算得到的动能弹飞行轨迹都近似为一条抛物线,并准确命中目标点。从图6.11(b)所示速度和倾角变化可知,不同投放指标条件下,动能弹的命中倾角都接近−90°,命中速度与表6.4所示结果一致。并且根据图6.11(c)

和图6.11（d）所示动能弹攻角和过载变化情况可以发现,动能弹攻角和法向过载均在限制条件以内。但同时也不难看出,在最大命中速度对应的投放条件下,动能弹均长时间处于负法向满过载飞行状态,会给动能弹弹体结构及弹载设备造成不利影响,在后续投放指标优化时应该尽量避免动能弹出现满过载飞行的情况。

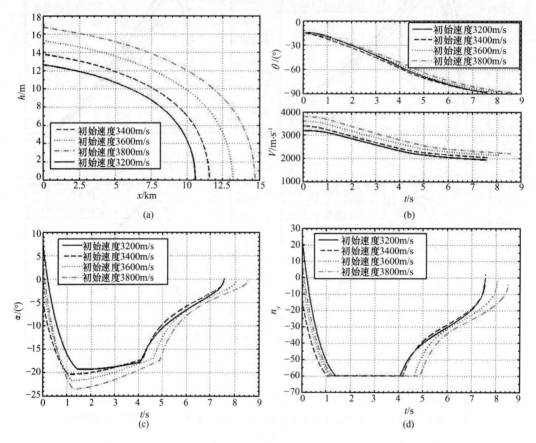

图6.11　最佳投放高度和目标距离对应的主要飞行参数变化情况
（a）动能弹纵向飞行轨迹；（b）倾角和速度变化情况；（c）攻角变化情况；（d）法向过载变化情况。

通过上面的结论发现,动能弹获得最大命中速度时,会长时间处于满载飞行状态,在实际应用中将给弹体结构和弹载设备带来不利影响。因此,本书考虑增强过载约束,在动能弹不满载飞行情况下,即法向过载限制为 $-60 < n_y < 60$ 时,计算最大命中速度对应的最优投放高度和目标距离,分析过载限制对动能弹弹道特性的影响,结果如表6.5所示。

表6.5　增强法向过载约束后动能弹最大命中速度对应的指标参数

$\theta_0/(°)$	$V_0/(m/s)$	y_0/km	$x_f(km)$	$V_f(m/s)$	Δ/m
−15	3400	15.781	14.098	2021	2.3
−15	3600	16.562	14.149	2114	1.42
−15	3800	18.232	16.094	2175	1.63

对比表6.4和表6.5所示结果可知,当要求动能弹不出现法向满过载飞行状态时,在相同投放速度和投放倾角下,对应的最大命中速度比允许满载飞行时获得的最大命中速度小,而且最佳的投放高度和目标距离都明显增加。

利用表6.5所示的投放指标参数进行弹道仿真,得到如图6.12所示动能弹主要飞行参数变化情况。从图6.12(a)所示动能弹纵向飞行轨迹可知,动能弹飞行弹道依然近似于一条抛物线弹道,减小了弹道机动带来的速度损失。而且正如图6.12(b)所示,动能弹的命中速度均高于2000m/s,落地倾角接近 – 90°,均满足动能打击的性能要求。而且从图6.12(c)和图6.12(d)所示攻角和过载变化可知,动能弹攻角变化过渡平缓,最大过载均小于限制过载,并未出现长时间满过载飞行的情况,这样的飞行状态不仅对弹体结构和弹载设备有利,而且使得动能弹的控制裕度更大,在误差和外部干扰存在的条件下具备更强的修正能力。

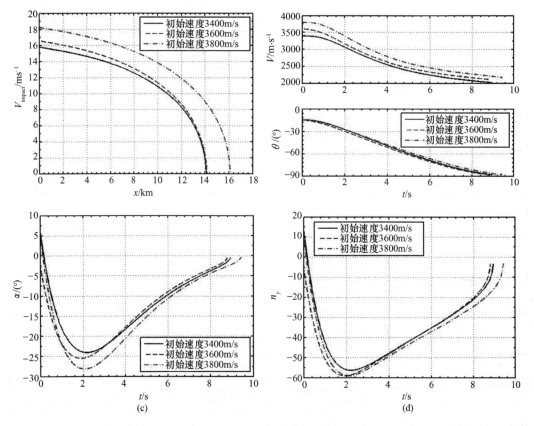

图6.12　增强法向过载约束后动能弹最大命中速度对应的主要参数变化情况

（a）动能弹纵向飞行轨迹；（b）速度和倾角变化情况；（c）攻角变化情况；（d）法向过载变化情况。

通过上述研究结果可知,采用的最优参数计算方法是完全可行的,在投放倾角和投放速度一定的情况下,能够在满足攻角和过载约束范围内计算得到最大命中速度对应的最佳投放高度和目标距离,为后续分析动能弹投放指标提供了理论依据。

6.5.3 标准投放指标

为了进一步分析动能弹最优投放指标,根据几种不同投放倾角,在动能弹不出现法向满过载飞行的限制条件下,研究不同投放速度下动能弹获得最大命中速度时的最佳投放高度和目标距离,计算结果如表 6.6 ~ 表 6.9 所示。

表 6.6　倾角 -10° 时不同投放速度得到的最大命中速度及对应的投放指标参数

$\theta_0/(°)$	$V_0/\mathrm{m \cdot s^{-1}}$	y_0/km	x_f/km	$V_f(\mathrm{m/s})$	Δ/m
-10	3400	16.687	16.611	1904	2.06
-10	3600	16.234	15.899	2020	1.53
-10	3800	17.712	17.251	2077	3.21

表 6.7　倾角 -15° 时不同投放速度得到的最大命中速度及对应的投放指标参数

$\theta_0/(°)$	$V_0/\mathrm{m \cdot s^{-1}}$	y_0/km	x_f/km	$V_f(\mathrm{m/s})$	Δ/m
-15	3200	16.03	15.62	1965	2.4
-15	3400	15.78	14.098	2021	2.3
-15	3600	16.562	14.149	2114	1.42
-15	3800	18.232	16.094	2175	1.63

表 6.8　倾角 -20° 时不同投放速度得到的最大命中速度及对应的投放指标参数

$\theta_0/(°)$	$V_0/\mathrm{m \cdot s^{-1}}$	y_0/km	x_f/km	$V_f(\mathrm{m/s})$	Δ/m
-20	3200	13.305	10.635	2027	1.15
-20	3400	15.435	12.158	2126	2.12
-20	3600	17.064	13.657	2208	1.07
-20	3800	18.535	14.541	2283	1.66

表 6.9　倾角 -25° 时不同投放速度得到的最大命中速度及对应的投放指标参数

$\theta_0/(°)$	$V_0/\mathrm{m \cdot s^{-1}}$	y_0/km	x_f/km	$V_f(\mathrm{m/s})$	Δ/m
-25	3200	16.021	11.026	2114	1.05
-25	3400	17.495	12.553	2187	1.72
-25	3600	18.067	13.049	2267	1.83
-25	3800	18.986	13.660	2389	2.03

从表中所示结果不难看出,只有当投放倾角为 -10°,投放速度为 3400m/s 和投放倾角为 -15°,投放速度为 3200m/s 时的最大命中速度低于 2000m/s,而其他情况下,命中速度均高于 2000m/s。由于指标要求动能弹的命中速度需高于 2000m/s,所以下面将针对命中速度大于 2000m/s 的情况进行分析。

正如表6.6～表6.9所示结果显示,随着投放倾角逐渐减小,动能弹能够以更小的投放速度获得大于2000m/s的命中速度。当投放倾角为－15°时,投放速度3200m/s对应的最大命中速度仅为1965m/s,但是当投放倾角为－20°时,3200m/s的投放速度所能获得的最大命中速度已经达到2027m/s,而当投放倾角达到－25°时,同样3200m/s的投放速度获得的命中速度高达2114m/s;而且在投放速度相同的情况下,较小的投放倾角还能够获得更大的命中速度,但与此同时动能弹的投放高度逐渐升高,目标距离逐渐缩短。在投放倾角一定的情况下,随着投放速度的增加,动能弹的命中速度也会随之增加,并且投放高度和目标距离也会相应增加,以投放倾角－20°为例,当投放速度从3200m/s增加到3800m/s时,投放高度从13.745km增加到18.535km,目标距离从10.635km增加到14.541km,命中速度也相应地从2027m/s增加到2283m/s。

从可行性角度出发,假设再入滑翔飞行器依靠舵面控制,而动能弹则采用配平翼控制。根据现有气动控制手段,采用气动舵面控制时最大承受的动压为1000kPa,而采用配平翼控制时能够承受的动压为3000kPa。根据上述要求,计算得到了动压限制下飞行器和动能弹飞行高度与速度的边界曲线如图6.13所示。从图中所示3000kPa动压限制条件下对应的高度和速度关系可知,动能弹的命中速度应小于2212.23m/s。当动能弹投放倾角为－25°时,投放速度3600m/s所对应的最大命中速度就已经达到2267m/s;而当投放倾角为－10°时,即便是投放速度达到3400m/s,动能弹的命中速度也只有1904m/s,并不满足动能弹2000m/s命中速度的要求。由此可见,动能弹投放倾角在－10°～－25°时,投放速度范围应该在3400～3600m/s之间较为适宜。考虑到飞行器进入投弹状态可能存在一定的倾角和速度误差,因此可以选择投放倾角－18°,投放速度3500m/s作为动能弹标准投放参数。

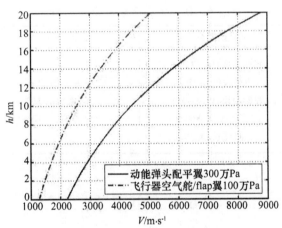

图6.13 动压限制下飞行高度和速度边界曲线

以投放速度3500m/s,投放倾角－18°的标准投放参数为例,计算得到该状态下最大命中速度对应的最优投放高度和目标距离分别为16.177km和13.417km,其命中速度为2130m/s,小于动能弹动压限制下允许的最大命中速度2212.23m/s。根据飞行器1000kPa的动压限制条件,飞行器在16.177km高度下允许的最大飞行速度为3893m/s,可见这一高度下3500m/s的投放速度是可行的。在投弹速度3500m/s和投弹倾角－18°

的情况下采用搜索法计算得到该参数下动能弹可行投放区域及命中速度分布如图6.14所示。从图中不难看出,在上述投放条件下,动能弹的有效投放高度为16～20km,目标距离12～18km,命中速度2000～2130m/s,并且从动能弹命中速度分布情况不难发现,采用优化算法得到的投放高度和目标距离对应的命中速度确实是动能弹在该投放状态下的最大命中速度。

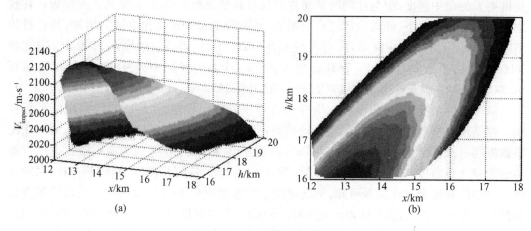

图6.14 命中速度分布情况

(a) 命中速度分布;(b) 可行投放区域分布。

通过前面的研究得到动能弹一组典型投弹方案,并给出了在该典型投放方案下动能弹的具体指标参数如表6.10所列。

表6.10 标准投放及命中指标

标准投弹条件	命中指标
投弹高度:16.177km 投弹倾角: -18° 目标距离:13.417km 投弹速度:3500m/s 法向过载: ±60g	命中速度:2130 m/s 命中倾角: -89° 落点偏差: <10m

6.6 小 结

利用滑模变结构控制原理推导了一种弹着角约束下的动能弹制导律,并通过与弹着角约束下的比例导引律进了比较,发现该制导律对弹着角约束具有较强的适应能力,而且在高速条件下对不同弹着角约束都有较强的适应能力。

分析了投放速度、投放倾角、投放高度和目标距离对动能弹攻击弹道特性的影响,发现动能弹弹道特性受上述四项参数的综合影响,较难通过对单一参数的分析得到理想的投弹状态。面对复杂的滑模变结构制导律,进而采用了ISIGHT多学科优化设计平台对动能弹投放指标参数进行设计,(采用搜索法验证了该设计参数的合理性)并结合动能弹

3000kPa 动压和飞行器 1000kPa 动压的限制得到了满足最大命中速度的最佳投放参数，并将该投放参数作为动能弹投放的标准参数。

以该标准投放指标为基础，分析了投放倾角误差、投放偏角误差、投放速度误差和投放位置误差对动能弹的影响，并在确保动能弹不出现满过载、满攻角飞行状态下得到了动能弹投放点的误差允许范围，即动能弹有效投放窗口，为下一步研究飞行器下压段指标提供理论依据。

第7章 飞行器下压段多约束预测 - 修正导引律及指标

7.1 引 言

通用航空飞行器(Common Aero Vehicle,CAV)这类再入机动飞行器在未来战争中将具有较为广泛的应用,其中作为直接攻击武器和常规弹药投送平台是主要的两种应用方式,而就上述两种应用方式,飞行器都存在一定的局限性和技术难点。在作为直接攻击武器方面,部分文献[153,154]研究了高升阻比飞行器直接撞击目标时飞行状态参数和控制参数的变化情况,发现高升阻比飞行器在完成飞行器倾角下压的过程中存在一定难度,尤其是要求飞行器高速大倾角命中目标时,飞行器需要进行复杂的机动飞行。而将飞行器作为常规弹药投送平台时,飞行器终端投弹倾角、偏角和速度将极大地影响末制导弹药的攻击性能。

目前国内外就再入飞行器制导控制[155-157]及精确打击武器终端倾角约束的末导引律开展了大量研究[158-161],而对倾角 - 航向角 - 速度多约束下的末导引律研究相对较少。文献[162]在二维平面内对高超声速导弹高空再入段减速弹道进行了优化设计,但并未形成可行的减速制导律;文献[163]采用梯度自适应方法和 T - S 模糊模型控制减速指令产生,利用攻角和侧滑角实现高超声速导弹的减速,但是采用该方法增加攻角后对飞行器的制导指令影响较大,而且末端未能实现对速度的准确控制;康兴无采用跟踪理想速度曲线的方法,实现了机动弹头的螺旋机动减速,但该方法也只对倾角和速度进行了约束,而对航向角并未进行约束,不适于飞行器准确投放载荷。

本章将根据高升阻比再入飞行器特点,就飞行器直接动能撞击目标的可行性进行研究,并重点研究飞行器作为弹药投送平台时,满足飞行器投弹速度、倾角和偏角三重约束下的制导律及相关指标参数。

7.2 飞行器动能撞击最优弹道特性

7.2.1 飞行器末段动力学模型

假设 CAV 飞行过程中侧滑角始终保持为接近于 0°的小量,依靠改变攻角和倾斜角来实现飞行器的导引飞行[164]。因此,可得到飞行器三自由度运动方程为

$$\begin{cases} \dot{V} = -\dfrac{D}{m} - g\sin\theta \\[2mm] \dot{\theta} = \dfrac{1}{V}\left(\dfrac{L\cos\sigma}{m} - g\cos\theta\right) \\[2mm] \dot{\psi} = \dfrac{L\sin\sigma}{mV\cos\theta} \\[2mm] \dot{x} = V\cos\theta\cos\psi \\[1mm] \dot{y} = V\sin\theta \\[1mm] \dot{z} = V\cos\theta\sin\psi \end{cases} \qquad (7.1)$$

式中，V 为飞行速度，飞行器质量 $m = 907.8\text{kg}$，g 为重力加速度，由于末段飞行高度范围变化不大，重力加速度 g 可视为常数 9.81m/s^2，$\theta(-\pi/2 \le \theta \le \pi/2)$ 为弹道倾角，且速度向量位于水平线下方时，θ 取负值，$\psi(-\pi \le \psi \le \pi)$ 为弹道偏角，x 为纵向射程，y 为高度，z 为横向射程。拟合得到阻力系数 C_D 和升力系数 C_L 计算公式为

$$C_D = C_D^0 + C_D^\alpha \alpha^2, \ C_L = C_L^\alpha \alpha \qquad (7.2)$$

表达式中，C_y^α 为升力系数，C_x^0 为零攻角阻力系数，C_x^α 为诱导阻力系数。则阻力 D 和升力 L 可由下式计算得到：

$$L = \frac{1}{2}\rho V^2 S C_y^\alpha \alpha, \ D = \frac{1}{2}\rho V^2 S (C_x^0 + C_x^\alpha \alpha^2) \qquad (7.3)$$

其中，大气密度 $\rho = \rho_0 e^{(-y/H)}$，海平面大气密度 $\rho_0 = 1.226\text{kg/m}^3$，参考高度 $H = 7254.24\text{m}$，飞行器气动参考面积 $S = 0.484\text{m}^2$，α 为飞行器攻角，σ 为飞行器倾斜角。其中飞行器控制角和过载限制如下：

$$\begin{bmatrix} \alpha_{\min} \\ \sigma_{\min} \end{bmatrix} \le \begin{bmatrix} \alpha \\ \sigma \end{bmatrix} \le \begin{bmatrix} \alpha_{\max} \\ \sigma_{\max} \end{bmatrix}, \begin{bmatrix} |n_x| \\ |n_y| \\ |n_z| \end{bmatrix} \le n_{\max} \qquad (7.4)$$

7.2.2 飞行器最优撞击弹道特性

动能打击主要针对一些加固目标或者是地下深层目标，往往就需要飞行器以较大的角度高速命中。因此，本小节首先假设飞行器进入末端攻击的起始高度为 30km，攻角调节范围在 $-10° \sim 30°$ 之间，最大过载不限，以最大命中速度和最小落地倾角为优化指标，采用第 1 章所述的 Radau 伪谱法计算飞行器最优参数变化情况，对飞行器撞击弹道的特点进行分析。

1. 最大命中速度弹道特性

以初始速度 2500m/s，初始高度 30km 为例，在最大命中速度指标要求下，研究不同初始倾角时飞行器直接撞击目标的速度、倾角和攻角的变化情况，计算结果如图 7.1 所示。

从图 7.1（a）所示飞行器速度变化中可知，随着初始倾角从 $-5°$ 减小到 $-35°$，飞行器直接撞击目标时的飞行时间逐渐缩短，命中速度逐渐提高。并且从图 7.1（b）所示飞行倾角变化情况不难发现，随着初始倾角的减小，飞行器命中目标时的倾角也随之减小。从上述两项参数的变化可知，在相同初始速度的情况下，初始倾角的减小，有助于飞行器以

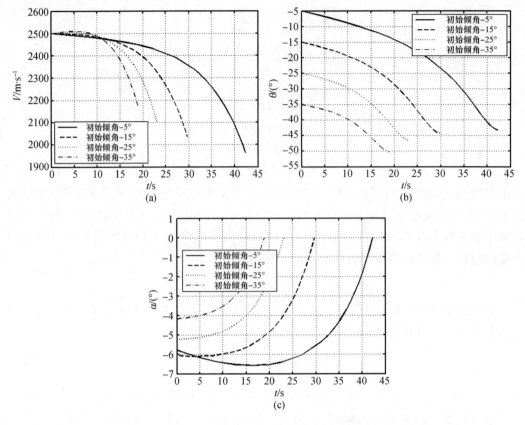

图 7.1　最大命中速度指标要求下飞行器主要参数变化情况

（a）速度变化情况；（b）倾角变化情况；（c）攻角变化情况。

更高的速度和更小的倾角命中目标。也就是说,初始倾角越小,飞行器就能够以更小的初始速度实现命中速度大于 2000m/s 的目标。然而,从飞行器倾角的变化幅度不难发现,随着初始倾角的减小,飞行器命中目标时的倾角在减小,但倾角的变化幅度也随之减小。当初始倾角为 −5° 时,飞行器命中目标时倾角接近 −45°,倾角变化幅度接近 40°;而当初始倾角为 −35° 时,飞行器命中目标时的倾角约为 −50°,倾角变化幅度仅 15° 左右。

图 7.1（c）显示了飞行器攻角的变化情况。从图中所示结果可知,在不同初始倾角条件下,飞行器均采用负攻角飞行,并且随着初始倾角的减小,飞行器攻角也呈现出整体增大的趋势。说明在命中速度最大的优化指标要求下,飞行器以较大的负攻角飞行,在保证飞行器下压弹道的同时,尽量减小速度损失,而这样一来将减小飞行器的负法向过载,减弱飞行器的倾角下压能力。

从上述研究可以发现,在以最大命中速度为最优化指标的情况下,飞行器将采用较大的负攻角飞行,减小飞行器的速度损失,进而保证飞行器具有较高的命中速度。但是,这样的飞行状态将导致飞行器下压倾角时的负法向过载减小,致使飞行器无法实现大角度命中目标,正如上述例子中,飞行器命中目标时的最小倾角仅为 −50°。

2. 最小落地倾角弹道特性

从上面的研究发现,飞行器在最大命中速度指标要求下的命中角度都相对较小,而在打击加固目标或者是地下深层目标时,往往要求飞行器以较大的角度甚至以接近垂直的倾角命中目标。因此,有必要对飞行器最小落地倾角指标要求下的撞击弹道特性开展研究。

以初始速度 2500m/s,初始高度 30km 为例,在最小落地倾角的指标要求下,计算得到不同初始倾角下飞行器主要飞行参数的变化情况如图 7.2 所示。

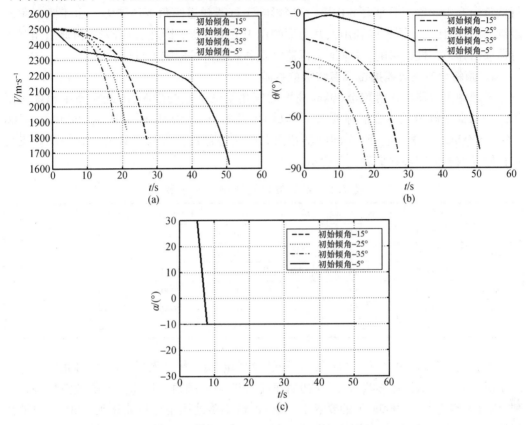

图 7.2 最小落地倾角指标要求下飞行器主要参数变化情况
(a) 速度变化情况;(b) 倾角变化情况;(c) 攻角变化情况。

对比图 7.1 (a)和图 7.2 (a)所示飞行器速度变化情况不难发现,在最小落地倾角的指标要求下,相同初始速度和初始倾角对应的飞行器命中速度明显低于以最大命中速度为指标时的情况。但从其变化趋势还是可以发现,与最大命中速度为指标的情况相同,随着初始倾角的减小,飞行器的命中速度也随之增加。从图 7.2 (b)所示飞行器倾角变化情况还可以发现,随着初始倾角的减小,飞行器命中目标时的落地倾角也随之减小,当初始倾角达到 −35°时,飞行器的命中倾角接近 −90°。

从图 7.2 (c)所示飞行器攻角变化可知,当初始倾角为 −5°时,飞行器先采用 30°正向满攻角飞行,随后利用 −10°的负向满攻角实现倾角的下压。这样的控制使得飞行器出现了一次拉起 −下压的机动飞行(如图 7.2 (b)倾角变化所示),进而造成速度损失,正如图 7.2 (a)所示,初时倾角 −5°时飞行器的命中速度明显小于其他初始倾角情况。而当初始倾角为 −15°、−25°和 −35°时,飞行器都直接利用 −10°的负向满攻角下压倾角,减

少拉起 – 下压机动飞行带来的速度损失。但与图 7.2（c）所示倾角变化相比较，飞行器下压倾角时均采用了负向满攻角飞行，导致飞行器的命中速度普遍较低。

7.2.3　飞行器垂直动能撞击可行性

从飞行器不同指标要求下的撞击弹道特性研究发现，在最小落地倾角指标要求下，飞行器负向升力起着至关重要的作用，直接影响飞行器弹道倾角下压能力。由于倾斜角的限制，高升阻比飞行器难以利用大升力面的作用下压弹道。因此，将研究分析倾斜角对飞行器撞击弹道特性的影响，并论证飞行器垂直动能撞击目标的可行性。

1. 倾斜角对飞行器撞击弹道特性的影响

考虑到飞行器再入滑翔至 30km 高度时倾角受到一定的限制，因此在命中速度大于 2000m/s，命中倾角最小的指标要求下，以初始倾角 – 15° 为例，研究初速 2500m/s、3000 m/s 和 3500m/s 三种条件下，不同倾斜角限制时飞行器最优飞行参数的变化情况。飞行器初始参数和命中参数如表 7.1 所示。

表 7.1　不同倾斜角限制指标参数

	$V_0/\mathrm{m \cdot s^{-1}}$	$\theta_0/(°)$	H_0/km	$\sigma/(°)$	$V_f/\mathrm{m \cdot s^{-1}}$	$\theta_f/(°)$	H_f/km
case1	2500	– 15	30	– 60 ~ 60	2000	– 60	0
case2	3000	– 15	30	– 60 ~ 60	2120	– 75	0
case3	3500	– 15	30	– 60 ~ 60	2350	– 75	0
case4	2500	– 15	30	– 180 ~ 180	2000	– 60	0
case5	3000	– 15	30	– 180 ~ 180	2000	– 89	0
case6	3500	– 15	30	– 180 ~ 180	2000	– 89	0

根据图 7.3（a）和图 7.3（b）所示不同倾斜角限制条件下飞行器速度、倾角的变化情况以及表 7.1 所示指标参数可知，当初始速度 2500m/s，倾角 – 15° 时，无论倾斜角是否限制，在命中速度大于 2000m/s 的要求下，飞行器最小落地倾角也只能达到 – 60°。但是在同样的初始倾角情况下，当初始速度为 3000m/s 和 3500m/s 时，不同倾斜角限制下飞行器主要飞行参数呈现出明显区别。当倾斜角限制范围在 – 60° ~ 60°（如 case1 ~ case3 所示），初始速度为 3000m/s 和 3500m/s 时，飞行器命中目标时的速度均高于 2000m/s，但落地倾角都只能达到 – 75°；而当倾斜角范围在 – 180° ~ 180° 之间时（如 case4 ~ case6 所示），飞行器的命中速度均为 2000m/s，命中倾角均为 – 89°。

图 7.3（c）和图 7.3（d）显示了不同倾斜角约束下飞行器攻角和倾斜角的变化情况。当倾斜角范围为 – 60° ~ 60° 时，飞行器长时间处于 – 10° 攻角飞行状态，以此实现倾角的下压，并且当飞行器初始速度达到 3500m/s 时（如 case3 所示），飞行初期出现了满攻角和满倾斜角的侧向机动减速飞行。当倾斜角为 – 180° ~ 180° 时，飞行器攻角和倾斜角出现频繁的切换。从攻角和倾斜角变化情况不难发现，飞行器倾斜角为 0° 时，其攻角始终保持在 – 10°；而当飞行器翻转后，即倾斜角为 180° 或者 – 180° 时，飞行器保持相对较大的正攻角。可见，在倾斜角不受限制的情况下，飞行器依靠升力面的翻转，利用较大的升力面提供弹道下压所需的法向过载。虽然这样可以实现飞行器近乎垂直的命中目标，但是飞行器命中目标时攻角依然保持在 – 10°，减小了飞行器命中目标时的撞击角。

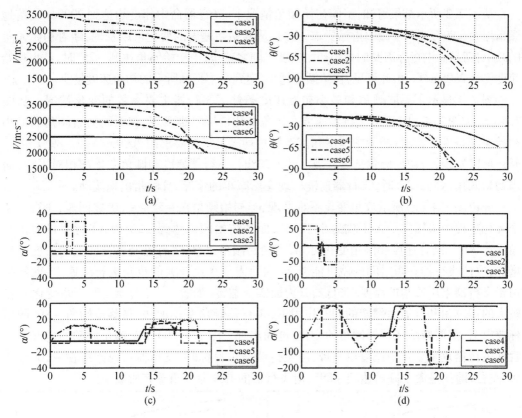

图 7.3　不同倾斜角约束下飞行器速度和倾角变化情况

（a）速度变化情况；（b）倾角变化情况；（c）攻角变化情况；（d）倾斜角变化情况。

通过上面的研究可知,在倾斜角受到限制的情况下,飞行器在飞行器初始倾角一定的情况下,初始速度过小,即便是倾斜角不受限制,飞行器也较难实现以大于 2000m/s 的速度几乎垂直命中目标的指标要求。同时初始速度又不宜太大,以初始速度 3500m/s 为例,无论倾斜角是否受到限制,飞行器都采用额外的机动来实现减速。由此可见,以最小落地倾角为指标要求的情况下,无论飞行器倾斜角是否受到限制,只要在飞行器初始倾角一定的条件下,就存在一个最小的初始速度来实现命中速度大于 2000m/s 的指标。

2. 不同倾角对应的最小初始速度

假设飞行器初始高度 30km,攻角范围 $-10° \sim 30°$,倾斜角范围为 $-180° \sim 180°$,要求命中目标时速度为 2000m/s,落地倾角 $-89°$,计算得到不同初始倾角下满足命中指标要求的最小初始速度如表 7.2 所示。

表 7.2　不同初始倾角对应的最小初始速度及命中指标

$\theta_0/(°)$	$V_{0min}/m \cdot s^{-1}$	$V_f/m \cdot s^{-1}$	$\theta_f/(°)$
-5	3251	2000	-89
-10	3160	2000	-89
-15	3070	2000	-89
-20	2960	2000	-89
-25	2905	2000	-89

从表7.2所示结果可知,不同初始倾角情况下,飞行器命中速度均达到2000m/s,落地倾角均为-89°,达到了命中指标要求。并且从其初始速度的变化可以发现,随着初始倾角的减小,满足命中指标需要的最小初始速度也随之减小,当初始倾角达到-25°时,最小初始速度仅为2905m/s。由此可见,初始倾角越小,达到命中指标所需的初始速度越小。

图7.4显示了不同倾角和最小初始速度条件下飞行器主要参数的变化情况。从图7.4(a)和图7.4(b)所示飞行器速度及倾角变化情况不难发现,在不同初始倾角和最小初始速度条件下,飞行器命中速度和落地倾角均满足指标要求的2000m/s和-89°。但同时还可以发现,当初始倾角从-5°减小到-20°时,飞行器速度和倾角变化都相对平稳,而当初始倾角达到-25°时,飞行器速度出现突然减小的情况,且倾角出现波动。

分析图7.4(c)所示攻角变化不难发现,当初始倾角在-5°~-20°之间时,飞行器整个飞行过程中采用的最大正攻角小于15°,而当初始倾角达到-25°时,飞行器最大正攻角接近20°。结合速度和倾角变化可知,当初始倾角过小,飞行器竖直方向上的速度分量增加,致使飞行器在短时间内就可能着地,因而需要采用较大的攻角进行减速;与此同时由于飞行器下压倾角的需要,飞行器升力面实施翻转(如图7.4(d)所示倾斜角变化),在较大的正攻角和升力面翻转的同时作用下,飞行器倾角变化加快,在落地倾角-89°的指标要求下,需要减缓飞行器倾角的变化,进而出现了图7.4(b)所示倾角波动的情况。并且从飞行器攻角变化中还可以发现,当飞行器命中目标时,飞行器攻角始终在-10°或者10°左右,即便是命中倾角达到-89°,但飞行器的有效命中角却有所减小。

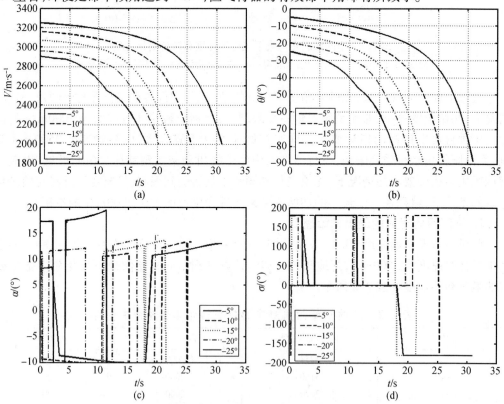

图7.4 最小初始速度对应的主要参数变化情况

(a)速度变化情况;(b)倾角变化情况;(c)攻角变化情况;(d)倾斜角变化情况。

从任务需求出发,滑翔再入飞行器主要针对价值较高的战略目标实施打击,而在打击加固或深层战略目标时,往往要求飞行器以高于2000m/s的速度和近乎垂直的倾角命中目标。在这样的指标要求下,飞行器需要进行升力面的翻转,利用较大升力面产生较大的负法向过载,进而实现飞行器倾角的下压。但是在高速飞行条件下,飞行器实施整体翻转时的控制难度较大,以美国HTV-2的飞行试验为例,较大幅度的滚转机动容易造成飞行器失控。并且从飞行器攻角可以发现,即便是飞行器以接近垂直的倾角命中目标,但飞行器的攻角绝对值较大,从而减小了飞行器的有效命中角度。同时从飞行器外形来看,升力体或乘波体似的结构外并不利于侵彻打击。由此可见,将高升阻比飞行器作为直接动能攻击武器并不适用,可将其作为有效攻击载荷的投送平台。

7.3 飞行器多约束预测-修正末导引律设计

高升阻比飞行器并不适合用于对目标直接实施动能打击。因此,将针对飞行器的另一种应用方式开展研究。当飞行器作为动能载荷的投送平台时,对飞行器末端的飞行状态要求十分严格,飞行倾角、偏角和速度都会直接影响动能载荷的打击效果,而飞行器的初始参数又将直接影响到飞行器再入滑翔轨迹的规划。因此,本书后续将对飞行器在终端倾角、偏角和速度约束下的导引律及相关指标参数开展研究[165]。

7.3.1 终端角度约束预测控制指令生成

1. 坐标系定义

在设计导引律时将飞行器相对运动分解到俯冲平面和转弯平面上[166,167],为了研究方便,建立如图7.5所示的弹目相对运动坐标系,目标点位于坐标系原点 O,而且后续研究均已固定目标为例。x 轴的正向指向正北方,y 轴指向天顶,z 轴由右手螺旋定则确定。定义飞行器与目标点的连线为视线,由视线的方位角和高低角确定。视线方位角 λ_T 从 x 轴正向起逆时针度量,范围 $-\pi \leq \lambda_T \leq \pi$,视线的高低角 λ_D 从地平线起顺时针度量,范围 $0 \leq \lambda_D \leq \pi/2$。

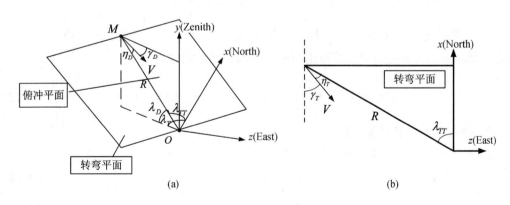

图 7.5 相对运动坐标系

(a) 弹目坐标关系;(b) 转弯平面位置关系。

图 7.5 中,γ_D 为速度矢量在俯冲平面内的投影与当地水平面的夹角(如图所示 $\gamma_D < 0$);η_D 为速度矢量在俯冲平面内的投影与视线之间的夹角;η_T 为速度矢量在转弯平面内的投影与俯冲平面的夹角;γ_T 为速度矢量在转弯平面内的投影与 x 轴负方向的夹角;λ_{TT} 为转弯平面内的视线与 x 轴正向的夹角,飞行器与目标的相对距离 R,相对接近速度 $\dot{R}$。

2. 俯冲平面内导引律设计

根据俯冲平面内的相对运动关系,可得以下关系式:

$$\eta_D = \lambda_D + \gamma_D \tag{7.5}$$

$$\dot{R} = -V\cos\eta_D \tag{7.6}$$

$$R\dot{\lambda}_D = V\sin\eta_D \tag{7.7}$$

由式(7.5)~式(7.7)可得俯冲平面的相对运动方程为

$$\ddot{\lambda}_D = \left(\frac{\dot{V}}{V} - 2\frac{\dot{R}}{R}\right)\dot{\lambda}_D - \frac{\dot{R}}{R}\dot{\gamma}_D \tag{7.8}$$

弹道下压阶段末制导目的是要将飞行器引导至投弹点位置,并保证飞行器具有期望的终端弹道倾角。因此,终端时刻视线角要等于期望值,并且保证视线角速度为 0,可将俯冲平面内的终端约束关系表示为

$$\lambda_D(t_f) + \gamma_{Df} = 0, \dot{\lambda}_D(t_f) = 0 \tag{7.9}$$

采用变结构控制设计导引律,可设俯冲平面内的开关函数为[2]

$$S_D = \dot{\lambda}_D + K_D \cdot (\lambda_D + \gamma_{Df}) \tag{7.10}$$

设计得到俯冲平面内终端角度约束下的变结构导引控制律为

$$\dot{\gamma}_D = K_1\dot{\lambda}_D + K_2\frac{\dot{R}}{R} \cdot (\lambda_D + \gamma_{Df}) \cdot \mathrm{sign}((\lambda_D + \gamma_{Df}) \cdot S_D) \tag{7.11}$$

其中,相对距离为 $R = \sqrt{x^2 + y^2 + z^2}$,相对接近速度为 $\dot{R} = \dfrac{\dot{x}x + \dot{y}y + \dot{z}z}{\sqrt{x^2 + y^2 + z^2}}$。

为了抑制飞行器高动态飞行时引起的控制变量抖动[168],采用函数 $S/(|S| + \delta)$ 代替符号函数 $\mathrm{sign}((\lambda + \gamma_f) \cdot S)$,可得俯冲平面内的预测控制律为

$$\dot{\gamma}_D = K_1\dot{\lambda}_D + K_2\frac{\dot{R}}{R} \cdot (\lambda_D + \gamma_{Df}) \cdot S_D/(|S_D| + \delta) \tag{7.12}$$

3. 转弯平面内导引律设计

同理,根据转弯平面内的相对运动关系可得

$$\eta_T = \lambda_{TT} - \gamma_T \tag{7.13}$$

$$\dot{R} = -V\cos\eta_T \tag{7.14}$$

$$R\dot{\lambda}_{TT} = V\sin\eta_T \tag{7.15}$$

由式(7.13)~式(7.15)可得转弯平面内的相对运动方程为

118

$$\ddot{\lambda}_{TT} = \left(\frac{\dot{V}}{V} - 2\frac{\dot{R}}{R} \right)\dot{\lambda}_{TT} + \frac{\dot{R}}{R}\dot{\gamma}_T \tag{7.16}$$

转弯平面内的终端约束关系可表示为

$$\lambda_T(t_f) - \gamma_{Tf} = 0, \dot{\lambda}_{TT}(t_f) = 0 \tag{7.17}$$

设开关函数为

$$S_T = \dot{\lambda}_{TT} + K_T \cdot (\lambda_T - \gamma_{Tf}) \tag{7.18}$$

可以设计得到转弯平面内终端角度约束下的变结构导引控制律为

$$\dot{\gamma}_T = K_3 \dot{\lambda}_{TT} + K_4 \frac{\dot{R}}{R} \cdot (\lambda_T - \gamma_{Tf}) \cdot \text{sign}((\lambda_T - \gamma_{Tf}) \cdot S_T) \tag{7.19}$$

考虑抑制变量抖动的情况下,可得转弯平面内的预测控制律为

$$\dot{\gamma}_T = K_3 \dot{\lambda}_{TT} + K_4 \frac{\dot{R}}{R} \cdot (\lambda_T - \gamma_{Tf}) \cdot S_T / (|S_T| + \delta) \tag{7.20}$$

注意到,视线方位角在转弯平面和水平面内的定义不同:

$$\dot{\lambda}_{TT} = \frac{-v_\xi}{R}, \dot{\lambda}_T = \frac{-v_\xi}{R\cos\lambda_D} \tag{7.21}$$

于是可以得到关系式 $\dot{\lambda}_{TT} = \dot{\lambda}_T \cos\lambda_D$,进而可将式(7.20)转换为如下形式:

$$\dot{\gamma}_T = K_3 \dot{\lambda}_T \cos\lambda_D + K_4 \frac{\dot{R}}{R} \cdot (\lambda_T - \gamma_{Tf}) \cdot S_T / (|S_T| + \delta) \tag{7.22}$$

4. 预测制导指令生成

根据大地固联坐标系与视线坐标系之间的关系可得两个坐标系之间的转换矩阵,视线的方位角和高低角以及相应的角速度可由下式得到:

$$\lambda_D = \arctan(y / \sqrt{x^2 + z^2}) \tag{7.23}$$

$$\lambda_T = \arctan(-z/x) \tag{7.24}$$

$$\dot{\lambda}_D = v_\eta/R = \frac{-\dot{x}\sin\lambda_D\cos\lambda_T + \dot{y}\cos\lambda_D + \dot{z}\sin\lambda_D\sin\lambda_T}{R} \tag{7.25}$$

$$\dot{\lambda}_T = -v_\zeta/(R \cdot \cos\lambda_D) = -\frac{\dot{x}\sin\lambda_T + \dot{z}\cos\lambda_T}{R\cos\lambda_D} \tag{7.26}$$

根据 $\dot{\theta}$,$\dot{\psi}$ 和 $\dot{\gamma}_D$,$\dot{\gamma}_T$ 的转换关系 $\begin{bmatrix} \dot{\gamma}_\xi \\ \dot{\gamma}_T \\ \dot{\gamma}_D \end{bmatrix} = \boldsymbol{E}_O \begin{bmatrix} -\dot{\theta}\sin\psi \\ \dot{\psi} \\ -\dot{\theta}\cos\psi \end{bmatrix}$,可以得到不同方向上的预测制导指

令表达式:

$$\begin{cases} \dot{\theta} = -\dot{\gamma}_D/\cos(\lambda_T - \psi) \\ \dot{\psi} = [\dot{\gamma}_T - \dot{\gamma}_D \cdot \tan(\lambda_T - \psi) \cdot \sin(\lambda_D)]/\cos\lambda_D \end{cases} \tag{7.27}$$

7.3.2 减速修正制导指令生成

产生附加攻角是飞行器减速最简单易行的方式,为了在产生相同附加诱导阻力的同时,保证对飞行器运动的影响最小,附加攻角应该垂直施加在预测制导律形成的攻角上。这样既能够保证正确的导引飞行,同时还能够抵消附加攻角产生的部分升力[15]。根据末制导控制规律,可以确定飞行器速度方向的转率为

$$\dot{\gamma}_g = \sqrt{\dot{\gamma}_D^2 + \dot{\gamma}_T^2} \qquad (7.28)$$

附加攻角产生的速度方向转率增量 $\Delta\dot{\gamma}$ 应垂直于 $\dot{\gamma}_g$ 的方向上施加,根据附加攻角和产生的速度方向转率增量之间的关系可得

$$\Delta\dot{\gamma} = \frac{\rho V S}{2M} C_y^{\alpha} \cdot \Delta\alpha \qquad (7.29)$$

其中附加攻角 $\Delta\alpha$ 可由下式计算得到:

$$\Delta\alpha = \sqrt{-\frac{2M}{C_N^{\alpha}S}K_l \frac{(V - V^*)}{V} \frac{\dot{R}}{R} \frac{1}{\rho V}} \qquad (7.30)$$

由此可得速度方向转率的增量为

$$\Delta\dot{\gamma} = \begin{cases} \sqrt{-\dfrac{\rho\dot{R}}{R} \cdot \left(\dfrac{(C_y^{\alpha})^2 S}{2M C_N^{\alpha}}\right)^{1/2} \cdot K_l^2 (V - V^*)} & V > V^* \\ 0 & V \leqslant V^* \end{cases} \qquad (7.31)$$

上述表达式中,V 表示预测得到的终端速度,V^* 表示期望得到的终端速度,C_y^{α} 表示飞行器升力系数,C_N^{α} 表示飞行器总法向力系数,修正系数 K_l 可取 0.05。

根据图 7.6 所示速度方向转率的关系可以得到加入减速修正后俯冲平面和转弯平面内的控制规律分别为

$$\dot{\gamma}_D^* = \dot{\gamma}_D + \frac{\dot{\gamma}_T}{\dot{\gamma}_g} \cdot \Delta\dot{\gamma} \qquad (7.32)$$

$$\dot{\gamma}_T^* = \dot{\gamma}_T - \frac{\dot{\gamma}_D}{\dot{\gamma}_g} \cdot \Delta\dot{\gamma} \qquad (7.33)$$

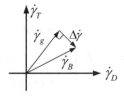

图 7.6 速度方向转率示意图

用 $\dot{\gamma}_D^*$,$\dot{\gamma}_T^*$ 代替式(7.27)所表示预测制导指令中的 $\dot{\gamma}_D$,$\dot{\gamma}_T$,可以得到减速修正后的制导指令为

$$\begin{cases} \dot{\theta} = \dfrac{-\dot{\gamma}_D^{*}}{\cos(\lambda_T - \psi)} \\ \dot{\psi} = \left[\dot{\gamma}_T^{*} - \dot{\gamma}_D^{*} \cdot \tan(\lambda_T - \psi) \cdot \sin(\lambda_D) \right] / \cos\lambda_D \end{cases} \qquad (7.34)$$

7.3.3 制导飞行仿真流程

将式(7.27)和式(7.34)代入动力学方程(7.2)中,整理后可分别求得预测控制攻角 α_{pre}、预测控制倾斜角 σ_{pre} 和修正控制攻角 α_{mod}、修正控制倾斜角 σ_{mod},计算中根据式(7.2)和式(7.4)所示气动系数、控制角和过载限制条件,最终确定可用的 α 和 σ。预测-修正导引计算流程如图7.7所示。

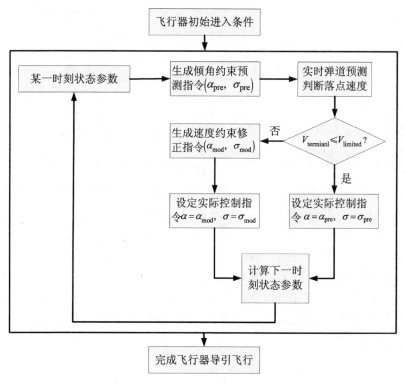

图7.7 预测-修正导引流程

7.4 制导方法验证及初始参数

7.4.1 制导性能对比验证

以飞行器初始高度30km,目标距离250km为例,针对13km高空和3km低空两个典型目标高度开展飞行器预测-修正末导引飞行仿真。假设飞行器质量 $m = 907.8\text{kg}$,参考面积 $S = 0.484\text{m}^2$,飞行器初始状态参数及终端要求如表7.3所示。计算过程中变结构控制参数 $K_D = 6$, $K_T = 6$, $K_1 = -5$, $K_2 = 4$, $K_3 = 5$, $K_4 = 4$,仿真过程中弹道预测采用大步长预测,时间步长为1s,导引飞行轨迹仿真时间步长为0.1s。

表 7.3　飞行器初始参数及终端要求

h/km	$V_0/\mathrm{m \cdot s^{-1}}$	$\theta_0/(°)$	$\psi_0/(°)$	$\theta_f/(°)$	$V_f/(\mathrm{m \cdot s^{-1}})$	$\psi_f/(°)$
13	2000	-0.52	180	-25	1200	180
3	2000	-0.52	180	-25	1200	180

为了对比分析不同终端约束情况下飞行参数的区别,本书设定了如表7.4所示三种制导控制情况。假设在无终端航向角限制的情况下,转弯平面内的导引控制主要用于修正螺旋机动减速引起的侧向距离偏差,则该平面内的导引控制可采用如下形式的比例导引律:

$$\dot{\gamma}_T = K_T \dot{\lambda}_T \cos\lambda_D \qquad (7.35)$$

表 7.4　不同制导律终端约束情况

	ψ_f	θ_f	V_f
原始制导律	×	○	×
速度约束航向自由	×	○	○
速度约束航向约束	○	○	○
注:×表示终端条件不受约束的情况,○表示终端条件受到约束的情况			

图 7.8 所示为倾角 - 速度约束预测修正制导、倾角 - 偏角 - 速度约束修正制导与传统制导控制下飞行器空间弹道。通过对比可以发现,在制导律仅有终端倾角约束的情况下,飞行器仅在俯冲平面内飞行,没有任何的侧向机动。而当制导律同时包含速度和倾角约束时,飞行器飞行轨迹具有明显的侧向机动,都依靠一次转弯来实现减速。但是与速度和倾角约束下的飞行器轨迹不同,当终端约束同时包含速度、倾角和偏角约束时,飞行器进行了第二次转弯飞行,这一次转弯是为了修正第一次减速机动带来的偏角偏差。飞行器末端的侧向机动飞行,不但能够起到减速的作用,同时还能增加地面防空拦截的难度。

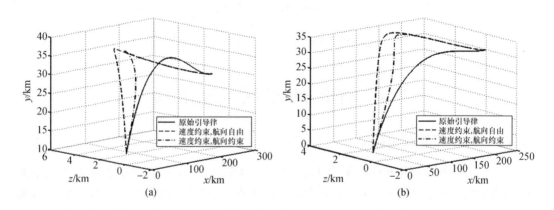

图7.8　空间弹道对比
(a) 13km 目标高度;(b) 3km 目标高度。

从图7.9所示飞行器速度、倾角和偏角变化情况的对比中不难发现,采用单一倾角约束导引律控制时,虽然终端倾角达到了期望值−25°,并且航向角始终保持180°,但是飞行器在高低空达到的终端速度约为1550m/s和1400m/s,远高于期望的终端速度1200m/s;而采用倾角−速度约束预测−修正制导律后,飞行器在高低空达到的终端速度均为1200m/s,而且倾角满足期望的−25°要求,但是由于减速修正进行的侧向机动,造成航向角出现偏差,致使飞行器高低空终端航向角分别为176°和177°。通过对比不难发现,当采用倾角−偏角−速度约束预测−修正制导律后,目标点位于13km和3km高度时,飞行器的终端速度均达到要求的1200m/s,倾角满足−25°要求,而且终端偏角也修正到期望的180°。由此充分说明,本书设计的终端多约束预测−修正制导律能够将飞行器终端倾角、偏角和速度修正到期望水平,有利于飞行器精确投放载荷。

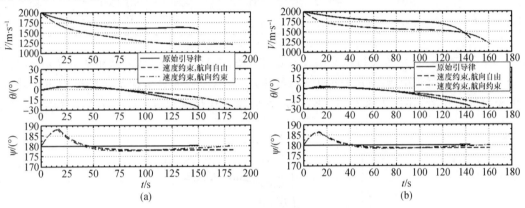

图7.9 飞行速度、弹道倾角及偏角变化
(a) 高空情况;(b) 低空情况。

对比分析图7.10所示攻角及倾斜角变化情况可以发现,采用预测−修正导引律控制时,飞行器前期飞行控制量变化基本一致,初始阶段采用大攻角维持飞行高度,并采用大倾角进行侧向机动,进而达到减速的目的,随后飞行器几乎保持0°倾斜角飞行。但是,飞行器后期倾斜角的变化存在明显区别,终端偏角不约束时,飞行器始终保持0°倾斜角飞行,直至达到目标点位置;而当终端偏角约束后,飞行末端出现了明显的倾斜角"反转",两次滚转机动将偏角修正到期望值,并且在达到目标点位置时保持倾斜角为0°。

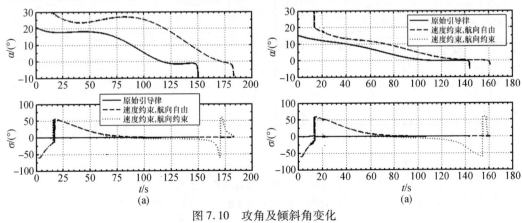

图7.10 攻角及倾斜角变化
(a) 高空情况;(b) 低空情况。

7.4.2 弹道偏角偏差适应能力

为了说明制导律在偏角修正方面的适应性,本书分别给出四种初始偏角情况,分析飞行器倾角 – 速度 – 偏角约束下的导引飞行状态。初始状态及终端指标要求如表 7.5 所示。

表 7.5 飞行器初始参数及终端要求

	$V_0/\mathrm{m \cdot s^{-1}}$	$\theta_0/(°)$	$\psi_0/(°)$	$\theta_f/(°)$	$V_f/\mathrm{m \cdot s^{-1}}$	$\psi_f/(°)$
case1	2000	−0.52	175	−25	1200	180
case2	2000	−0.52	172	−25	1200	180
case3	2000	−0.52	185	−25	1200	180
case4	2000	−0.52	188	−25	1200	180

图 7.11(a)显示了飞行器导引飞行的空间轨迹及其地面投影,从中不难看出,即便是飞行器初始时刻出现不同方向的航向角偏差,本书设计的导引律依然能够将飞行器导引至目标点位置;并且从图 7.11(b)所示航向角变化情况可知,本书设计的导引律能够

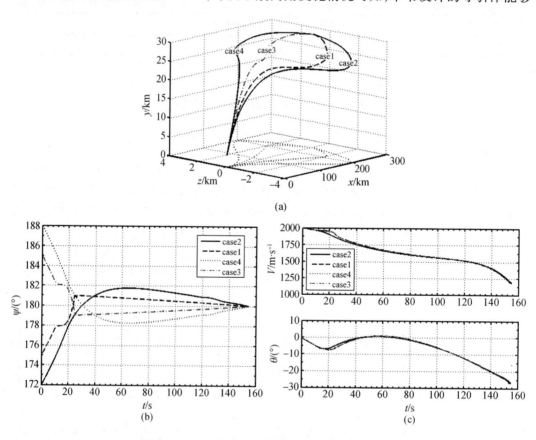

图 7.11 偏角修正飞行空间轨迹及状态参数变化
(a)空间轨迹及其地面投影;(b)航向角对比;(c)速度及倾角变化情况。

将航向角逐渐修正到期望的 180°。但同时也可以发现,初始航向角偏差越大,机动修正的转弯半径越大,而且伴随着较大的高度损失。从图 7.11(c)所示飞行器速度及倾角的变化情况可以发现,在保证飞行器终端航向角满足期望值的同时,终端倾角和速度也同样达到了期望的 −25° 和 1200m/s。由此可见,本书设计的倾角−航向角−速度约束预测−修正导引律能够实现飞行器投弹阶段的导引飞行,并且能够获得期望的终端飞行状态,有利于载荷的准确释放。

通过上述分析可知,本书以末端期望速度为基准,采用终端倾角和偏角约束的变结构末制导律进行弹道预测,并根据预测所得终端速度与期望速度的偏差生成修正指令,采用侧向机动方式实现对飞行速度的控制。仿真结果显示,采用本书设计的预测−修正制导律能够保证飞行器以期望的倾角、偏角和速度飞抵指定投弹点位置,并且机动飞行弹道更有利于飞行器末端突防。

7.5 下压段飞行弹道影响因素

动能弹一组标准投放指标是高度 16.177km,速度 3500m/s,倾角 −18°。假设飞行器从 30km 高度开始进入下压段飞行,将动能弹的投放指标作为飞行器下压阶段的终端指标约束,并根据 $−10° \leqslant \alpha \leqslant 30°$, $−10 \leqslant n_y \leqslant 10$ 飞行器控制参数和过载限制情况,研究不同初始倾角、初始速度和投弹点距离对飞行器下压段飞行弹道及其主要参数的影响。

7.5.1 初始倾角对下压段弹道的影响

以目标距离 115km,初始速度 4000m/s 为例,分别研究初始倾角为 −1°, −5° 和 −9° 时飞行器下压阶段飞行状态参数的变化情况。主要参数变化曲线如图 7.12 所示。

从图 7.12(a)所示飞行器位置变化不难发现,随着初始倾角从 −1° 向 −9° 变化,飞行器整体飞行高度逐渐降低,但是从侧向机动距离来看,当初始倾角为 −1° 时,飞行器进行了两次复杂的转弯机动,而随着初始倾角向 −9° 变化,转弯机动次数逐渐减小,直到初始倾角达到 −9° 时完全消失,飞行器在不进行任何侧向机动的情况下准确到达了投弹点位置。同时从图 7.12(b)所示倾角和偏角变化情况来看,不同初始倾角情况下,飞行器都满足终端角度要求,终端倾角达到 −18°,偏角为 180°。从其偏角的变化来看,随着初始倾角从 −1° 向 −9° 变化,偏角的变化趋于平缓,直到初始倾角达到 −9° 时,飞行器始终以固定偏角飞行。

图 7.12(c)显示了飞行器不同初始倾角时的速度和法向过载变化情况。当初始倾角为 −9° 时,飞行器的终端速度仅为 3400m/s,而且从飞行器速度变化可以看出,初始倾角越小,飞行器的减速越明显,致使飞行器最后无法达到要求的终端速度。根据飞行器法向过载变化情况不难看出,当初始倾角为 −1° 时,飞行器法向过载变化复杂,这是由飞行器复杂的机动减速引起的,而初始倾角为 −5° 和 −9° 时,飞行器法向过载变化相对平缓。

分析图 7.12(d)所示攻角和倾斜角变化情况不难发现,初始倾角为 −1° 时,飞行器后期长时间处于负向满攻角飞行,以调整飞行器飞行倾角,而当初始倾角为 −9° 时,飞行器早期采用正向满攻角飞行时间较长,那是由于飞行器为了飞抵目标点位置,需要大攻角维持飞行高度,进而造成速度损失。当初始倾角为 −5 时,飞行器正向满攻角飞行时间较

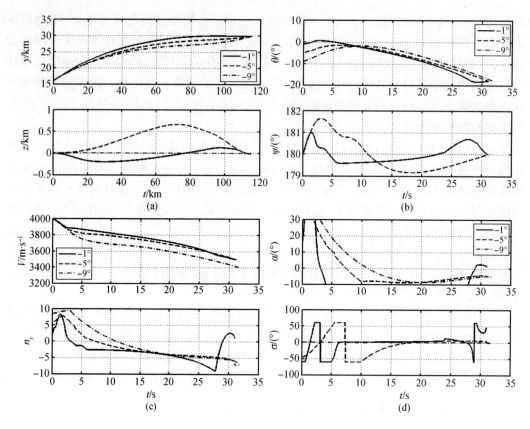

图 7.12　不同初始倾角条件下主要参数变化情况
(a) 飞行器位置变化情况；(b) 倾角和偏角变化情况；
(c) 速度和法向过载变化情况；(d) 攻角和倾斜角变化情况。

上述两种初始倾角条件下的时间都短,而且并不会出现负向满攻角飞行的情况,并且从倾斜角变化也可以发现,初始倾角为-5°时,飞行器倾斜角变化较初始倾角为-1°时要平稳得多,而当初始倾角为-9°时,由于飞行器不需要机动减速,所以倾斜角始终保持为0°。

　　从上面的分析可知,在初始速度和目标点距离一定的情况下,飞行器初始倾角过大或者过小均不利于飞行的下压段飞行。初始倾角过大时,在指定距离内飞行器需要进行复杂的机动飞行实现减速;但是初始倾角过小,飞行器减速十分明显,有可能导致飞行器无法以要求的速度到达指定投弹点位置。

7.5.2　初始速度对下压段弹道的影响

　　以初始倾角-1°为例,分别计算初始速度为3600m/s、3700m/s、3800m/s和3900m/s时飞行器主要参数的变化情况,分析初始速度对飞行器下压段弹道的影响。

　　从图7.13 (a)所示飞行器位置参数和图7.13 (b)所示倾角和偏角变化情况可知,在上述初始速度条件下,飞行器都能准确到达指定的投弹点位置。并且当初始速度为3600~3800m/s时,飞行器飞行高度基本一致,并始终保持固定的偏角飞行,不存在侧向机动的情况;而当初始速度达到3900m/s时,飞行器初期飞行高度相对较高,偏角出现明显变化,并且其最大侧向机动距离接近200m。通过图中所显示位置、倾角和偏角变化可以发现,飞行器在不同初始速度条件下,都能够以要求的角度到达指定的投弹点位置。

图7.13 (c)所示为飞行器速度和法向过载变化情况。从图中参数的变化情况不难看出,当初始速度为3600m/s 和3700m/s 时,飞行器对应的终端速度仅为3320m/s 和3400m/s;当初始速度为3800m/s 时,飞行器的终端速度接近要求的3500m/s;而当初始速度达到3900m/s 时,飞行器终端速度完全达到了指标要求的3500m/s。从图7.13 (d)所示攻角和倾斜角变化情况不难发现,当初始速度为3900m/s 时,飞行器初期采用大攻角飞行,并且相应地改变倾斜角,这样的控制使得飞行器在维持飞行高度的情况下,利用侧向机动实现减速,进而让飞行器的终端速度达到动能弹投放时的指标要求。而在其他初始速度情况下,飞行器攻角变化基本一致,变化范围在 $-10°\sim10°$ 之间,而且倾斜角始终保持 $0°$。

从不同初始速度情况下飞行器主要参数的变化情况可知,当投弹点距离和初始倾角一定的条件下,飞行器初始速度过小,虽然能够以要求的角度到达指定的投弹点位置,但是其终端速度达不到要求的指标,而初始速度过大,飞行器则需要利用侧向机动实施减速,确保达到投弹点的速度满足动能载荷的投放要求。

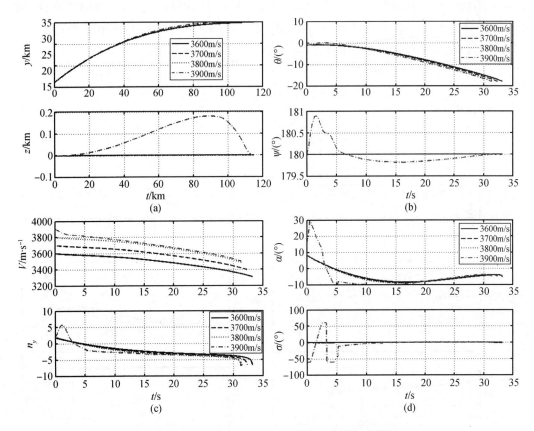

图7.13 不同初始速度下飞行器主要参数变化情况

(a)飞行器位置变化情况;(b)倾角和偏角变化情况;

(c)速度和法向过载变化情况;(d)攻角和倾斜角变化情况。

7.5.3　投弹点距离对下压段弹道的影响

从前面的结果发现,当飞行器初始倾角 −1°,投弹点距离 115km,初始速度 3800m/s 时,飞行器终端速度不满足动能弹投放时要求的 3500m/s。通过调整投弹点距离,计算飞行器主要状态参数的变化情况,并研究分析投弹点距离对飞行器下压段弹道的影响。投弹点距离为 95km、105km 和 115km 时,飞行器主要参数变化如图 7.14 所示。

如图 7.14(a)所示飞行器位置变化情况可知,当投弹点距离为 95km 时,飞行器初期飞行高度相对较高,而且在这一投弹点距离下,飞行器实施了侧向减速机动飞行。从图 7.14(b)所示倾角和偏角变化可知,即使是在不同投弹点距离下,飞行器终端角度均满足投弹时的指标要求。虽然飞行器在不同投弹点距离下均能够以指定角度到达投弹点位置,而从图 7.14(c)所示飞行器速度变化不难看出,在投弹点距离为 115km 时,飞行器终端速度不到要求的 3500m/s,而当投弹点距离为 105km 时,飞行器在没有进行任何减速机动的情况下,保证飞行器终端速度恰恰等于 3500m/s,但是当投弹点距离减小为 95km 时,飞行器需要实施减速机动才能保证飞行器终端速度达到指标要求。从图 7.14(d)所示攻角和倾斜角变化就能发现,当投弹点距离为 115km 和 105km 时,飞行器倾斜角始终保持 0°,而当投弹点距离减小到 95km 时,飞行器全程都处于负攻角下压弹道的飞行状态,而且倾斜角在 11s 左右时还出现抖动,不利于飞行器的稳定飞行。

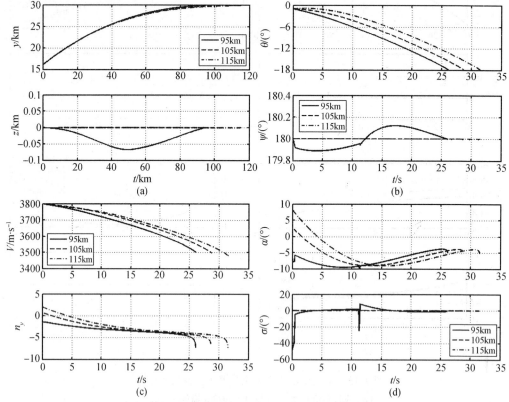

图 7.14　不同投弹点距离下飞行器主要参数变化情况

(a)飞行器位置变化情况;(b)倾角和偏角变化情况;
(c)速度和法向过载变化情况;(d)攻角和倾斜角变化情况。

从上面分析可知,当飞行器初始倾角和速度确定的情况下,投弹点距离过远,飞行器终端速度无法满足动能弹投放的需要,而当投弹点距离过近,又会造成飞行器实施复杂的机动减速,以满足动能弹投放需要。可见,在初始倾角和速度一定时,存在一个适当的距离,既能够保证飞行器按照指定的终端角度准确到达指定投弹点,又不用实施机动减速就能达到所需要的动能弹投放速度。

7.6 飞行器下压段进入窗口

从前面一节的研究发现,飞行器下压段弹道特性由初始速度、初始倾角以及投弹点距离三个因素相互影响,如何选择飞行器的进入速度和倾角就显得尤为重要。随后将对不同倾角下的最小初始速度、不同倾角速度下的目标距离分布以及典型指标参数下的进入窗口开展研究。飞行器的终端条件以动能弹头的投放指标和误差允许范围为依据,根据投放高度 16.177km,倾角 -18°,速度 3500m/s 的要求对飞行器下压段飞行的初始参数进行研究,为后续研究飞行器再入滑翔指标研究提供依据。

7.6.1 不同初始倾角下最小初始速度

根据动能弹有效投放窗口及多目标优化集成方法,寻找飞行器在不同初始倾角下满足指标及约束条件的最小初始速度及对应的投弹点距离。其中,设计变量、优化指标以及约束条件如下所示。

设计变量:　　　　　　　　　x_0, V_0

优化指标:　　　　　　　　　$\min V_0$

$$满足条件: \begin{bmatrix} V_f \\ \theta_0 \\ \psi_0 \\ y_0 \\ x_f \\ y_f \\ z_f \\ \theta_f \\ \psi_f \end{bmatrix} = \begin{bmatrix} 3500 \pm 30 \text{m/s} \\ \theta_{\text{initial}} \\ 180° \\ 30 \text{km} \\ 0 \pm 0.15 \text{km} \\ 16.177 \pm 0.15 \text{km} \\ 0 \pm 0.15 \text{km} \\ -18° \pm 2° \\ 180° \pm 3° \end{bmatrix} \qquad \begin{bmatrix} -10° \\ -10 \end{bmatrix} < \begin{bmatrix} \alpha \\ n_y \end{bmatrix} < \begin{bmatrix} 30° \\ 10 \end{bmatrix}$$

在上述指标要求和约束条件下,分别针对初始倾角为 -1°、-3°、-5°、-7° 和 -9° 五种情况下的最小初始速度及其对应的投弹点距离开展研究。从表 7.6 中所示结果可知,随着飞行器初始倾角从 -1° 向 -9° 变化,飞行器所需要的最小初始速度逐渐减小,同时对应的投弹点距离也逐渐减小。

表 7.6　不同倾角下最小初始速度及对应投弹点距离

$\theta_0/(°)$	$V_{0-\min}/\mathrm{m \cdot s^{-1}}$	x_0/km
−1	3798	100
−3	3767	90
−5	3736	80
−7	3695	67
−9	3666	61

　　以表7.6所示初始参数为例,分别开展弹道仿真,得到如图7.15所示主要参数变化情况。从图中飞行器偏角和倾斜角的变化可以发现,在表7.6所示初始条件下,飞行器飞行偏角始终保持180°,倾斜角始终为0°,说明飞行器未进行任何机动减速飞行。而从其倾角和速度变化不难发现,飞行器速度均达到要求的3500m/s,终端倾角满足 −18°的要求,并且攻角变化也相对平稳,不会出现满攻角飞行的情况。虽然通过优化集成方法得到了满足飞行器终端指标和约束条件的最小初始速度及其对应的投弹点距离,但是飞行器经过长时间的再入滑翔飞行,到达投弹点位置时的飞行状态参数必然存在一定的误差,飞行器需要进行机动修正,极有可能导致飞行器到达投弹点时的状态参数不满足动能弹投放指标。从飞行器机动修正的需要出发,有必要对不同初始倾角和速度组合情况下,飞行器满足投弹指标和约束的有效飞行范围开展分析。

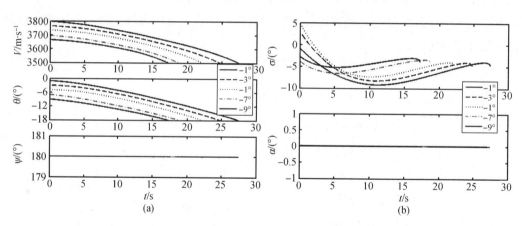

图7.15　最小初始速度下飞行器主要参数变化情况
(a) 速度、倾角及偏角变化情况;(b) 攻角及倾斜角变化情况。

7.6.2　投弹点距离分布

　　以 −1°、−5°和 −9°三种典型初始倾角为例,分别计算得到初始速度3800m/s、3900m/s和4000m/s时满足飞行器投弹指标及约束条件的有效投弹点距离如表7.7所示。

　　如表7.7所示结果不难发现,当初始速度为3800m/s时,三种倾角情况下飞行器对应的机动范围分别为21km、12km和8km,而当初始速度为4000m/s时,相应的机动范围分别为 98km、40km 和 20km。由此可见,随着飞行器初始速度的增加,飞行器满足投弹指标和约束条件的机动范围随之增加。而在初始速度一定的情况下,随着初始倾角的减小,飞行器的机动覆盖范围也会随之减小。以初始速度 3900m/s 为例,初始倾角为 $-1°$、$-5°$ 和 $-9°$ 时,飞行器机动范围从 50km 逐渐减小为 12km。

从表 7.7 中所示参数的变化可知,当初始倾角较大时,飞行器滑翔距离较远,飞行时间相对较长,而当初始倾角较小时,在相同初始速度条件下,飞行器机动范围减小。考虑到飞行器滑翔再入结束时的状态参数可能出现较大误差,为了使飞行器在减小下压段飞行时间的同时还具有较强的机动修正能力,本书选择初始倾角 $-5°$、速度 4000m/s 作为飞行器进入下压段飞行的标准初始参数。

表 7.7 不同速度和倾角下命中指标情况

已知指标参数:$H_0 = 30km$,$H_f = 16.177km$,$\theta_f = -18°$			
$V_0/\text{m} \cdot \text{s}^{-1}$	$\theta_0/(°)$	x_0/km	$V_f/\text{m} \cdot \text{s}^{-1}$
3800	-1	$101 \sim 122$	3500
	-5	$82 \sim 94$	3500
	-9	$64 \sim 72$	3500
3900	-1	$121 \sim 171$	3500
	-5	$91 \sim 111$	3500
	-9	$75 \sim 87$	3500
4000	-1	$132 \sim 230$	3500
	-5	$95 \sim 135$	3500
	-9	$78 \sim 98$	3500

7.6.3 典型投弹点进入窗口

通过上一小节的研究得到,在初始倾角 $-5°$,初始速度 4000m/s 的条件下,飞行器下压段机动范围为 $95 \sim 135km$,因此本书考虑将其中心位置 115km 作为飞行器的标准投弹点,并以该投弹点为中心研究分析飞行器可行的进入窗口,即允许的初始位置偏差范围。

设飞行器初始高度 30km,下压段飞行距离 115km,初始倾角 $-5°$,初始速度 4000m/s,终端指标为高度 16.177km,投放倾角 $-18°$,投放速度 3500m/s。通过弹道仿真,计算得到主要飞行参数变化情况如图 7.16 所示。

从图 7.16 (a) 中所示飞行器飞行轨迹可以明显看出,飞行器进行了两次转弯调整,一次转弯用于机动减速,另一次则用于对终端偏角的修正。并且飞行器终端速度为 3500m/s,倾角 $-18°$,航向角 $180°$,均达到了动能弹投放时的指标要求。根据图中所示飞行器攻角、倾斜角以及各向过载变化情况可知,所有控制参数和约束均在限制范围以内,说明本书选择的标准投弹点是可行的。

如果仅仅考虑飞行器纵向位置的机动能力,飞行器从 30km 高度,以 4000m/s 和 $-5°$ 倾角进入下压段飞行,在终端高度 16.177km,速度 3500m/s,倾角 $-18°$ 和偏角 $180°$ 的指

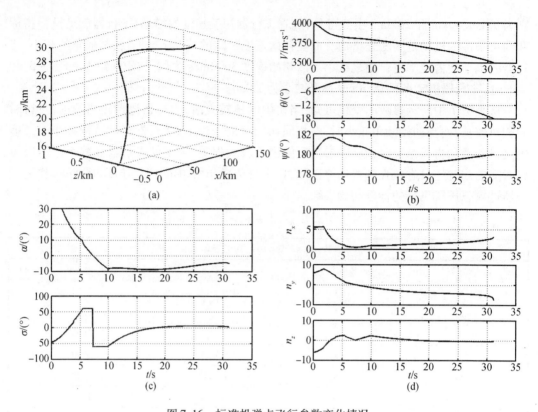

图 7.16 标准投弹点飞行参数变化情况

（a）飞行器空间飞行轨迹；（b）速度、倾角和偏角变化；（c）攻角和倾斜角变化；（d）各项过载变化。

标要求下，飞行器可在标准投弹点距离 115km 前后 25km 范围内机动，机动范围较大。但是在考虑高度偏差 ±1000m，侧向偏差 ±3000m 的情况下，计算发现飞行器只能在 115km 前后前后 12km 范围内机动。因此，本书将飞行器末端修正的标准距离设定为 115km，以该距离为中心，飞行器位置允许误差范围为纵向位置误差 ±12km，侧向位置误差 ±3000m，高度误差 ±1000m 的矩形窗口，窗口如图 7.17 所示。

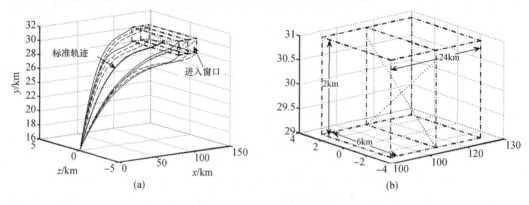

图 7.17 飞行器下压段进入窗口及窗口放大图

（a）标准弹道及进入窗口；（b）飞行器进入窗口放大图。

7.7 小 结

本章利用 Radau 伪谱法研究了飞行器作为直接攻击武器时的最优攻击弹道,并分析了命中速度最大和落地倾角最小情况下的攻击弹道特性,发现飞行器由于负攻角和倾斜角的限制,较难实现高速大倾角命中目标,而在 2000m/s,倾角 < -85° 动能打击的指标要求下,对倾斜角限制对飞行器弹道特性影响进行了分析,发现飞行器要实现上述目标,需要通过升力面的翻转,利用大升力面的反向作用下压飞行器倾角,但是整个过程中,飞行器攻角和倾斜角频繁的大幅度转换,在高速飞行条件下难以控制。并在倾斜角放开的情况下,研究了不同初始倾角对应的最小初始速度,初始角度越大,初始速度越小,但是过大的初始角度会造成非参数的抖动,加大控制难度。

随后针对飞行器投放动能弹时对倾角、航向和速度的约束要求,创新性地设计了一种满足终端倾角、航向和速度三重约束的末导引律,并通过验证说明该导引律对上述三项指标都具有较强的约束能力。分析了初始倾角、初始速度和投弹点距离对飞行器下压段飞行的影响,与动能弹末端弹道特性一样,受到上述三种参数的相互制约,进而采用多学科优化平台对几种典型倾角下的飞行器不出现满过载、满攻角飞行时的最小初始速度以及对应的投弹点距离开展研究。分析了典型初始速度和倾角组合下,满足终端条件的飞行器有效机动距离,并选择了一组典型参数作为飞行器的标准指标参数,以该指标参数为中心,研究了飞行器有效进入窗口。

第8章 飞行器滑翔段技术方案及指标

8.1 引 言

再入滑翔阶段是飞行器飞行时间最长、经历环境最为恶劣的阶段,飞行器滑翔轨迹受到热环境、动压和过载等多种因素的制约,为了达到理想的终端状态,再入参数的选择就显得尤为重要。而且在实际作战中,飞行器再入时需要避开一些敏感区域,如地面拦截火力有效作用范围。因此,在指标要求下,分析飞行器再入绕飞突防能力和特点,有助于了解飞行器的机动飞行性能,为再入轨迹的规划提供参考。在飞行器再入滑翔制导方面,传统的 RLV 采用小横程假设,根据航程要求和状态约束,在线生成飞行器阻力 – 速度剖面,但该制导方案是以牺牲飞行器部分横向机动能力为代价得到的。而在拟平衡滑翔条件的假设下,将路径约束转换为控制量约束,进而将轨迹规划转化为对两个参数的搜索问题,实现了三自由度轨迹在线生成。但对于高超声速远程飞行器,哥氏加速度影响增大,拟平衡滑翔假设的精度降低。飞行器再入滑翔阶段,外界的不确定因素、干扰和控制误差对再入滑翔轨迹的影响较大,需要一种具有较强适应能力的再制导方案以保证飞行器达到理想的终端状态。

本章以某型高升阻比升力体飞行器为研究对象,在热流密度、动压和过载约束条件下,根据第 4 章得到的飞行器下压段"进入点"指标要求,寻找满足条件的再入点指标参数,并针对不同防御区域位置和半径分析飞行器绕飞突防能力。设计一种在线非线性反馈制导方案,研究分析该制导方案对主要干扰因素和误差的适应能力。最后根据近似椭圆假设提出一种计算飞行器滑翔再入后可达区域边界曲线的快速解析算法,并研究分析飞行器再入滑翔机动覆盖能力及其主要影响,为后续飞行器运行轨道和组网设计研究提供依据。

8.2 多约束条件下最优滑翔轨迹指标参数

8.2.1 飞行器再入滑翔段动力学模型

本书在采用最优化方法研究飞行器滑翔再入指标参数时,将地球视为旋转的圆球,进而建立飞行器三自由度再入运动模型,并假设飞行器为零侧滑状态。

考虑到飞行器控制变量变化幅度的限制,本书引入了攻角变化率 α' 和倾斜角变化率 σ',并将上述两个变化率当作优化过程中的控制量,而将原来的控制变量 α 和 σ 作为优化过程中的状态量求解。因此,加入控制角变化率后,飞行器的三自由度运动方程组可由 8 个状态量和两个新的控制量 α' 和 σ' 表示为如下形式:

$$\begin{cases}
\dfrac{\mathrm{d}R}{\mathrm{d}t} = V \cdot \sin\gamma \\[2mm]
\dfrac{\mathrm{d}\theta}{\mathrm{d}t} = \dfrac{V \cdot \cos\gamma \cdot \sin\psi}{R \cdot \cos\varphi} \\[2mm]
\dfrac{\mathrm{d}\varphi}{\mathrm{d}t} = \dfrac{V \cdot \cos\gamma \cdot \cos\psi}{R} \\[2mm]
\dfrac{\mathrm{d}\alpha}{\mathrm{d}t} = \alpha' \\[2mm]
\dfrac{\mathrm{d}\sigma}{\mathrm{d}t} = \sigma' \\[2mm]
\dfrac{\mathrm{d}V}{\mathrm{d}t} = -D - g \cdot \sin\gamma + \omega^2 \cdot R \cdot \cos\varphi \cdot (\sin\gamma \cdot \cos\varphi - \cos\gamma \cdot \sin\varphi \cdot \cos\psi) \\[2mm]
\dfrac{\mathrm{d}\gamma}{\mathrm{d}t} = \dfrac{1}{V}\left[\begin{array}{l} L \cdot \cos\sigma + \left(\dfrac{V^2}{R} - g\right) \cdot \cos\gamma + 2\omega \cdot V \cdot \cos\varphi \cdot \sin\psi \\[2mm] + \omega^2 \cdot R \cdot \cos\varphi \cdot (\cos\gamma \cdot \cos\varphi + \sin\gamma \cdot \sin\varphi \cdot \cos\psi) \end{array}\right] \\[4mm]
\dfrac{\mathrm{d}\psi}{\mathrm{d}t} = \dfrac{1}{V}\left[\begin{array}{l} \dfrac{L \cdot \sin\sigma}{\cos\gamma} + \dfrac{V^2}{R} \cdot \cos\gamma\sin\psi \cdot \tan\varphi - 2\omega \cdot V \cdot (\cos\varphi \cdot \tan\gamma \cdot \cos\psi - \sin\varphi) \\[2mm] + \dfrac{\omega^2 \cdot R}{\cos\gamma} \cdot \sin\varphi \cdot \cos\varphi \cdot \sin\psi \end{array}\right]
\end{cases}$$

$$(8.1)$$

上式中 ω 为地球自转角速度,密度 ρ、重力加速度 g、飞行器阻力与飞行器质量之比 D、升力与质量之比 L 可由下式计算得出:

$$
\begin{aligned}
\rho &= \rho_0 \mathrm{e}^{((R_e - R)/H)} \\
g &= \mu / R^2 \\
D &= \frac{1}{2}\frac{\rho V^2 \cdot C_D \cdot S}{m} \\
L &= \frac{1}{2}\frac{\rho V^2 \cdot C_L \cdot S}{m}
\end{aligned}
\qquad (8.2)
$$

其中,地球平均半径 $R_e = 6371.200\text{km}$,阻力系数 C_D 和升力系数 C_L 可由式(8.2)计算得出。

采用 Radau 伪谱法开展再入飞行器再入滑翔轨迹优化时,需要考虑三大基本约束条件,包括动压约束、热流密度约束以及过载约束,具体计算形式如下:

动压约束: $$q = \frac{1}{2}\rho V^2 \leqslant q_{\max} \qquad (8.3)$$

热流密度约束: $$\dot{Q} = \frac{C}{\sqrt{R_d}}\rho^{0.5} V^{3.08} \leqslant \dot{Q}_{\max} \qquad (8.4)$$

过载约束: $$n = q \cdot \sqrt{C_D^2 + C_L^2} \cdot S/(m \cdot g) \leqslant n_{\max} \qquad (8.5)$$

8.2.2 算例验证

为了计算方法的可行性,本小节以再入点(0°E,0°N)为例,分别计算不同目标点的最短时间飞行轨迹,其中状态参数约束、路径约束以及控制量约束如以下各式所示。

状态参数约束:

$$
\begin{bmatrix} R_0 \\ \theta_0 \\ \varphi_0 \\ V_0 \\ \gamma_0 \\ \psi_0 \\ \alpha_0 \\ \sigma_0 \end{bmatrix} = \begin{bmatrix} 6471200\mathrm{km} \\ 0° \\ 0° \\ 7500\mathrm{m/s} \\ -2.8° \\ 90° \\ free \\ free \end{bmatrix}, \begin{bmatrix} R_f \\ \theta_f \\ \varphi_f \\ V_f \\ \gamma_f \\ \psi_f \\ \alpha_f \\ \sigma_f \end{bmatrix} = \begin{bmatrix} 6401200\mathrm{km} \\ 110°\ \text{和}\ 80° \\ 20° \\ 4000\mathrm{m/s} \\ -5° \\ free \\ free \\ free \end{bmatrix}, \begin{bmatrix} R_f \\ -180° \\ -90° \\ 0\mathrm{m/s} \\ -90° \\ -180° \\ 0° \\ -60° \end{bmatrix} < \begin{bmatrix} R \\ \theta \\ \varphi \\ V \\ \gamma \\ \psi \\ \alpha \\ \sigma \end{bmatrix} < \begin{bmatrix} R_0 \\ 180° \\ 90° \\ 7800\mathrm{m/s} \\ 90° \\ 180° \\ 30° \\ 60° \end{bmatrix} \tag{8.6}
$$

路径约束:

$$
\begin{bmatrix} q \\ \dot{Q} \\ n \end{bmatrix} < \begin{bmatrix} 250\mathrm{kPa} \\ 1200\mathrm{kW/m^2} \\ 5g \end{bmatrix} \tag{8.7}
$$

控制量约束:

$$
\begin{bmatrix} -10° \\ -10° \end{bmatrix} \leqslant \begin{bmatrix} \alpha' \\ \sigma' \end{bmatrix} \leqslant \begin{bmatrix} 10° \\ 10° \end{bmatrix} \tag{8.8}
$$

根据上述约束条件计算得到飞行器再入滑翔轨迹、控制参数、路径约束以及控制量的变化情况如图8.1所示。

从图8.1(a)所示飞行器再入滑翔轨迹可以看出,在上述约束条件下计算得到的再入轨迹存在明显的波浪式跳跃,且跳跃幅度逐渐减小,而在飞行弹道末端,飞行器均出现了拉起-下压的飞行方式,以达到期望的终端航迹角。图8.1(b)所示为飞行器速度变化情况,飞行器速度从初始的7500m/s逐渐减小到指定的4000m/s,初始速度和终端速度均满足约束条件。飞行器航迹角变化如图8.1(c)所示,从中可以看出,航迹角波动幅度逐渐减小,但是到飞行末端时航迹角突然增大后迅速减小,这与其跳跃式轨迹变化规律基本一致,而且其初始和终端航迹角均满足约束条件。

从图8.1(d)和图8.1(e)所示飞行器攻角、倾斜角及其变化率情况不难看出,控制角在飞行器整个飞行过程中均在约束范围内变化,而且控制角的变化率也满足-10°~10°的限制。从攻角的变化可以发现,飞行器采用大攻角再入后,长时间保持在一个较为稳定的攻角范围内飞行。飞行器再入过程中热流密度、动压和过载变化如图8.1(f)所示,根据图中显示的参数变化情况可以看出,最大热流密度出现在飞行器再入初期,从时间上判断大概出现在飞行器大攻角减速阶段,随后热流密度逐渐减小,而动压和过载的最大值则出现在飞行末期,但均在约束范围内。

由此可见,本书采用的优化方法能够用于多约束条件下飞行器再入滑翔轨迹优化研究,而且通过对上述飞行器运动轨迹和相关参数变化情况的分析,有助于开展后续飞行器再入指标参数的研究。

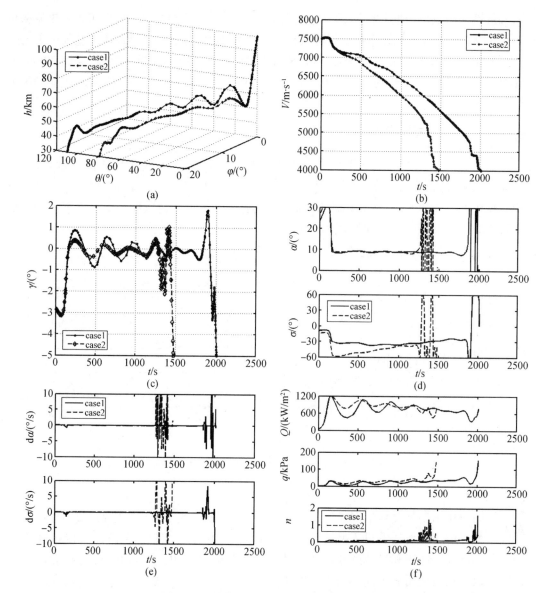

图 8.1 不同情况下飞行器主要参数的变化

（a）再入滑翔轨迹；（b）速度变化；（c）倾角变化；
（d）攻角和倾斜角变化；（e）攻角和倾斜角变化率；（f）路径约束变化。

8.3 再入滑翔段性能指标

飞行器再入滑翔阶段是整个再入对地打击过程中飞行时间最长、经历环境最为恶劣的阶段，受到诸多因素的制约，而且飞行器再入点状态参数不仅影响飞行器滑翔再入阶段的飞行品质，还影响着飞行器离轨制动方案的设定。因此，有必要对飞行器再入点状态参数的可行范围开展研究，确定其再入指标窗口，为下一步研究飞行器离轨制动提供理论依据。本书考虑到该飞行器具备远程打击能力，最远飞行距离应该在 10000km 以上，同时从飞行器作战响应时间和热防护等方面考虑要求,再入滑翔时间应小于3000s,热流密度小于1200kW/m²,并根据飞行器操纵性能,要求滑翔阶段动压小于200kPa,过载小于5g。

根据上述限制条件,本书将第4章得到的飞行器下压段标准进入参数,高度30km,速度4000m/s,倾角−5°作为飞行器再入滑翔阶段的终端指标,研究飞行器再入速度和再入倾角的可行范围。

8.3.1 再入角可行范围

多年的研究发现,飞行器再入航迹角是影响飞行器再入滑翔弹道特性的重要因素。因此,本小节假设飞行器在赤道平面内再入,针对驻点曲率半径0.12m的再入飞行器,以相对较小的再入速度7200m/s,航向角90°为例研究分析不同再入航迹角对飞行器最远滑翔轨迹的影响。飞行器纵向轨迹和路径约束如图8.2所示。

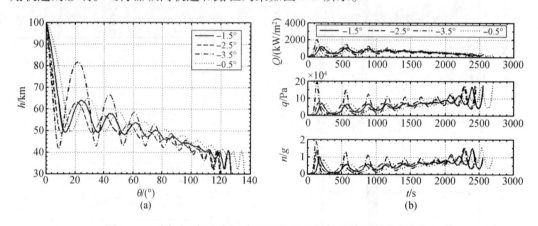

图8.2 不同再入航迹角对应的飞行器纵向轨迹和路径约束变化
(a)飞行器纵向轨迹;(b)路径约束参数变化情况。

从图中所示参数变化情况可知,当飞行器再入航迹角从−0.5°变化到−2.5°时,飞行器纵向最远滑翔距离随着再入航迹角的减小而减小,并且滑翔轨迹的跳跃幅度也随之减小,而热流密度、动压和过载的变化情况基本一致。但是当再入航迹角继续减小时,飞行器的参数变化出现明显不同。当再入航迹角为−3.5°时,飞行器所能达到的最远距离与再入航迹角为−2.5°时所能达到的最远距离基本相同,但飞行器滑翔再入阶段的跳跃幅度较大,最大一次跳跃幅度接近40km。从飞行器热流密度、动压和过载变化情况还可以发现,当再入航迹角达到−3.5°时,热流密度峰值达到2000kW/m²,并存在多次热流密度大于1200kW/m²的情况,而且其动压峰值在飞行器再入初期就已经达到限制的200kPa。

从上面的分析可以发现,飞行器热流密度和动压的限制对飞行器再入航迹角的影响较大,本书根据标准路径约束条件,计算得到7200m/s再入速度下的最小再入航迹角为−3.2°。同时为了防止飞行器再入时由于误差等因素造成飞行器"弹出"大气层,飞行器再入航迹角应选择在−1.0°～−3.2°之间。虽然本小节仅以7200m/s的再入速度为例,分析了再入航迹角对再入滑翔轨迹的影响,初步确定了再入倾角的范围,但实际情况下的再入速度远高于此,因此有必要在这一角度范围内继续分析再入速度对滑翔轨迹的影响,在研究再入速度可行范围的同时,进一步确定飞行器可行再入航迹角范围。

8.3.2　再入速度可行范围

假设飞行器在赤道平面内按照航向角 90°再入,以再入航迹角 −1°和 −3.2°两种边界条件为例,计算得到再入速度分别为 7200m/s、7400m/s 和 7600m/s 时飞行器再入滑翔阶段的状态参数变化情况如图 8.3 所示。

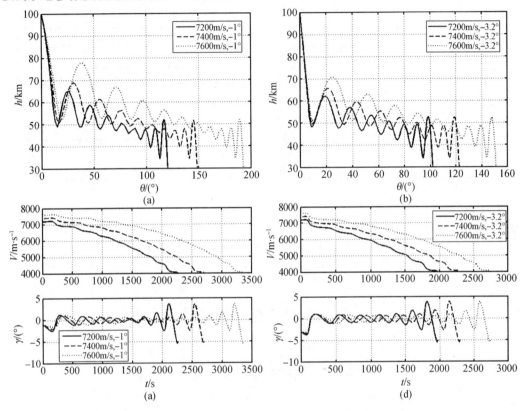

图 8.3　不同再入速度和再入航迹角对应的参数变化情况

（a）再入航迹角 −1°时飞行器纵向轨迹;（b）再入航迹角 −3.2°时飞行器纵向轨迹;
（c）再入航迹角 −1°时速度和航迹角变化;（d）再入航迹角 −3.2°时速度和航迹角变化。

从图 8.3(a)和图 8.3(b)所示飞行器纵向飞行轨迹以及图 8.3(c)和图 8.3 (d)所示速度、航迹角变化情况可知,虽然飞行器终端高度、速度和航迹角均满足预先设定的指标要求,但是飞行器纵向飞行距离和飞行时间还是存在较大差别。当再入航迹角为 −1°时,7200m/s 的再入速度已经能保证飞行器最大滑翔距离超过 10000km,但是当再入速度达到 7600m/s 时,飞行器最远飞行距离对应的飞行时间已经大大超过 3000s,不满足飞行器热防护的要求。而当再入航迹角为 −3.2°时,飞行器以 7200m/s 的速度再入后,最远飞行距离基本达到 10000km 以上的要求,并且在该再入航迹角情况下,再入速度 7600m/s 时飞行器最远飞行距离对应的飞行时间小于 3000s。

通过对上述参数的分析可知,在满足射程大于 10000km,再入滑向飞行时间小于 3000s 的要求下,飞行器再入航迹角和速度范围基本确定。再入航迹角应该在 −1°～ −3.2°之间,再入速度在 7200～7600m/s 之间。

8.3.3 最小终端倾角

假设飞行器在赤道平面内再入,并以再入速度7500m/s,再入航迹角-2.8°,航向角90°为例,在终端高度30km,速度4000m/s的指标要求下,计算得到终端航迹角为-0.5°、-5°和-10°三种情况时的最大滑翔距离及飞行器主要参数的变化情况如图8.4所示。

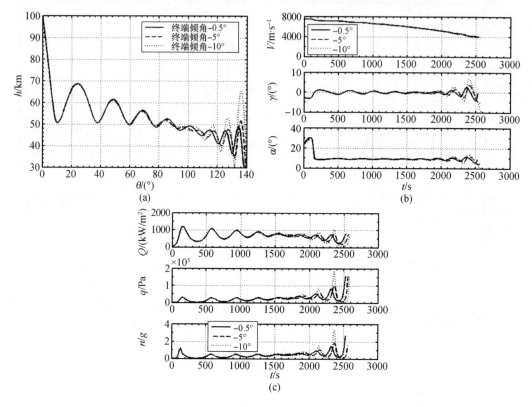

图8.4 不同终端航迹角下飞行器主要参数变化情况
(a)飞行器纵向飞行轨迹;(b)速度、航迹角和攻角变化情况;(c)路径约束情况。

从图中所示不同终端航迹角指标要求下飞行器滑翔轨迹及各项参数的变化不难发现,当终端航迹角要求为-0.5°和-5°时,各飞行状态参数的差别并不大,但是当终端航迹角达到-10°时,飞行器滑翔轨迹和主要参数便出现了明显的差异。当终端航迹角要求为-10°时,飞行器终端飞行跳跃幅度较大,而且进入到30km低空后再次大幅实施拉起-下压机动以获得期望的终端航迹角,这一机动过程造成飞行器末端再次出现高热流密度、高动压、高过载飞行状态,最大热流密度达到$1000kW/m^2$,动压峰值接近200kPa,过载峰值超过$3g$。由此可见,终端航迹角要求过小并不利于飞行器再入滑翔末端的稳定飞行。本书通过计算得到飞行器在上述指标要求下所能达到的最小航迹角为-10.5°。

通过上面的分析可知,综合考虑飞行器远程打击的作战用途、作战响应时间和热防护需要,驻点曲率半径0.12m的再入滑翔飞行器,再入指标、终端指标以及路径约束可按表8.1所示选取。本书所得结果与陈洪波得到的再入窗口基本一致。

表 8.1 再入飞行器滑翔阶段指标参数

H_0/km	V_0/m·s^{-1}	γ_0/(°)	H_f/km	V_f/m·s^{-1}	γ_f/(°)	Q_{max}/kW·m^{-2}	q_{max}/kPa	n_{max}/g
100	7200~7600	-1.0~-3.2	30	4000	-10.5~-0.5	1200	200	5

8.3.4 飞行器绕飞规避能力

再入滑翔飞行器作为一种远程打击武器,在执行作战任务期间,存在一定的禁飞区域,例如避开地面防空火力的作用范围,飞行器绕飞突防后是否还能完成既定的作战任务就显得尤为重要。因此在计算飞行器最优再入滑翔轨迹时,除了需要考虑动压、热流密度以及过载三大基本约束条件外,还需要考虑地面防御区域的约束。计算最优滑翔轨迹时,假设地面防御区域为半球形,且目标点不在防御区域内部,则地面防御区域约束可用下式表示。

防御区域约束:

$$|r_{\text{vehicle}} - r_{\text{Base}}| \geqslant r_{\text{restricted}} \tag{8.9}$$

式中,r_{vehicle} 表示飞行器的地心距,r_{Base} 表示防御阵地的地心距,$r_{\text{restricted}}$ 表示防御区域半径。

假设飞行器在赤道平面内以速度 7500m/s,再入航迹角 -2.8°,航向角 90°再入,按照终端速度 4000m/s,终端航迹角 -5°的要求,针对不同防御阵地位置以及防御半径,计算再入飞行器绕过地面防御区域后,所能达到防御区域后方的最大最小距离,并根据计算结果分析防御阵地位置以及防御半径对再入滑翔轨迹的影响。

当防御阵地靠近再入点时,不同防御半径下飞行器的绕飞地面轨迹和控制角变化情况如图 8.5 所示。图 8.5(a)中虚线表示不同半径防御区域的地面投影,点划线表示飞行器绕飞后最小可达距离对应的地面轨迹,实线则表示飞行器绕飞后最大可达距离对应的地面轨迹。从中不难看出,在要求飞行器绕飞后飞行距离最小的情况下,地面轨迹的终点几乎都紧贴防御区域的正后方。随着防御半径的增加,绕飞后飞行器可达的最小距离逐渐增加,而绕飞后可达的最大距离逐渐缩短,导致飞行器绕飞后的可机动范围随防御半径的增加而逐渐缩小[169]。

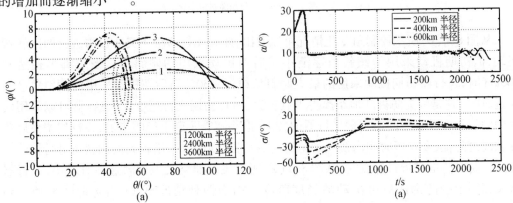

图 8.5 防御阵地靠近再入点时飞行器绕飞情况

(a) 绕飞地面轨迹;(b) 攻角和倾斜角变化情况。

从图 8.5(b)所示攻角和倾斜角变化情况不难发现,防御阵地靠近再入点时,飞行器绕飞突防需进行两次转弯机动,但初期机动采用的倾斜角大于后期机动采用的倾斜角。当防御半径达到 600km 时,飞行器初期机动采用的最大倾斜角已经接近限制值 -60°,而后期机动采用的倾斜角最大不到 30°。这是因为飞行器初始再入阶段虽然速度较大,但由于高空大气稀薄,必须采用较大的倾斜角在短时间内改变航向,以避开地面防御区域,绕飞后飞行器高度逐渐降低,大气密度增加,而且有较长的时间进行航向修正,可采用较小的倾斜角,进而保证飞行器飞行更远的距离。

当防御阵地位于飞行器最大侧向机动能力对应的经度位置时,从图 8.6(a)所示飞行器绕飞地面轨迹不难看出,与防御阵地靠近再入点时相比,飞行器绕飞突防后的可机动范围有所减小。以防御半径 200km 为例,当防御阵地靠近再入点时,飞行器绕飞后的最小可达经度约为 50°,最大可达经度接近 120°,可机动的经度跨度在 70° 左右,而当防御阵地位于飞行器最大侧向机动能力对应的经度位置时,绕过相同半径防御区域后的最小可达经度约为 80°,可机动的经度跨度只有 40° 左右。与此同时,随着防御区域半径的增加,飞行器最大转弯半径所在位置逐渐靠近防御区域边缘,当区域半径达到 900km 时,飞行器最大转弯半径所在位置几乎与该防御区域边缘重合。

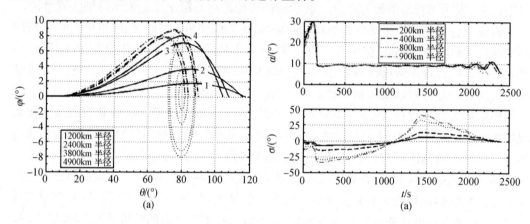

图 8.6　防御阵地位于飞行器最大侧向机动能力所在经度位置时的绕飞情况
(a) 绕飞地面轨迹;(b) 攻角和倾斜角变化情况。

从图 8.6(b)所示控制角变化情况可以看出,此时飞行器绕飞突防也需进行两次转弯机动,但初期机动采用的倾斜角逐渐小于后期机动采用的倾斜角。当防御半径达到 900km 时,飞行器初期机动采用的最大倾斜角约为 -30°,而后期机动采用的倾斜角已经接近 50°。这是因为防御阵地距离再入点较远,而且初期飞行速度大,飞行器可以采用较小的倾斜角在较长时间内实现飞行器的转向,但是随着防御半径的增加,飞行器绕飞后速度和高度降低,要在短时间内绕飞到防御区域后方,则需要采用较大的倾斜角进行转向。

当防御阵地靠近目标点时,从图 8.7(a)所示飞行器绕飞地面轨迹不难看出,飞行器绕飞相同半径防御区后可机动的经度跨度较前面两种情况更小,当防御区半径达到 600km 时,飞行器绕飞后最小可达经度和最大可达经度几乎重合。而从图 8.7(b)所示控制角变化情况可知,飞行器依然进行了两次转弯机动,并且初期机动采用的倾斜角也比后期机动采用的倾斜角小。当半径为 600km 时,初期最大倾斜角小于 20°,而后期最大倾斜角接近极限值60°。

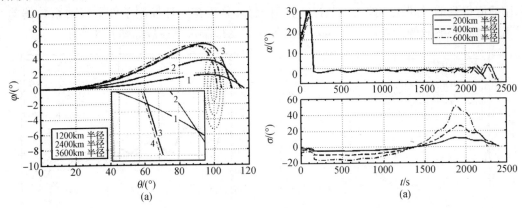

图 8.7　防御阵地靠近目标点时飞行器绕飞情况
(a) 绕飞地面轨迹；(b) 攻角和倾斜角变化情况。

通过上述分析可知，随着防御阵地向远离再入点的方向移动，飞行器再入初期采用的最大倾斜角逐渐减小，而后期采用的最大倾斜角逐渐增加。这是因为当防御阵地靠近再入点位置时，由于再入初期飞行器处于高空稀薄大气环境，需要利用较大的倾斜角进行转向机动，进而在防御半径相对较小的情况下，飞行器倾斜角就已经接近允许的最大值。而当防御阵地远离再入点时，飞行器再入初期可采用相对较小倾斜角转向到防御区边缘，但末端转向较为困难，虽然飞行器所处环境大气密度相对较高，但速度已经降低，进行大半径转向机动必须采用较大的倾斜角，而防御区半径的小幅增加将导致倾斜角的大幅增加，致使面对较小防御半径时飞行器转向所需的倾斜角就已接近极限值。

从飞行器绕飞突防能力来看，当防御阵地靠近再入点时，飞行器绕飞突防半径相对较小，但绕飞后的可机动范围较广；当防御阵地靠近目标点时，飞行器绕飞突防半径较小，且绕飞后的可机动范围也较小；而当防御阵地位于飞行器最大侧向机动能力对应的经度位置时，飞行器绕飞突防半径较大，绕飞后还具备一定的机动覆盖能力。通过上述对飞行器绕飞突防特点的分析，有助于根据实际需要开展飞行器任务规划和再入点的选择。

8.4　再入滑翔段最优非线性反馈制导方案

8.4.1　气动系数偏差对开环控制轨迹的影响

利用 Radau 伪谱法能够计算得到满足多种约束条件时飞行器离散的最优状态参数和控制参数，采用线性插值进而可以得到时间连续的控制量。利用插值得到的时间连续控制量，在没有误差和干扰的情况下，积分弹道方程得到的飞行轨迹与最优轨迹非常吻合，但是当存在误差和干扰时，采用这样的开环控制就很难达到最终所需要的飞行状态。为了说明开环控制的不足，本小节将以气动系数偏差对开环控制下飞行器滑翔轨迹的影响为例进行分析。

假设飞行器再入点位于(0°E，0°N)，再入点高度100km，速度7500m/s，航迹角－2.8°，航向角90°，要求终端位置位于(110°E，20°N)，高度30km，速度4000m/s，航迹角

$-5°$，航向角 $90°$。采用 Radau 伪谱法计算最优控制参数，并对控制参数进行线性插值，利用插值得到的时间连续控制参数进行弹道积分，分析在开环控制条件下气动系数偏差对飞行器状态参数的影响。不同误差干扰条件下飞行器状态参数如图 8.8 所示。

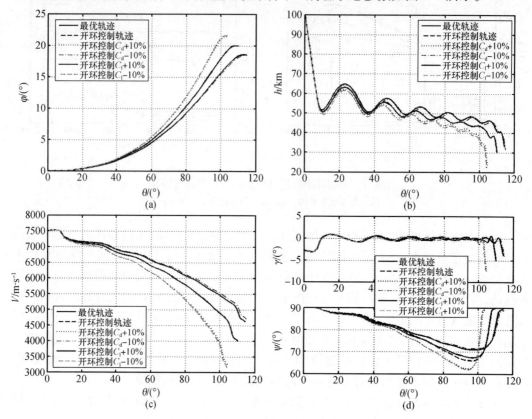

图 8.8　气动系数误差对开环控制下状态参数的影响
(a) 飞行器地面轨迹；(b) 飞行器纵向轨迹；
(c) 速度变化情况；(d) 航迹角和航向角变化情况。

从图 8.8 所示状态参数的变化情况可知，在不存在气动系数偏差的情况下，采用插值得到的控制变量积分得到的主要运动参数与采用优化方法直接得到的状态参数基本重合，这充分说明，在没有误差干扰的情况下，采用插值最优控制变量的开环弹道控制方法是可行的。但是，当考虑飞行器气动系数偏差时，如果仍采用插值得到的控制量进行控制，仅仅 10% 的气动系数误差都将导致飞行器状态参数出现明显的偏差。

8.4.2　最优非线性反馈制导方案

1. 运动方程无量纲化处理

在采用开环控制的条件下，仅 10% 的气动误差都将导致飞行器状态参数出现明显偏差，而飞行器实际飞行中或多或少会存在各种误差和干扰，采用开环控制势必不能满足再入飞行器飞行状态的准确控制。因此，本书利用伪谱法的高效优化能力制订了飞行器再入滑翔最优非线性反馈制导方案。为了提高优化计算效率，本小节将式（8.1）所示的无动力飞行器滑翔再入运动方程进行归一化处理。定义无量纲地心距 R'、速度 V'、时间 τ

和地球自转角速度 Ω 为

$$R' = R/R_e \tag{8.10}$$

$$V' = \frac{V}{\sqrt{g_0 R_e}} \tag{8.11}$$

$$\tau = \frac{t}{\sqrt{R_e/g_0}} \tag{8.12}$$

$$\Omega = \frac{\omega}{\sqrt{g_0/R_e}} \tag{8.13}$$

整理后可得飞行器无量纲三自由度滑翔再入运动学方程：

$$
\begin{cases}
\dfrac{\mathrm{d}R'}{\mathrm{d}\tau} = V'\sin\gamma \\[2mm]
\dfrac{\mathrm{d}\theta}{\mathrm{d}\tau} = \dfrac{V'\cos\gamma\sin\psi}{R'\cos\varphi} \\[2mm]
\dfrac{\mathrm{d}\varphi}{\mathrm{d}\tau} = \dfrac{V'\cos\gamma\cos\psi}{R'} \\[2mm]
\dfrac{\mathrm{d}V'}{\mathrm{d}\tau} = -\overline{D} - \dfrac{\sin\gamma}{R'^2} + \Omega^2 R'\cos\varphi(\sin\gamma\cos\varphi - \cos\gamma\sin\varphi\cos\psi) \\[2mm]
\dfrac{\mathrm{d}\gamma}{\mathrm{d}\tau} = \dfrac{1}{V'}\left[\begin{array}{l} \overline{L}\cos\sigma + \dfrac{\cos\gamma}{R'}\left(V'^2 - \dfrac{1}{R'}\right) \\[2mm] + 2\Omega V'\cos\varphi\sin\psi + \Omega^2 R'\cos\varphi(\cos\gamma\cos\varphi + \sin\gamma\cos\psi\sin\varphi) \end{array}\right] \\[2mm]
\dfrac{\mathrm{d}\psi}{\mathrm{d}\tau} = \dfrac{1}{V'}\left[\begin{array}{l} \dfrac{\overline{L}\sin\sigma}{\cos\gamma} + \dfrac{V'^2}{R'}\cos\gamma\sin\psi\tan\varphi \\[2mm] - 2\Omega V'(\tan\gamma\cos\varphi\cos\psi - \sin\varphi) + \dfrac{\Omega^2 R'}{\cos\gamma}\sin\varphi\cos\varphi\sin\psi \end{array}\right] \\[2mm]
\dfrac{\mathrm{d}\alpha}{\mathrm{d}t} = \alpha' \\[2mm]
\dfrac{\mathrm{d}\sigma}{\mathrm{d}t} = \sigma'
\end{cases}
\tag{8.14}
$$

其中 $\overline{L}, \overline{D}$ 分别为无量纲升力和阻力，可由下式计算得到：

$$\overline{L} = \frac{L}{g_0}, \overline{D} = \frac{D}{g_0} \tag{8.15}$$

2. 非线性反馈制导方案

根据 Radau 伪谱法高效准确的计算特点，可根据飞行器不同时刻的状态参数和优化指标要求重新在线规划轨迹，进而得到新的离散点状态参数、控制参数和时间节点。

优化指标：

$$\min J = |R'_f - R'^*|^2 + |\theta_f - \theta^*|^2 + |\varphi_f - \varphi^*|^2 + |V'_f - V'^*|^2 + |\gamma_f - \gamma^*|^2 + |\psi_f - \psi^*|^2 \tag{8.16}$$

145

式中,$\theta^*,\varphi^*,\gamma^*,\psi^*$分别表示既定的终端经度、纬度、航迹角和航向角,$R'^*,V'^*$分别为无量纲表示的既定终端地心距和速度。

状态参数: $\qquad\qquad X(k),k=(1,\cdots,N)$

控制参数: $\qquad\qquad U(k),k=(1,\cdots,N)$

时间节点: $\qquad\qquad t(k),k=(1,\cdots,N)$

由此可以得到离散节点之间的时间间隔:

$$\Delta\tau(j) = t(k+1) - t(k),j = (1,\cdots,N-1) \tag{8.17}$$

设最大时间间隔和最小时间间隔为

$$\Delta\tau_{max} = \max(\Delta\tau(j)) \tag{8.18}$$

$$\Delta\tau_{min} = \min(\Delta\tau(j)) \tag{8.19}$$

根据当前优化结果,在状态参数$X(1)$和相邻的下一个状态参数$X(2)$对应的控制变量$U(1)$和$U(2)$之间,采用线性插值求得时间连续的控制量$U^*(t)$,并且采用四阶龙格库塔法在时间$\Delta\tau_{min}$内进行弹道积分。积分后得到新的飞行器瞬时状态变量$X(t)$,将现有状态$X(t)$作为初始状态参数,并将前一次优化得到的最优参数作为初始猜测值,重新在线进行轨迹优化,按照此循环不断更新飞行轨迹,进而形成非线性反馈制导方案。当$\Delta\tau_{max}<1s$后,停止轨迹更新,按照插值控制量积分得到末端弹道,仿真计算流程如图8.9所示。

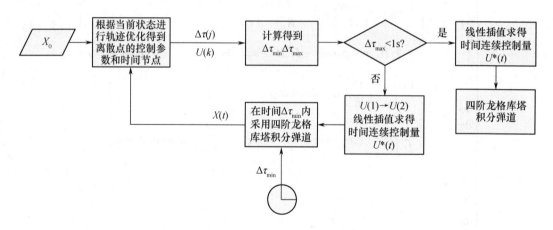

图8.9 非线性反馈制导方案计算流程

3. 制导方案验证

为了验证该方案的正确性,根据初始参数和终端要求,在不存在误差干扰的情况下,按照非线性反馈形成的闭环控制方案开展滑翔弹道仿真,并与开环控制计算得到的参数进行对比,结果如图8.10所示。

正如图8.10(a)所示,在不存在误差干扰的情况下,采用闭环控制计算得到的飞行器地面轨迹与开环控制时的地面轨迹存在一定差别,并且从图8.10(b)所示末端局部放大图中不难发现,采用开环控制时,飞行器所能达到的终端位置为(110.015°E,19.997°N),而采用闭环控制时,飞行器终端位置为(110.008°E,20.002°N),更接近终端位置(110°E,

20°N)的要求,有助于飞行器准确进入下压段飞行的初始窗口。

图8.10(c)~图8.10(f)所示为飞行器高度和速度变化情况。从中不难看出,在不考虑误差干扰的情况下,开环控制和闭环控制下飞行器高度和速度的整体变化趋势都基本一致,而采用闭环控制时得到的终端状态参数更接近要求的数值。以飞行器速度为例,采用开环控制时,飞行器终端高度为30.09km,而采用闭环控制时飞行器终端高度为29.99km,更接近要求的30km。并且从飞行器速度变化情况可知,开环控制下飞行器终端速度约为4001.5m/s,而闭环控制得到的终端速度为4000m/s。由此可见,在没有误差干扰的情况下,闭环控制得到的终端状态参数较开环控制时更为精确,更接近期望的终端飞行状态。

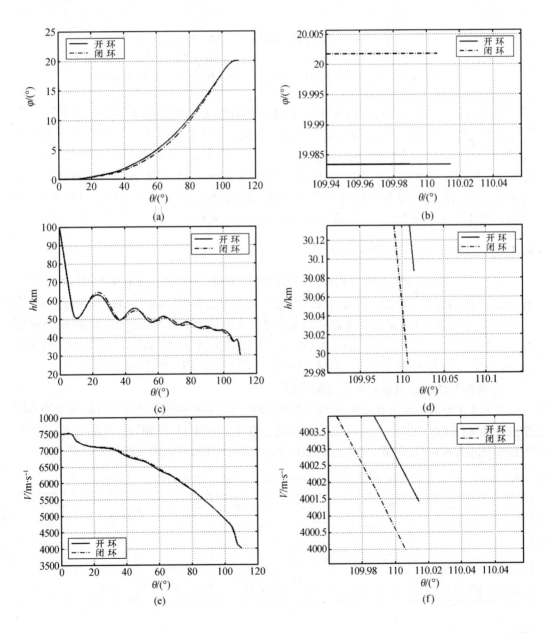

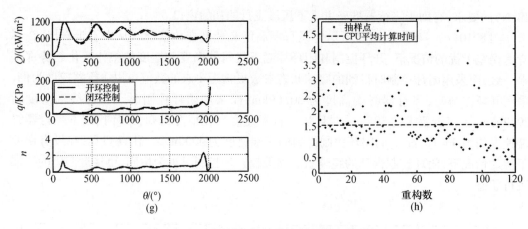

图 8.10　开环控制与闭环控制所得参数对比

（a）飞行器地面轨迹；（b）地面轨迹终端放大图；（c）飞行器纵向轨迹；（d）纵向轨迹终端放大图；
（e）飞行器速度变化；（f）终端速度放大图；g）路径约束对比；（h）轨迹重构计算时间。

从图 8.10（g）所示飞行器热流密度、动压和过载变化情况可知，在开环控制和闭环控制下，飞行器上述参数均满足限制条件。而且从图 8.10（h）所示飞行器轨迹更新时间不难发现，在采用 MATLAB 运行时，轨迹更新的最大时间小于 5s，轨迹更新平均运算时间为 1.563s。根据研究结果表明，如果将操作系统由 Windows/Server 换为 Linux，伪谱法的计算程序由 MATLAB 编译程序转为 C 程序，计算速度至少可以提高 100 倍。由此可见，该在线非线性反馈制导方案具有较强的应用前景和可实现性。

8.4.3　误差干扰下制导性能分析

由于飞行器再入前需要经过较长时间的过渡段飞行，离轨制动时出现不同程度的误差都会导致飞行器再入点状态参数出现偏差，而且再入环境和飞行器气动性能都存在一定的不确定性，这些偏差和不确定因素都会对飞行器再入滑翔阶段的飞行性能造成影响，有可能导致整个飞行任务失败。为了验证该反馈制导方案的正确性，本书以 8.4.1 节提供的初始和终端状态参数为例，研究分析该制导方案对不同误差和不确定因素的适应能力。

1. 考虑气动系数偏差时制导性能仿真

从 8.4.1 节的研究结果可知，采用开环控制时，气动系数偏差将导致飞行器完全偏离期望的终端飞行状态。因此，本小节首先以气动系数偏差为例分析反馈制导方案的适应能力。考虑气动系数偏差时，终端状态参数偏差如表 8.2 所示，飞行参数曲线如图 8.11 所示。

表 8.2　气动系数偏差对终端状态的影响

	$\Delta C_1, \Delta C_d$	$\lvert \Delta \theta_f \rvert /(°)$、$\lvert \Delta \varphi_f \rvert /(°)$	$\lvert \Delta H_f \rvert /km$	$\lvert \Delta V_f \rvert /m \cdot s^{-1}$	$\lvert \Delta \gamma_f \rvert /(°)$	$\lvert \Delta \psi_f \rvert /(°)$
case1	−10%,0%	0.06,0.006	0.02	21	0.3	0.2
case2	+10%,0%	0.035,0.02	0	4	0.1	0.3
case3	0%,−10%	0.02,0.005	0.02	18	0.3	0.1
case4	0%,+10%	0.02,0.011	0.02	26	0.25	0.15

从表 8.2 所示结果可知,采用非线性反馈制导后,在存在气动系数偏差的情况下,飞行器终端最大纵向位置偏差小于 7km,最大侧向位置偏差小于 3km,最大高度偏差小于 20m,最大速度偏差小于 30m/s,最大倾角偏差小于 0.3°,最大航向角偏差小于 0.3°。根据得到的飞行器下压段进入窗口可知,上述偏差满足飞行器下压段初始指标要求。

从图 8.11 中所示结果不难发现,采用非线性反馈制导控制后,即便是飞行器存在气动系数偏差的情况下,终端状态参数并没有出现大的偏差,而且在整个飞行过程中,控制角、热流密度、动压和过载均保持在限制范围以内。由此可见,该反馈制导方案能够在气动系数存在偏差的情况下实现飞行器滑翔再入段的准确控制,控制精度满足交接班要求。

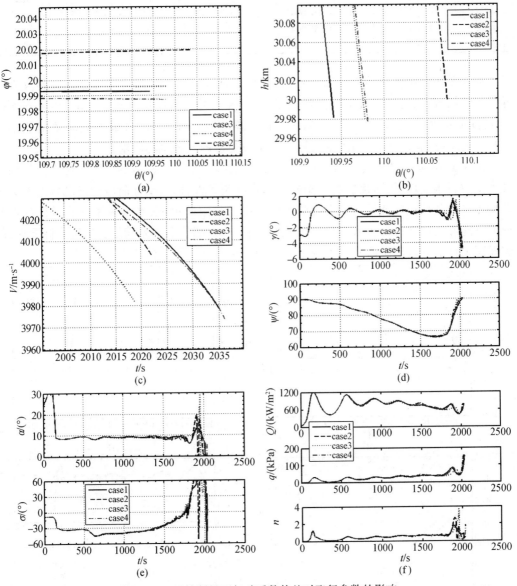

图 8.11 反馈制导下气动系数偏差对飞行参数的影响

(a) 终端经纬度偏差;(b) 终端高度偏差;(c) 终端速度偏差;
(d) 航迹角和航向角变化;(e) 攻角和倾斜角变化;(f) 路径约束变化。

2. 考虑再入点位置偏差时制导性能仿真

飞行器离轨制动阶段的误差必然造成再入点状态参数出现偏差,再入点位置偏差就是主要状态偏差之一。本小节以标准再入点位置为中心,研究分析经纬度偏差幅度为1°时飞行器的反馈制导性能。考虑飞行器再入点位置偏差后,飞行器终端状态参数偏差如表8.3所示,主要参数的变化曲线如图8.12所示。

表8.3　初始位置偏差对终端状态的影响

	$\Delta\theta_0/(°)$、$|\Delta\varphi_0|/(°)$	$|\Delta\theta_f|/(°)$、$|\Delta\varphi_f|/(°)$	$|\Delta H_f|/\text{km}$	$|\Delta V_f|/\text{m} \cdot \text{s}^{-1}$	$|\Delta\gamma_f|/(°)$	$|\Delta\psi_f|/(°)$
case1	+1,+1	0.04,0.005	0.028	20	0.1	0.2
case2	+1,−1	0.05,0.004	0.02	20	0.05	0.12
case3	−1,+1	0.05,0.004	0.02	20	0.2	0.1
case4	−1,−1	0.05,0.004	0.032	20	0.1	0.15

从表8.3所示仿真结果可知,当再入点位置偏差幅度为1°时,飞行器在实施反馈制导控制的情况下,终端最大纵向位置偏差小于6km,最大侧向偏差小于1km,最大高度偏差小于40m,最大速度偏差小于20m/s,最大倾角偏差小于0.2°,最大航向角偏差小于0.2°。上述终端状态偏差均满足飞行器下压段初始进入窗口的要求。

图8.12显示了飞行器主要状态参数的变化情况,从这些参数的整体变化规律和局部放大图中不难发现,飞行器的各项指标均满足限制条件,而且滑翔阶段的终端状态参数偏差均在飞行器下压段初始进入允许的窗口范围内。由此可见,本书采用的非线性反馈制导方案能够实现飞行器再入滑翔阶段的准确制导,终端状态偏差满足交接班指标要求,能够保证飞行器再入滑翔阶段和下压段的顺利交接。

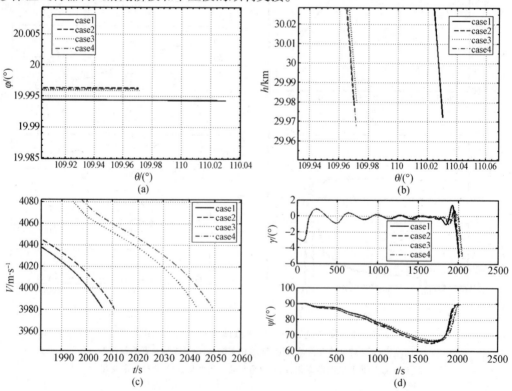

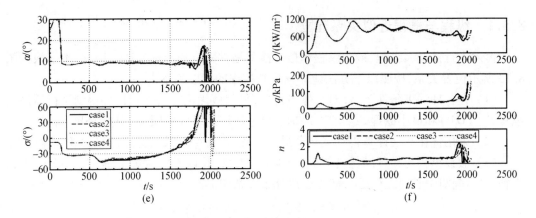

图 8.12　反馈制导下再入点位置偏差对飞行参数的影响

（a）终端经纬度偏差；（b）终端高度偏差；（c）终端速度偏差；
（d）航迹角和航向角变化；（e）攻角和倾斜角变化；（f）路径约束变化。

3. 考虑其他参数偏差时制导性能仿真

分别针对大气密度、初始速度、初始航迹角和初始航向角出现偏差的情况开展仿真计算，得到各种因素影响下飞行器终端状态参数偏差如表 8.4 所示。

从表 8.4 中所示终端参数偏差可知，飞行器终端最大纵向偏差小于 5km，最大侧向偏差小于 2km，最大高度偏差小于 40m，最大速度偏差小于 20m/s，最大倾角偏差小于 0.2°，最大航向角偏差小于 0.3°，上述各项偏差均在飞行器下压段交接班窗口内。由此可见，在表 8.1 所示大气密度及其他初始状态参数偏差范围内，本书采用的反馈制导方案能够满足飞行器控制精度要求，保证飞行器顺利完成交接班。

表 8.4　反馈制导下其他因素对终端状态的影响

	$\|\Delta\theta_f\|/(°)$、$\|\Delta\varphi_f\|/(°)$	$\|\Delta H_f\|/km$	$\|\Delta V_f\|/m\cdot s^{-1}$	$\|\Delta\gamma_f\|/(°)$	$\|\Delta\psi_f\|/(°)$
ρ +10%	0.012,0.016	0.03	1	0.05	0.2
ρ −10%	0.01,0.012	0.02	0.6	0.04	0.25
V_0 +50m/s	0.03,0.01	0.02	9.6	0.02	0.15
V_0 −50m/s	0.04,0.01	0.02	8.4	0.02	0.2
γ_0 +0.5°	0.03,0.001	0.01	15	0.03	0.06
γ_0 −0.5°	0.02,0.002	0.03	0.4	0.03	0.05
ψ_0 +0.5°	0.01,0.0004	0.02	2.7	0.2	0.15
ψ_0 −0.5°	0.002,0.003	0.03	3.2	0.01	0.05

8.5　再入飞行器地面可达范围解析算法及其影响因素

通过分析不同飞行器再入可达区域的特点，本小节提出一种关于飞行器纵程与横程近似符合椭圆分布的假设，建立了飞行器再入后可达区域边界的快速计算方法，并通过与 Radau 伪谱法计算结果的比较验证该方法的可行性。

8.5.1 纵程与横程近似关系建立

再入飞行器最大纵程、最小纵程和最大横程是一固定的指标参数。因此,本书根据图 8.13 所示位置关系,按照以下方法建立纵程与横程的对应关系[170]:

(1) 在各种约束条件下,针对具体飞行器,采用最优化方法分别计算得到飞行器最大纵程 $S_{max}(OM)$ 和最小纵程 $S_{min}(OB')$,确定可达区域的纵程范围,其中 O 是再入点;

(2) 采用优化算法计算得到飞行器最大横程 $C_{max}(AA')$ 及其对应的纵程 $S_{cross}(OA')$;

(3) 假设纵程与横程满足近似椭圆的分布关系,并以 C_{max} 为短半轴,$S_{max} - S_{cross}$ 为长半轴,A' 为椭圆中心建立纵程与横程近似分布关系如下:

$$\frac{(S - S_{cross})^2}{(S_{max} - S_{cross})^2} + \frac{C^2}{C_{max}^2} = 1 \tag{8.20}$$

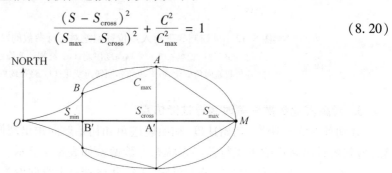

图 8.13 特征点位置分布情况

8.5.2 地球表面近似可达区域计算

通过前面计算所得纵程、横程分布关系,计算每一个纵程位置对应的最大横程点经纬度,进而得到纵程沿线范围内所有最大横程点的经纬度,并基本确定飞行器再入可达范围的边界线。纵程沿线任意点 M 及最大横程对应点 M' 和 M'' 在球面上的分布如图 8.14 所示。

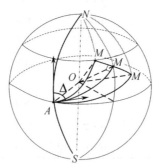

图 8.14 空间球面上纵程沿线任意点及其最大横程对应点位置关系

空间球面上最大横程点 M' 和 M'' 的经纬度可以按照以下方法计算得到:

(1) 在球面三角形 $\triangle \overset{\frown}{ANM}$ 中,利用球面三角形公式计算纵程沿线上任意一点 M 的经纬度,并根据式(8.21)求得地心角 $\angle AOM$:

$$\angle AOM = S_M / R_e \tag{8.21}$$

其中，R_e 为圆地球半径。

$$\angle \widehat{ANM} = \theta_M - \theta_A, \ \angle AON = \frac{\pi}{2} - \varphi_A, \ \angle \widehat{NAM} = \Delta \qquad (8.22)$$

$$\angle \widehat{ANM} = \arctan\left[\frac{\cos\left(\dfrac{\angle AOM - \angle AON}{2}\right)}{\cos\left(\dfrac{\angle AOM + \angle AON}{2}\right)} \cdot \cot\left(\frac{\Delta}{2}\right)\right]$$

$$+ \arctan\left[\frac{\sin\left(\dfrac{\angle AOM - \angle AON}{2}\right)}{\sin\left(\dfrac{\angle AOM + \angle AON}{2}\right)} \cdot \cot\left(\frac{\Delta}{2}\right)\right] \qquad (8.23)$$

由此可以计算得到 M 点的经度 $\theta_M = \angle \widehat{ANM} + \theta_A$：

$$\angle \widehat{NMA} = \arctan\left[\frac{\cos\left(\dfrac{\angle AOM - \angle AON}{2}\right)}{\cos\left(\dfrac{\angle AOM + \angle AON}{2}\right)} \cdot \cot\left(\frac{\Delta}{2}\right)\right]$$

$$- \arctan\left[\frac{\sin\left(\dfrac{\angle AOM - \angle AON}{2}\right)}{\sin\left(\dfrac{\angle AOM + \angle AON}{2}\right)} \cdot \cot\left(\frac{\Delta}{2}\right)\right] \qquad (8.24)$$

则地心角 $\angle NOM$ 可由下式求得：

$$\angle NOM = 2\arctan\left[\frac{\cos\left(\dfrac{\angle \widehat{ANM} + \angle \widehat{NMA}}{2}\right)}{\cos\left(\dfrac{\angle \widehat{ANM} - \angle \widehat{NMA}}{2}\right)} \tan\left(\frac{\angle AOM + \angle AON}{2}\right)\right] \qquad (8.25)$$

则可计算得到 M 点的纬度 $\varphi_M = \pi/2 - \angle NOM$。

（2）根据纵程沿线点 M 对应的最大横程 $\widehat{MM'}$ 和 $\widehat{MM''}$ 通过式（8.26）分别计算出地心角 $\angle M'OM$ 和 $\angle M''OM$：

$$\angle M'OM = \widehat{MM'}/R_e, \ \angle M''OM = \widehat{MM''}/R_e \qquad (8.26)$$

（3）分别在直角球面三角形 $\triangle \widehat{M'AM}$ 和 $\triangle \widehat{M''AM}$ 中计算球面角 $\angle \widehat{M'AM}$ 和 $\angle \widehat{M''AM}$，其中 $\angle \widehat{M'MA}$ 和 $\angle \widehat{M''MA}$ 均为直角：

$$\angle \widehat{M'AM} = \arctan\left(\frac{\tan(\angle M'OM)}{\sin(\angle AOM)}\right) \qquad (8.27)$$

$$\angle \widehat{M''AM} = \arctan\left(\frac{\tan(\angle M''OM)}{\sin(\angle AOM)}\right) \qquad (8.28)$$

并且可得：

$$\angle AOM' = \arccos\left[\cos(\angle M'OM)\cos(\angle AOM)\right] \qquad (8.29)$$

$$\angle AOM'' = \arccos\left[\cos(\angle M''OM)\cos(\angle AOM)\right] \qquad (8.30)$$

（4）根据再入初始航向角 Δ 及球面三角形公式，分别在球面三角形 $\Delta \widehat{ANM'}$ 和 $\Delta \widehat{ANM''}$ 中求解点 M' 和 M'' 的经纬度[171]。

在球面三角形 $\Delta \widehat{ANM'}$ 和 $\Delta \widehat{ANM''}$ 内，可得 $\angle \widehat{NAM'} = \Delta - \angle \widehat{M'AM}$ 和 $\angle \widehat{NAM''} = \Delta + \angle \widehat{M''AM}$；

$$\angle \widehat{ANM'} = \arctan\left[\frac{\cos\left(\dfrac{\angle AOM' - \angle AON}{2}\right)}{\cos\left(\dfrac{\angle AOM' + \angle AON}{2}\right)}\cot\left(\dfrac{\angle \widehat{NAM'}}{2}\right)\right]$$

$$+ \arctan\left[\frac{\sin\left(\dfrac{\angle AOM' - \angle AON}{2}\right)}{\sin\left(\dfrac{\angle AOM' + \angle AON}{2}\right)}\cot\left(\dfrac{\angle \widehat{NAM'}}{2}\right)\right] \quad (8.31)$$

则可求得 M' 的经度：$\theta_{M'} = \theta_A + \angle \widehat{ANM'}$

$$\angle \widehat{AM'N} = \arctan\left[\frac{\cos\left(\dfrac{\angle AOM' - \angle AON}{2}\right)}{\cos\left(\dfrac{\angle AOM' + \angle AON}{2}\right)}\cot\left(\dfrac{\angle \widehat{NAM'}}{2}\right)\right]$$

$$- \arctan\left[\frac{\sin\left(\dfrac{\angle AOM' - \angle AON}{2}\right)}{\sin\left(\dfrac{\angle AOM' + \angle AON}{2}\right)}\cot\left(\dfrac{\angle \widehat{NAM'}}{2}\right)\right] \quad (8.32)$$

$$\angle OM'N = 2\arctan\left[\frac{\cos\left(\dfrac{\angle \widehat{ANM'} + \angle \widehat{AM'N}}{2}\right)\tan\left(\dfrac{\angle AOM' + \angle AON}{2}\right)}{\cos\left(\dfrac{\angle \widehat{ANM'} - \angle \widehat{AM'N}}{2}\right)}\right] \quad (8.33)$$

则可得 M' 的纬度：$\varphi_{M'} = \dfrac{\pi}{2} - \angle OM'N$

同理可得

$$\angle \widehat{ANM''} = \arctan\left[\frac{\cos\left(\dfrac{\angle AOM'' - \angle AON}{2}\right)}{\cos\left(\dfrac{\angle AOM'' + \angle AON}{2}\right)}\cot\left(\dfrac{\angle \widehat{NAM''}}{2}\right)\right]$$

$$+ \arctan\left[\frac{\sin\left(\dfrac{\angle AOM'' - \angle AON}{2}\right)}{\sin\left(\dfrac{\angle AOM'' + \angle AON}{2}\right)}\cot\left(\dfrac{\angle \widehat{NAM''}}{2}\right)\right] \quad (8.34)$$

$$\angle \widehat{AM''N} = \arctan\left[\frac{\cos\left(\dfrac{\angle AOM'' - \angle AON}{2}\right)}{\cos\left(\dfrac{\angle AOM'' + \angle AON}{2}\right)}\cot\left(\dfrac{\angle \widehat{NAM''}}{2}\right)\right]$$

$$- \arctan\left[\frac{\sin\left(\dfrac{\angle AOM'' - \angle AON}{2}\right)}{\sin\left(\dfrac{\angle AOM'' + \angle AON}{2}\right)}\cot\left(\dfrac{\overset{\frown}{NAM''}}{2}\right)\right] \tag{8.35}$$

$$\angle OM''N = 2\arctan\left[\frac{\cos\left(\dfrac{\angle\overset{\frown}{ANM''} + \angle\overset{\frown}{AM''N}}{2}\right)\tan\left(\dfrac{\angle AOM'' + \angle AON}{2}\right)}{\cos\left(\dfrac{\angle\overset{\frown}{ANM''} - \angle\overset{\frown}{AM''N}}{2}\right)}\right] \tag{8.36}$$

则 M'' 的经纬度分别为:$\theta_{M''} = \theta_A + \angle\overset{\frown}{ANM''}$,$\varphi_{M''} = \pi/2 - \angle OM''N$,由此便可得到不同纵程、横程对应下的地理分布,进而得到飞行器的地面可达区域。

8.5.3　解析算法验证

为了验证近似解析算法的可行性,与文献采用最优化方法得到的 $X - 33$ 再入地面可达区域相比较可以发现(如图 8.15 所示),采用本书近似算法计算得到的地面可达区域与最优化算法得到的区域基本一致。由此可见,采用本书的近似椭圆方法只需要根据三个典型特征参数就能快速地找到飞行器再入后的可达区域,与目前大多数采用动力学方程和最优化算法逐点计算相比,效率更高,在总体分析和紧急条件下的着陆场选择、轨道设计时更具有应用价值。

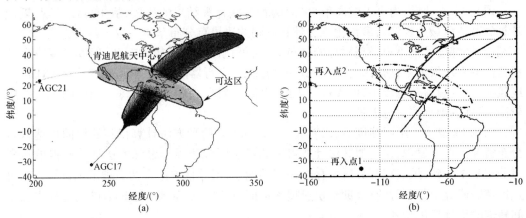

图 8.15　本书计算结果与文献地面可达区域对比

(a)文献计算结果;(b)本书近似计算结果。

为了说明不同情况下计算方法的适应性,本书将对 Radau 伪谱法计算所得最优解与本书近似方法计算所得结果进行比较。假设再入点位置为($0°E$,$0°N$),分别针对再入航向角 $90°$ 和 $45°$ 两种情况(具体指标参数如表 8.6 所示),计算飞行器再入后地面可达区域。

表 8.5　飞行参数及性能指标

H_0/km	V_0/m·s^{-1}	γ_0/(°)	ψ_0/(°)	H_f/km	V_f/m·s^{-1}	γ_f/(°)	S_{max}/km	S_{min}/km	C_{max}/km
100	7231	−1.5	90、45	30	2000	−5	15222	3333	4660
注:H、V、γ、ψ 分别表示海拔高度、速度、速度倾角和航向角									

飞行器最优地面轨迹及近似算法所得可达区域边界曲线如图 8.16 所示。

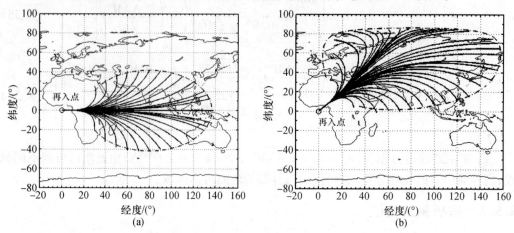

图 8.16　不同再入航向角地面可达区域对比

(a) 航向 90°再入；(b) 航向 45°再入。

图 8.16(a)所示为再入航向角 90°时两种方法计算得到的地面区域分布情况。图中实线表示的是 Radau 伪谱法计算所得到达各个边界点的地面轨迹；虚线表示的是本书近似算法计算得到的可达区域边界线。从中不难发现，沿赤道方向再入，飞行器地面可达区域对称的分布在赤道南北两个方向，并且伪谱法计算得到的边界点几乎与近似算法计算的边界线重合。

图 8.16(b)所示为再入航向角 45°时两种方法计算结果的比较，从中可以发现，近似计算的可达区域边界线与最优化方法计算得到的边界点分布基本一致。与沿赤道方向再入相比，经纬度已经不再呈现对称的分布形式，可达区域出现较大扭曲，但其经度方向的覆盖范围有所增加。这是因为纵程一定的情况下，飞行器沿赤道飞行，每一经度的距离跨度较大，经度覆盖范围较小；而飞行器飞经高纬度地区时，经度方向每一经度的距离跨度较小，目标的地理覆盖范围较大。

图 8.17 显示了不同纬度下，以航向角 90°再入后两种方法计算得到的地面可达区域分布情况。可以发现，该近似算法计算得到的可达区域边界与最优方法计算所得的边界点分布基本一致，虽然在部分区域存在一定的偏差，但是该方法在初步确定飞行器再入可达区域的研究中是可行的，有助于快速搜索地面可达区域，为飞行器的着陆场选择以及空间轨道的设计提供参考。

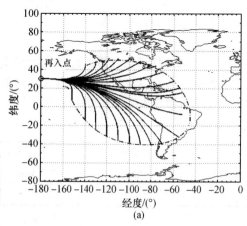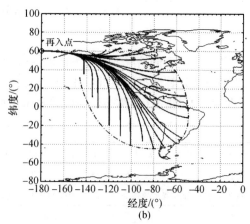

(a)　　　　　　　　　　　　　　(b)

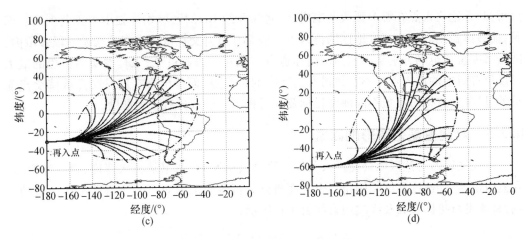

图 8.17　以航向角 90° 在不同纬度再入后地面可达区域对比

（a）再入点北纬 30°；（b）再入点北纬 60°；（c）再入点南纬 30°；（d）再入点南纬 60°。

8.5.4　再入覆盖范围分布特征

本书以轨道倾角 30° 的圆轨道为例,选择一个轨道周期内的四个特征弧段作为再入点弧段,计算得到了图 8.18 所示的区域覆盖情况。分析图 8.18 所示覆盖区域的变化特

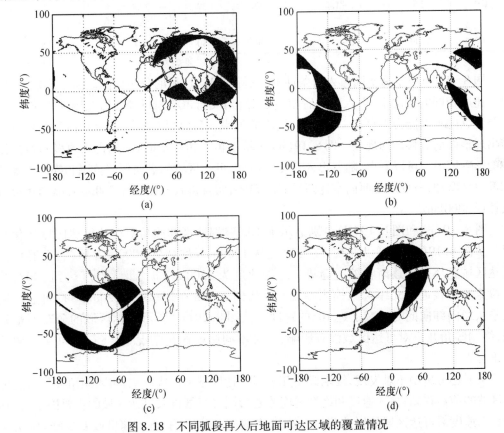

图 8.18　不同弧段再入后地面可达区域的覆盖情况

（a）过升交点上升弧段；（b）靠近降交点下降弧段；（c）过降交点下降弧段；（d）靠近升交点的上升弧段。

157

点可知,无论再入点在哪个弧段范围内,南北纬度约10°的区域始终处于覆盖范围内。而且,能够覆盖南北最高纬度地区的再入点一般都在过升交点或降交点的初始一段弧段内,随后纬度覆盖范围分别从南北两侧向赤道方向偏转。由此可见,飞行器所能覆盖的最大纬度位置对应的再入点并不在轨道所达纬度的最高点,而是出现在向升交点或降交点靠近的过程中,这将对覆盖不同纬度目标要求时再入点的选择有较大帮助。

8.5.5 对地覆盖范围影响因素

再入飞行器可达区域会受再入条件和终端指标影响,本书从再入速度、再入倾角、再入航向角、终端速度和终端倾角五个方面研究分析各个因素对再入飞行器可达区域的影响,具体飞行指标参数及终端约束如表8.6所示。

表8.6　飞行参数及终端约束

H_0/ km	V_0/m · s^{-1}	γ_0/(°)	ψ_0/(°)	H_f/km	V_f/m · s^{-1}	γ_f/(°)
100	7200 7000	-1.0、-1.5、-2.0、	90	30	2000	-5
100	7200 7400	-1.5	90	30	2000	-5
100	7200	-1.5	90	30	1500 2000 3000	-5
100	7200	-1.5	90	30	2000	-0.5、-5、-10

图8.19(a)所示为不同再入角条件下,飞行器可达区域的分布情况。从中不难发现,再入速度相同的情况下,再入角前后相差0.5°,对飞行器横向机动覆盖范围的影响不大,只是在纵向覆盖能力上存在一定差别,但总的说来,可达区域随着再入角的不同,可达区域出现整体前后移动的现象。图8.19(b)显示了再入角一定时,不同再入速度对可达区域的影响情况。可以看出,随着再入速度的增加,可达区域的纵向覆盖范围和横向覆盖范围都明显增加,呈现出由西向东逐渐扩展的趋势,而且再入速度增加200m/s,纵向距离增长接近3000km。

图8.19(c)和图8.19(d)分别显示了不同终端速度和倾角对应的可达区域变化情况。从图8.19(c)中可以发现,终端速度从1500m/s增加到3000m/s后,飞行器再入可达区域整体呈现逐渐收缩的趋势。终端速度为1500m/s时,最大经度达到140°,纬度覆盖能力接近南北纬45°,而当终端速度达到3000m/s时(再入7200m/s),可达区域几乎从经向纬向同时缩减了近10°的跨度。从图8.19(d)所示可达区域的分布不难发现,终端倾角几乎对可达区域没有影响,三种不同终端倾角情况下,飞行器可达区域几乎重合。

从上述分析中不难发现,终端倾角几乎对可达区域不造成影响,再入倾角仅仅引起可达区域的前后移动;再入速度和终端速度才是影响飞行器再入可达区域的主要因素,而其中再入速度对可达区域的影响程度远高于终端速度的影响,再入速度改变200m/s引起的可达区域变化幅度远大于终端速度改变1500m/s所引起的变化。

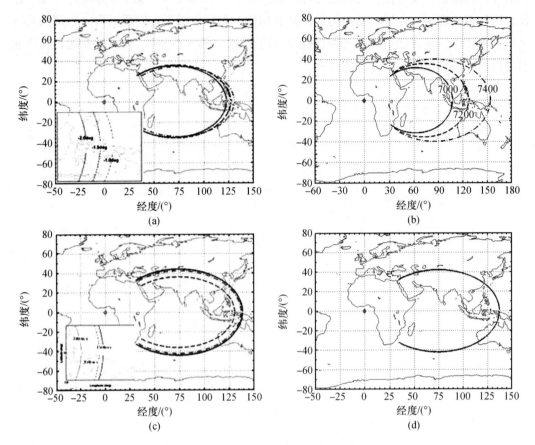

图 8.19　不同再入参数和终端指标下可达区域比较

(a) 再入倾角的影响；(b) 再入速度的影响；(c) 终端速度的影响；(d) 终端倾角的影响。

8.6　小　结

　　针对某型高升阻比升力体再入飞行器,在热流密度、动压和过载限制条件下,根据终端指标、滑翔距离和热防护时间要求,采用 Radau 伪谱法研究分析了飞行器再入速度和再入倾角的可行范围,选择相对速度 7500m/s 和再入倾角 -2.8° 作为飞行器标准再入点指标。并利用上述指标分析了防御区域所在位置和有效半径对飞行器滑翔再入阶段绕飞突防能力的影响。利用伪谱法精确高效的特点为再入飞行器设计了一种在线非线性反馈制导方案,并通过研究验证了该制导方案对不同误差和干扰的适应能力,发现该制导方案能够在存在误差干扰的情况下保证飞行器按照指标要求实现滑翔再入。

　　最后针对再入飞行器纵程和横程分布特点,创新性地提出一种计算再入飞行器可达区域边界曲线的解析算法。该算法利用飞行器最大纵程、最大横程和最小纵程三个特征参数建立近似椭圆分布关系的假设,并通过球面三角形计算将这一关系转化为地球经纬度关系,进而得到再入飞行器可达区域边界曲线。通过分析仿真结果发现,该方法计算得到的可达区域边界线与最优化方法计算得到的边界点分布基本一致,说明该方法在快速计算飞行器地面可达区域时是可行的。并利用这一方法分析了不同弧段再入点地面可达区域分布特点。该方法与现有各种最优化方法相比,计算速度更快,在飞行器运行轨道和组网设计上具有较强的工程应用价值。

第9章 飞行器空间部署及离轨方案

9.1 引 言

高速再入动能对地精确打击飞行器通过轨道设计可以实现对地面指定区域的有效覆盖,并依靠组网还能够实现快速响应作战。因此,飞行器空间部署轨道面、每个轨道面部署数量和轨道类型的选择就显得尤为重要,有必要根据需求开展相应的研究。本书通过第5章的研究基本确定了飞行器再入点指标参数范围,而飞行器离轨制动阶段能否达到这样的指标要求还需要进一步分析,因此有必要对飞行器离轨制动阶段终端参数可行范围、有效的制动方式开展研究,验证飞行器离轨制动的终端参数是否满足飞行器再入点指标要求,并根据具体的再入点指标要求研究飞行器总质量可行范围,为总体方案设计提供依据。

为了完成高速再入动能对地精确打击整体方案的闭合,验证其可行性,本书根据第5章初步确定的再入点指标参数情况下得到的飞行器地面覆盖能力,开展飞行器空间部署研究,主要包括轨道面部署数量和每个轨道面内飞行器的部署数量。并根据周期重访的要求,在考虑地球非球形摄动情况下开展回归轨道设计研究。随后根据第5章计算得到的有效再入航迹角和再入速度范围,利用第2章的离轨制动优化方法研究飞行器离轨制动后所能达到的再入点参数范围和飞行器空间部署可行的总质量范围,并研究分析飞行器离轨制动时的理想控制方案。

9.2 飞行器空间部署形式

9.2.1 轨道面数量的设计

为了研究方便,假设飞行器运行轨道为圆轨道,根据文献提出的轨道面分布计算方法,轨道交叉运行以及街区分布如图9.1所示。由图可知,单侧街区上下边界与赤道存在两个交点,利用球面直角三角形关系,两个交点之间的地心角 λ_c 可由下式计算得到:

$$\lambda_c = 2\arcsin\left(\frac{\sin\lambda_{\text{cross}}}{\sin\Delta}\right) \tag{9.1}$$

式中,λ_{cross} 为飞行器横侧向最大可达的地心角跨度,Δ 为轨道平面倾角。

由于一个轨道面的上升段轨道街区和下降段轨道街区与赤道都存在交叉区域,则整个赤道面全覆盖需要的最小轨道面数量可由下式计算得到:

$$p_{\min} = ceil\left(\frac{\pi}{\lambda_c}\right) \tag{9.2}$$

式中:$ceil$ 是一种数学函数,它表示大于或者等于括号内变量的最小整数。

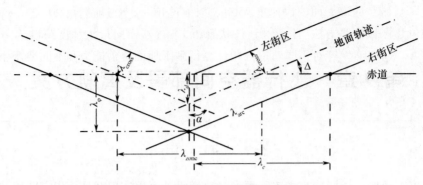

图9.1 轨道面交叉覆盖示意图

式(9.2)计算得出的轨道面数量仅仅满足了对赤道面全覆盖的需要,而在实际应用中,往往需要轨道交叉后仍能实现对低于某纬度的区域实施连续覆盖。因此,还需要根据上述要求重新计算所需的轨道面数量。

正如图9.1所示,轨道上升段地面轨迹与相邻下降段轨道地面轨迹都与赤道存在一个交点,这两个交点之间的地心角可用 λ_{zone} 表示,而两条地面轨迹的交点所对应的纬度跨度可用 λ_d 表示。轨道街区下边界交点所对应的纬度跨度可用 λ_φ 表示,该纬度跨度即为交叉覆盖所需达到的纬度。基于球面三角形公式可到如下关系式:

$$\sin\left(\frac{\lambda_{zone}}{2}\right) = \frac{\tan\lambda_d}{\tan\Delta} \tag{9.3}$$

$$\sin\alpha = \frac{\cos\Delta}{\cos\lambda_d} \tag{9.4}$$

$$\sin(\lambda_\varphi - \lambda_d) = \frac{\sin\lambda_{cross}}{\sin\alpha} \tag{9.5}$$

上式中球面角 α 如图9.1所示。

利用平面三角形公式将等式(9.5)的左侧展开后得到:

$$\frac{\sin\lambda_{cross}}{\sin\alpha} = \sin\lambda_\varphi\cos\lambda_d - \cos\lambda_\varphi\sin\lambda_d \tag{9.6}$$

将式(9.4)代入式(9.6)后可整理得到

$$\frac{\sin\lambda_{cross}\cos\lambda_d}{\cos\Delta} = \sin\lambda_\varphi\cos\lambda_d - \cos\lambda_\varphi\sin\lambda_d \tag{9.7}$$

将上式两边同时除以 $\cos\lambda_\varphi\cos\lambda_d$ 可以得到

$$\tan\lambda_d = \tan\lambda_\varphi - \frac{\sin\lambda}{\cos\Delta\cos\lambda_\varphi} \tag{9.8}$$

将式(9.8)代入式(9.3)整理后可得

$$\lambda_{zone} = 2 \cdot \arcsin\left(\frac{\sin\lambda_\varphi \cdot \cos\Delta - \sin\lambda_{cross}}{\cos\lambda_\varphi \cdot \sin\Delta}\right) \tag{9.9}$$

由此可得街区交叉覆盖指定纬度区域的最小轨道面数量为

$$p_\varphi = ceil\left(\frac{\pi + \lambda_{zone}}{\lambda_c}\right) \tag{9.10}$$

假设飞行器在赤道平面内以速度7500m/s,航迹角 $-2.8°$,航向角90°再入,利用8.5节提供的可达区域计算方法,计算得到该状态下,飞行器横向最大纬度跨度为40°,即上述各式中 $\lambda_{cross} = 40°$。针对不同轨道倾角计算得到了地面覆盖能力和不同要求下最小轨道面数量,结果如表9.1所示。

表9.1 不同轨道倾角覆盖能力及轨道面数量

$\Delta/(°)$	$N_{equator}$	$\lambda_{max}/(°)$	$\lambda_\varphi/(°)$	N_{cross}
10	2	50	40	3
20	2	60	50	3
30	2	70	60	3
40	2	80	70	3
50	3	90	80	3
注:$N_{equator}$ 表示全赤道面覆盖所需的轨道面数量,λ_{max} 表示飞行器能够覆盖的最大纬度,N_{cross} 表示轨道满足交叉覆盖指定纬度所需轨道面数量				

以轨道倾角20°,30°和40°为例,通过仿真计算得到了如图9.2和图9.3所示飞行器地面可达区域的分布情况。从图中所示仿真结果不难发现,不同轨道倾角和轨道面数量对应的赤道面覆盖能力,最大纬度覆盖能力以及纬度方向上的交叉覆盖能力均与表中计算数据基本吻合。

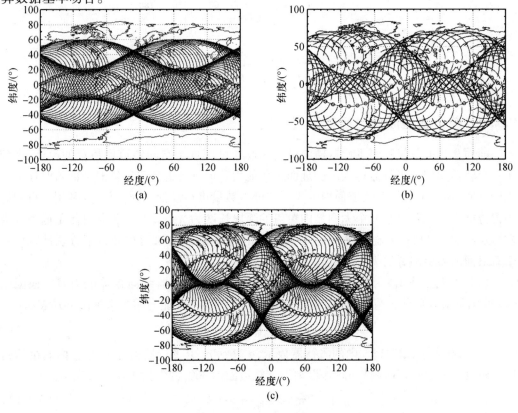

(a)

(b)

(c)

图9.2 两个轨道面覆盖情况

(a)轨道倾角20°;(b)轨道倾角30°;(c)轨道倾角40°。

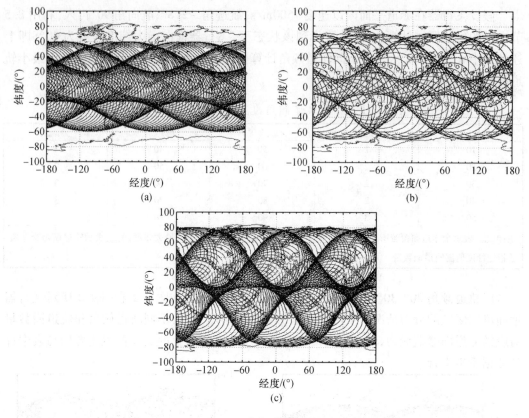

图 9.3　三个轨道面覆盖情况

（a）轨道倾角 20°；（b）轨道倾角 30°；（c）轨道倾角 40°。

9.2.2　单个轨道面内飞行器部署数量

前面 9.2.1 节仅利用飞行器横向最大纬度跨度实现了空间轨道面数量的设计,得到了一个轨道周期内飞行器再入后的地面覆盖能力。但是考虑到飞行器对地面瞬时连续覆盖的需要,还必须对每个轨道面内的飞行器部署数量进行设计,此时就需要利用飞行的纵向覆盖能力。设要求在一个大圆弧内覆盖的弧段长度为 λ_{range},飞行器纵向覆盖范围分为左覆盖区域 λ_{left} 和右覆盖区域 λ_{right},根据不同的区域覆盖要求,可按照以下方法计算出一个轨道面内需要部署的飞行器数量。

（1）当 $\lambda_{\text{range}} > \lambda_{\text{left}} + \lambda_{\text{right}}$,即需要覆盖的弧段大于飞行器纵向覆盖能力时。根据图 9.4 所示覆盖区域分布情况,可知该弧段跨度与飞行器覆盖能力的关系可由下式表示:

$$\lambda_{\text{range}} = (\lambda_{\text{left}} + \lambda_{\text{right}}) \cdot m + a \tag{9.11}$$

其中,m 表示弧段 λ_{range} 内的飞行器数量,a 表示 m 个飞行器覆盖后 λ_{range} 内剩余的弧段。假设在一个轨道面内划分弧段,则一个轨道面内 360° 的弧段可由下式表示:

$$2\pi = \lambda_{\text{range}} \cdot n + b \tag{9.12}$$

式中,n 为需要覆盖的弧段数量,b 为一个轨道面内剩余的弧段。那么在保证对 λ_{range} 弧段连续覆盖的要求下,整个轨道面内需要的飞行器部署数量可由下式计算得到:

$$N = m \cdot n + ceil((a \cdot n + b)/(\lambda_{\text{left}} + \lambda_{\text{right}})) \qquad (9.13)$$

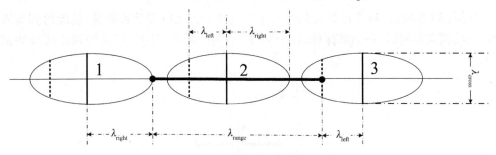

图 9.4　对指定区域的部分连续覆盖

（2）当 $\lambda_{\text{range}} \leqslant \lambda_{\text{left}} + \lambda_{\text{right}}$，且只要求飞行器满足对该地区的连续覆盖时,那么保证连续覆盖的情况为前后两个覆盖区域首尾相连,根据图 9.5 所示区域分布情况,则在一个轨道面内满足上述覆盖要求的飞行器部署数量可由下式计算得到:

$$N = ceil(2\pi/(\lambda_{\text{left}} + \lambda_{\text{right}})) \qquad (9.14)$$

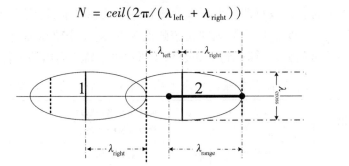

图 9.5　满足各个平台对目标区域的连续部分覆盖

（3）当 $\lambda_{\text{range}} < \lambda_{\text{left}} + \lambda_{\text{right}}$，且要求在同一时间内有两个飞行器可以对指定区域实施部分覆盖时,根据图 9.6 所示区域分布情况可得前后两个平台间的间隔弧段为

$$m = (\lambda_{\text{left}} + \lambda_{\text{right}} + \lambda_{\text{range}})/2 \qquad (9.15)$$

进而可以得到整个轨道面内满足覆盖要求的飞行器部署数量为

$$N_{\text{double}} = ceil(2\pi/m) \qquad (9.16)$$

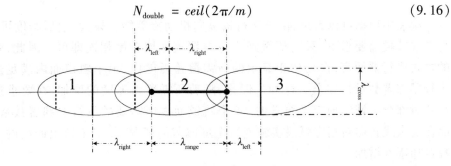

图 9.6　部分区域交叉覆盖的情况

（4）在要求满足全境连续覆盖时,只有在 $\lambda_{\text{range}} < \lambda_{\text{left}} + \lambda_{\text{right}}$ 的情况下才可能实现,正如图 9.7 所示区域覆盖分布情况所示。在连续全境覆盖要求下,此时每一个轨道面内满足连续全境覆盖的飞行器部署数量为

$$N_{\text{coverage}} = ceil(2\pi/(\lambda_{\text{left}} + \lambda_{\text{right}} - \lambda_{\text{range}})) \tag{9.17}$$

从第(3)步和第(4)步计算得到的结果中选择最大飞行器部署数量,就能得到既满足全境连续覆盖的同时,还能够保证时刻都有两个飞行器能够同时覆盖到指定弧段的部分区域。

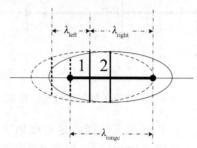

图9.7　全境连续覆盖示意图

根据第8章提供的飞行器标准再入参数和终端状态要求,得到飞行器纵向覆盖能力为$\lambda_{\text{left}} = 35°$,$\lambda_{\text{right}} = 65°$。以不同纵向覆盖弧度为例,对单个轨道面内满足覆盖要求的飞行器部署数量开展研究,计算得到了如表9.2所示单个轨道面内的飞行器部署数量。

表9.2　不同覆盖弧段要求下的单个轨道面内飞行器部署数量

所需覆盖弧度	连续覆盖	连续两个飞行器对部分区域交叉覆盖	连续全境覆盖
10°	4 个平台	7 个平台	4 个平台
20°	4 个平台	7 个平台	5 个平台
30°	4 个平台	6 个平台	6 个平台
40°	4 个平台	6 个平台	7 个平台
50°	4 个平台	5 个平台	7 个平台
60°	4 个平台	5 个平台	9 个平台
70°	4 个平台	5 个平台	11 个平台

从表中数据可以看出,由于飞行器纵向机动覆盖能力较大,前后跨度可达100°,并且在连续覆盖要求下,只需要做到飞行器覆盖区域首尾相连即可。因此,就本书采用的再入飞行器而言,在表9.2显示的所需覆盖弧度内,单个轨道面内满足连续覆盖的飞行器部署数量是完全一样的。但是,随着所需覆盖弧度的增加,在要求连续两个飞行器对部分区域实现交叉覆盖时,单个轨道面内所需要的飞行器部署数量逐渐减小,而在要求飞行器对指定弧段实施连续全境覆盖的情况下,单个轨道面内的飞行器部署数量却逐渐增加。

以所需覆盖弧段50°为例,计算得到了单个轨道面内不同飞行器部署数量移动前后的覆盖情况如图9.8(a)和图9.8(b)所示。每幅图内从上至下分别表示轨道面内飞行器部署数量为4个、5个和7个的情况。从中不难发现,通过前面计算得到的飞行器部署数量确实能够满足不同区域覆盖要求。

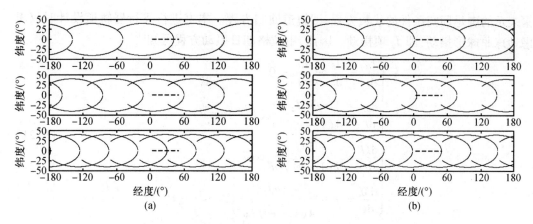

图 9.8　所需覆盖弧段 50°时单个轨道面内不同飞行器数量覆盖情况
(a) 初始覆盖情况；(b) 移动后覆盖情况。

9.3　回归轨道设计

9.3.1　轨道回归方程

在实际应用中,往往要求高速远程精确动能打击飞行器对某些区域实施重返覆盖,而具备周期重返能力的回归轨道必定成为飞行器空间运行轨道的首选对象。因此,本小节将针对飞行器回归轨道开展研究。在进行回归轨道设计时需要考虑地球自转带来的影响,设飞行器空间运行轨道升交点经度变化角速度为 $\omega_e - \dot{\Omega}$,并且在只考虑非球形摄动情况下可以得到飞行器轨道面相对地球旋转一周后回到原赤道平面相对位置的时间间隔为[172]

$$T_e = \frac{2\pi}{\omega_e - \dot{\Omega}} \tag{9.18}$$

式中,ω_e 为地球自转角速度,取常值 $7.29211585 \times 10^{-5}\,\mathrm{rad/s}$,$\dot{\Omega}$ 为轨道摄动对升交点赤经的影响。

假设当飞行器轨道面相对地球旋转 D 圈后回到原来赤道平面位置时,飞行器正好沿轨道运行 N 圈并回到初始位置。即飞行器运行 D 天后,正好沿轨道运行 N 圈,此时飞行器星下点轨迹开始重合。设飞行器轨道周期为 T,回归轨道则应该满足如下条件:

$$NT = DT_e \tag{9.19}$$

即

$$\frac{N}{D} = \frac{2\pi}{T(\omega_e - \dot{\Omega})} \tag{9.20}$$

式中,D 和 N 为互质正整数,轨道周期 $T = 2\pi\sqrt{a^3/\mu}$,轨道半长轴为 a,引力常数 μ 为 $3.98600436 \times 10^{14}\,\mathrm{m^3/s^2}$。

为了从轨道回归指标要求确定航天器回归轨道,则需要由回归条件推导出以轨道要

167

素表示的满足回归条件的代数方程,即轨道回归方程。本书进行飞行器轨道设计时仅考虑地球非球形摄动,即 J_2 项摄动。因此,由拉格朗日摄动方程可知[173]:

$$\begin{cases} \dfrac{\mathrm{d}a}{\mathrm{d}t} = \dfrac{\mathrm{d}e}{\mathrm{d}t} = \dfrac{\mathrm{d}i}{\mathrm{d}t} = 0 \\[2mm] \dfrac{\mathrm{d}\omega}{\mathrm{d}t} = \dfrac{-3nJ_2 a_e^2}{4(1-e^2)^2 a^2}(1-5\cos^2 i) \\[2mm] \dfrac{\mathrm{d}\Omega}{\mathrm{d}t} = \dfrac{-3nJ_2 a_e^2}{2(1-e^2)^2 a^2}\cos i \\[2mm] \dfrac{\mathrm{d}M}{\mathrm{d}t} = n - \dfrac{-3nJ_2 a_e^2}{4(1-e^2)^{\frac{3}{2}} a^2}(3\cos^2 i - 1) \end{cases} \tag{9.21}$$

式中,$n = \sqrt{\mu/a^3}$,$J_2 = 0.00108263$,椭圆地球半长轴 $a_e = 6378.145\text{km}$,e 为轨道偏心率,a 为轨道半长轴,i 为轨道倾角,ω 为近地点幅角,Ω 为升交点赤经,M 为平近点角。因此,轨道摄动对升交点赤经的影响 $\dot{\Omega}$ 可表示为

$$\dot{\Omega} = -(1.153253 \times 10^{-4})(1-e^2)^{-2}(a_e/a)^{3.5}\cos i \, (o/s) \tag{9.22}$$

当飞行器运行轨道为顺行轨道,即轨道倾角 $i < 90°$ 时,轨道面西退,则 $\dot{\Omega} < 0$;当运行轨道为逆行轨道,即轨道倾角 $i > 90°$ 时,轨道面东进,则 $\dot{\Omega} > 0$;当轨道面为极地轨道,即轨道倾角 $i = 90°$ 时,$\dot{\Omega} = 0$,此时轨道面在惯性空间处于静止状态。

由此可得轨道回归方程:

$$\frac{D}{N} = \omega_e\sqrt{a^3/\mu} + \frac{3}{2}J_2(1-e^2)^{-2}(a_e/a)^2\cos i \tag{9.23}$$

由式(9.23)可知,轨道回归方程除了要求 D 和 N 为互质正整数外,还受轨道倾角 i、轨道半长轴 a,轨道偏心率 e 等因素的影响。并且在飞行器回归轨道设计中,还需要根据攻击时间、气动阻力对轨道寿命等因素的影响确定轨道高度 h,设轨道高度取值范围为 $[h_{\min}, h_{\max}]$。进而可得飞行器运行轨道远地点地心距 r_a 范围为 $[h_{\min} + R, h_{\max} + R]$;轨道近地点地心距 r_p 范围为 $[h_{\min} + R, r_a]$,其中地球平均半径 R 可取常值 6378km,进而可得飞行器运行轨道的偏心率为:

$$e = \frac{r_a - r_p}{r_a + r_p} \tag{9.24}$$

由此可得飞行器运行轨道偏心率 e 的范围为

$$\left[0, \frac{h_{\max} - h_{\min}}{h_{\max} + h_{\min} + 2R}\right] \tag{9.25}$$

其中,轨道半长轴 a 的取值范围为

$$[h_{\min} + R, h_{\max} + R] \tag{9.26}$$

9.3.2 圆回归轨道方程求解

为了简化后续离轨制动方案及指标研究,本书仅以最简单的圆轨道为例研究回归轨

道方程的求解。可将轨道回归方程表示为

$$\omega_e \sqrt{a^3/\mu} + \frac{3}{2}J_2(1-e^2)^{-2}(a_e/a)^2\cos i = \frac{D}{N} \qquad (9.27)$$

圆轨道回归方程的求解可以按照以下步骤进行:

(1) 确定轨道倾角:飞行器轨道倾角的选择既要利于地面发射,又要保证飞行器再入机动能力满足对特定区域的覆盖要求,本书将以轨道倾角30°为例开展研究;

(2) 选择轨道半径:根据飞行器再入飞行时间要求以及气动阻力对轨道保持的影响,确定圆轨道高度 h 的范围为 $200 \sim 1000$ km;轨道半径 a 为 $6578 \sim 7378$ km;

(3) 确定轨道偏心率:由于选择圆轨道作为研究对象,则轨道偏心率 $e=0$;

(4) 选择回归天数:对于高速再入动能打击飞行器要求具有较短的重返周期和作战响应时间,因此本书在设计回归轨道时将回归天数 D 选定为 1 天;

(5) 计算运行圈数:设第一次回归时飞行器沿轨道运行 N 圈,在与回归天数 D 互质的条件下,可在下式所示范围内搜索求解[174]:

$$\begin{cases} N < \dfrac{D}{\omega_e \sqrt{a^3/\mu}}, & 0° \leqslant i < 90° \\[3mm] N > \dfrac{D}{\omega_e \sqrt{a^3/\mu}}, & 90° < i \leqslant 180° \\[3mm] N = \dfrac{D}{\omega_e \sqrt{a^3/\mu}}, & i = 90° \end{cases} \qquad (9.28)$$

(6) 求解回归方程:由于圆轨道偏心率 $e=0$,于是可以得圆轨道回归方程为

$$F(a) = \omega_e \sqrt{1/\mu} \cdot a^{3.5} - \frac{D}{N}a^2 + \frac{3}{2}J_2 a_e^2 \cos i = 0 \qquad (9.29)$$

式(9.29)对时间求导后可得

$$\frac{\mathrm{d}F(a)}{\mathrm{d}t} = 3.5\omega_e \sqrt{1/\mu} \cdot a^{2.5} - \frac{2D}{N}a = 3.5\omega_e \sqrt{1/\mu} \cdot a\left(a^{1.5} - \frac{4D}{7N}\frac{\sqrt{\mu}}{\omega_e}\right) \qquad (9.30)$$

其中,$\dfrac{\mathrm{d}F(a)}{\mathrm{d}t}$ 符号由下式确定:

$$\begin{cases} \dfrac{\mathrm{d}F(a)}{\mathrm{d}t} < 0, & a < \left(\dfrac{4D}{7N}\dfrac{\sqrt{\mu}}{\omega_e}\right)^{2/3} \\[4mm] \dfrac{\mathrm{d}F(a)}{\mathrm{d}t} > 0, & a > \left(\dfrac{4D}{7N}\dfrac{\sqrt{\mu}}{\omega_e}\right)^{2/3} \\[4mm] \dfrac{\mathrm{d}F(a)}{\mathrm{d}t} = 0, & a = \left(\dfrac{4D}{7N}\dfrac{\sqrt{\mu}}{\omega_e}\right)^{2/3} \end{cases} \qquad (9.31)$$

设 $l = ((4D\sqrt{\mu})/(7N\omega_e))^{2/3}$,当 $a \neq l$ 时,可以根据式(9.28),搜索运行 N 次,使得 $F[l] \leqslant 0$;若 $0° \leqslant i < 90°$,则在区间 $[0,l]$ 和区间 $[l,h_{max}+R]$ 内分别求解式(9.29),可行解则位于区间 $[h_{min}+R,h_{max}+R]$ 内;若 $i \geqslant 90°$,则在区间 $[l,h_{max}+R]$ 内求解式(9.29),可行解则位于区间 $[h_{min}+R,h_{max}+R]$ 内。

而当 $a = l$ 时,将 a 代入式(9.29),如果方程 $F(a) = 0$ 成立,并且 a 位于区间$[h_{min} + R, h_{max} + R]$内,则为可行解。

利用上述方法,根据飞行器作战任务需求、飞行器覆盖能力以及地面发射能力限制,以轨道倾角30°为例,设计回归天数为1($D = 1$)的回归轨道,1天内飞行器沿轨道运转圈数 N 不限。在轨道高度范围$[200km, 1000km]$内求解所有可行的圆回归轨道,得到如表9.3所示两个圆回归轨道。

表9.3 典型圆回归轨道

D/天	N/圈	h/km	e	i/(°)
1	14	803.87	0.0	30.0
1	15	467.83	0.0	30.0

表中数据依次为回归天数 D、飞行器沿轨道运行圈数 N、轨道高度 h、轨道偏心率 e 和轨道倾角 i。为了减小飞行器离轨过渡段飞行时间,本书选择了轨道高度为467.83km的圆回归轨道作为飞行器的空间运行轨道,并以此为基础开展后续飞行器最优离轨制动方案及指标研究。

9.4 飞行器最优离轨制动方案及指标

采用 Radau 伪谱法开展飞行器最优离轨制动段方案及指标研究。通过前面的研究,基本确定了飞行器再入指标参数的范围,并且发现小推力连续制动离轨方式在快速响应作战上不具有优势,而传统的有限推力制动能够保证飞行器的快速离轨。

综合上述考虑,为了论证飞行器离轨制动方案及指标的可行性,本书将"神舟"飞船的轨控发动机作为飞行器制动离轨发动机。该发动机单台推力 2500N,真空比冲 2930 N·s/kg。假设推进舱总共4台轨道发动机,推进舱与飞行器总质量3000kg,其中飞行器质量907kg,其余为空间平台结构和燃料质量。考虑到实际应用中应具备安全备份的要求,采用两台发动机工作,推力共计5000N,并且在后续研究中均以轨道倾角30°、高度467.83km的回归轨道为例。

9.4.1 再入速度范围

根据飞行器再入速度和再入航迹角的可行范围,再入速度7200～7600m/s,再入航迹角 $-3.2°$ ～ $-1°$。本小节首先将上述航迹角和速度范围作为飞行器离轨制动段的终端航迹角和速度指标,假设飞行器制动点位于$(0°E, 0°N)$,航向角60°,制动发动机推力角变化范围为 $-90° \leqslant \alpha \leqslant 0°$,$\beta = 0°$(即不考虑发动机侧向作用),在已有的再入速度和再入航迹角范围内计算飞行器离轨制动所能够达到的最小再入角和最大再入角,主要参数变化情况如图9.9所示。

根据飞行器过渡段终端航迹角和飞行器再入角的关系可知,飞行器最大终端航迹角对应其最小再入角,而最小终端航迹角对应其最大再入角。从图9.9(a)所示飞行器过渡段航迹角变化情况不难发现,飞行器离轨再入时所能达到的最小再入角为1°,最大再

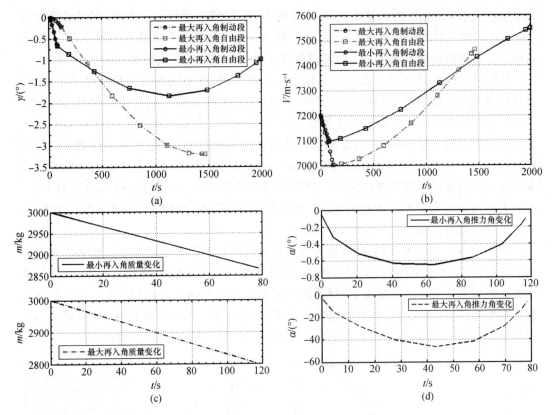

图 9.9　最大最小再入角指标要求下主要参数变化情况

(a) 航迹角变化; (b) 速度变化; (c) 质量变化; (d) 推力角变化。

入角 $3.2°$, 满足飞行器再入航迹角 $-3.2° \sim -1°$ 的要求。而从图 9.9 (b) 所示飞行器过渡段飞行速度变化不难看出, 当再入航迹角为 $-1°$ 时, 飞行器再入速度最大, 为 7550m/s, 而当再入航迹角为 $-3.2°$ 时, 飞行器再入速度最小, 为 7460m/s, 说明在上述再入航迹角范围内, 飞行器的再入速度在 $7460 \sim 7550$m/s 之间。

图 9.9 (c) 和图 9.9 (d) 分别显示了飞行器总质量和推力角的变化情况。从图中所示结果可知, 当飞行器以最小再入角 $1°$ 再入时, 制动发动机工作时间小于 80s, 燃料消耗小于 150kg, 且推力角变化幅度较小, 仅在 $-0.8° \sim 0°$ 之间; 而当飞行器以最大再入角 $3.2°$ 再入时, 制动发动机工作时间接近 120s, 燃料消耗近 200kg, 且推力角变化幅度较大, 变化范围在 $-50° \sim 0°$ 之间。由此可见, 再入角过大不但影响飞行器再入滑翔特性, 还会造成飞行器离轨制动时消耗更多燃料, 并且对制动发动机提出了更高的工作要求。

通过前面的分析发现, 飞行器从 467.83km 的回归轨道离轨再入, 在终端再入角和再入速度限制的情况下, 可行的再入速度范围为 $7460 \sim 7550$m/s。而根据第 5 章得到的飞行器满足滑翔再入限制条件的再入速度范围 $7200 \sim 7600$m/s, 可以得到飞行器的再入速度应该在 $7460 \sim 7550$m/s 之间, 由此本书将 7500m/s 作为飞行器再入时的标准速度。

9.4.2　标准速度下再入角范围

通过上一小节的研究可知, 针对本书设计的飞行器而言, 综合考虑再入滑翔段和制动离轨段的交接班要求,再入速度范围相对狭小,在 7460 ~ 7550m/s 之间,本书最终选择 7500m/s 作为飞行器的标准再入速度,并研究飞行器在该速度下的最大和最小再入角,进 而确定飞行器的标准再入角。飞行器过渡段主要飞行参数的变化情况如图 9.10 所示。

从图 9.10(a)所示飞行器速度变化情况不难发现,在不同再入角指标要求下,飞行 器过渡段飞行的终端速度均能满足 7500m/s 的再入速度指标。但对比最大再入角和最 小再入角指标要求下飞行器速度变化情况可知,当要求飞行器以最小再入角再入时,飞行 器制动段发动机工作时间较短,且制动段速度减小幅度较大,而过渡段飞行的总时间较 长,约为 1700s。图 9.10(b)中清楚地显示了再入速度为 7500m/s 时,不同再入角指标要 求下飞行器过渡段航迹角变化情况。当要求再入角最小时,飞行器的再入角约为 2.4°, 而最大再入角约为 3.2°。由此可见,本书采用的飞行器在 7500m/s 的标准再入速度下, 再入航迹角的可行范围为 -3.2° ~ -2.4°。

图 9.10(c)和图 9.10(d)分别为飞行器总质量和推力角变化情况。从图 9.10(c) 所示飞行器总质量变化可知,最小再入角指标要求下,飞行器制动段燃料消耗约为 160kg,而最大再入角指标要求下,制动段燃料消耗接近 400kg。并且从图 9.10(d)所示 推力角变化可以发现,最小再入角指标要求下,发动机推力角始终保持在 0°,而最大再入 角指标要求下,发动机推力角的变化较为复杂,在实际控制中存在较大难度。

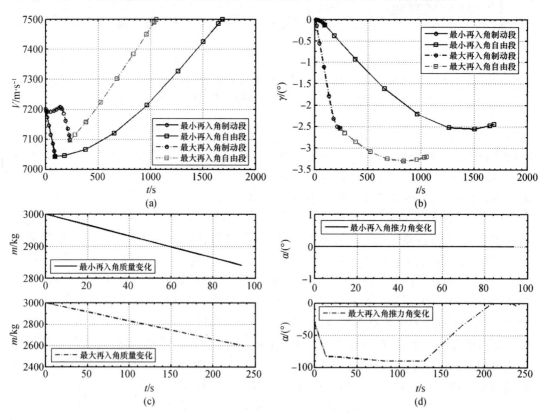

图 9.10　标准再入速度下最小最大再入角及主要参数变化情况
(a)速度变化;(b)航迹角变化;(c)质量变化;(d)推力角变化。

从飞行器燃料消耗和发动机推力角变化情况可知,最小再入角是飞行器较为理想的再入状态,但是从其过渡段飞行时间来看,最小再入角对应的过渡段飞行时间接近1700s,不利于作战时的快速响应。因此,综合考虑燃料消耗、发动机推力角变化和过渡段飞行时间,本书折中选择了 $-2.8°$ 作为7500m/s再入速度对应的标准再入航迹角。

9.4.3 优化指标和发动机作用方式对飞行器过渡段飞行的影响

以再入速度7500m/s,再入航迹角 $-2.8°$ 为例研究不同优化指标和发动机作用方式对飞行器过渡段飞行状态参数的影响,本小节在不考虑发动机侧向作用的情况下(即 $\beta = 0$),以单台推力2500N,真空比冲2930N·s/kg的轨控发动机为例,假设推进舱总共4台发动机,并按照表9.4所示指标参数研究分析燃料最省和过渡段飞行时间最短两种条件下,可调推力和固定推力制动离轨时飞行器主要参数的变化情况[175]。

表9.4 不同离轨制动方式的指标参数

作用方式		初始条件				终端条件		
推力/N	推力角/(°)	高度/km	倾角/(°)	总质量/kg	燃料/kg	高度/km	速度/m·s⁻¹	再入角/(°)
5000	$-90 \sim 0$	467.83	30	3000	1000	100	7500	2.8
10000								
0 ~ 5000								
0 ~ 10000								

1. 燃料最省方案

根据表9.4所示指标参数,以燃料最省为优化指标,计算得到不同制动方式下飞行器过渡段主要参数的变化曲线如图9.11所示。

从图9.11(a)和图9.11(b)所示不同制动方式飞行器速度和航迹角的对比中不难发现,在燃料最省条件下,固定推力和可调推力制动得到的速度都呈现出先减小再增大的变化规律,而航迹角的变化则存在明显的区别。当采用可调推力制动时,飞行器初期航迹角变化相对平缓,而后半段则出现一次明显的转折,这是由于发动机再次工作,使航迹角在短时间内发生较大改变。

图9.11(c)所示为可调推力制动时飞行器总体质量、推力角和推力变化情况。从图中所示参数变化情况可知,采用可调推力制动时,发动机进行了两次点火,并且发动机两次点火作用时推力角均为线性变换,虽然在两次点火间计算得到的推力角变化较为复杂,但是由于两次点火之间没有推力作用,推力角可在较长时间内采用线性规律转换到需要的状态。对比图9.11(d)所示固定推力制动时各参数的变化情况不难看出,采用可调推力制动时,燃料消耗相对较小,以最大推力10000N为例,采用可调推力制动时燃料消耗较固定推力制动要节省30~40kg,但是过渡段飞行时间比固定推力制动时长250s以上。

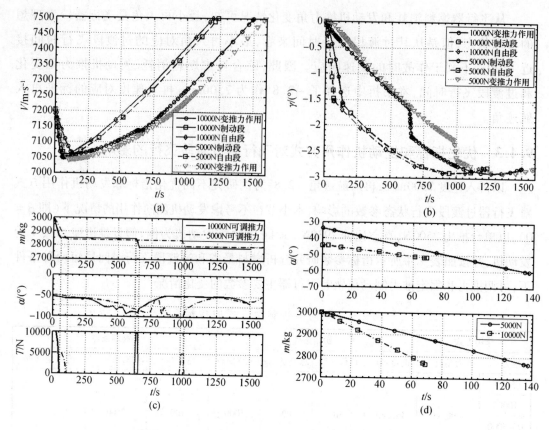

图 9.11　不同制动方式燃料最省条件下飞行参数对比

（a）速度变化情况；（b）航迹角变化情况；

（c）可调推力控制参数及质量变化；（d）固定推力控制参数及质量变化。

2. 时间最短方案

根据表 9.4 所示指标参数，以时间最短为优化指标，计算得到不同制动方式下飞行器过渡段主要参数的变化曲线如图 9.12 所示。

对比图 9.11（a）和图 9.12（a）所示飞行器速度变化情况可知，当以时间最短为优化指标时，可调推力作用下飞行器速度变化情况与燃料最省时速度变化存在明显区别。时间最短指标要求下采用可调推力制动时，飞行器的速度先增大后减小，而燃料最省指标要求下不同制动方式和时间最短指标要求下采用固定推力制动时的速度变化都是先减小后增大；而且可调推力制动时，飞行器初期航迹角变化较快，说明飞行器过渡段飞行初期轨迹较陡。通过与采用固定推力制动的情况相比较不难看出，采用可调推力制动时，过渡段飞行时间明显小于固定推力制动时的情况。固定推力制动时过渡段飞行时间至少需要 1200s，而可调推力制动时过渡段飞行时间为 800s，大大缩短了过渡段飞行时间。

从图 9.12（c）所示可调推力制动时飞行器质量、推力角和推力的变化情况可知，可调推力制动时，首先以最大推力沿速度垂直方向改变航迹角，使飞行器以较大的角度加速离轨，并在第二次点火作用时，以最大推力沿速度反方向制动，快速减小再入速度，以达到

174

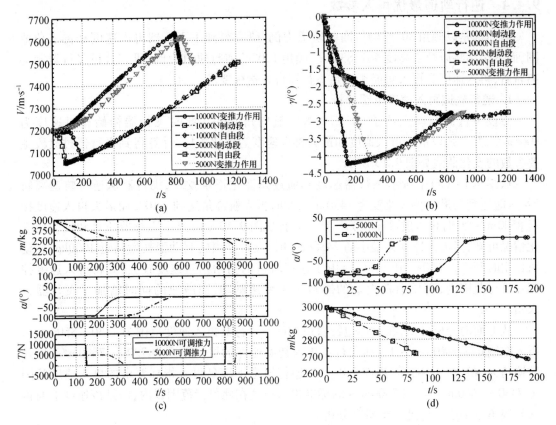

图 9.12 不同制动方式时间最短条件下飞行参数对比

(a) 速度变化情况; (b) 航迹角变化情况;

(c) 可调推力控制参数及质量变化; (d) 固定推力控制参数及质量变化。

指定的再入指标参数。可调推力制动时,大推力发动机的工作时间较短,而且两次点火制动几乎都采用最大推力的作用形式;而推力较小时,第一次点火作用后期有一段推力逐渐减小的过程,对于发动机的调解能力要求较高。对比图 9.12 (d) 所示固定推力制动时质量和推力角变化情况可以发现,虽然可调推力制动能够大大缩短飞行器过渡段飞行时间,但是燃料消耗量也随之增加,全过程消耗燃料约 625kg,比固定推力制动多消耗近 300kg 燃料。

综合上述研究结果可知,采用可调推力发动机制动时,在节省燃料方面并没有太大优势,而且过渡段飞行时间较固定推力制动时更长;而在减小过渡段飞行时间方面,可调推力制动的优势十分明显,适用于航天器快速返回的情况,虽然快速离轨时燃料消耗较大,但能够较大幅度地缩短过渡段飞行时间;无论是要求燃料最省还是飞行时间最短,采用可调推力制动离轨,发动机都进行了多次点火,这样能够增加对飞行器轨迹的预测难度。虽然可调推力发动机制动在快速离轨和突防方面存在一定优势,但是推力角和推力大小的控制增加了实际操作的难度,为了验证高速远程精确打击的现实可行性,本书将 5000N 固定推力作用下以燃料最省为指标得到的最优控制方案作为飞行器的标准离轨制动方案。

9.4.4 逆行轨道最优再入参数

前面都是以倾角30°的顺行回归轨道为例,研究得到了飞行器再入速度和再入角范围,而本小结将以轨道高度467.832km、倾角120°的逆行轨道为例,研究分析飞行器制动离轨后,再入速度和再入角能否满足飞行器再入指标要求。

1. 逆行轨道再入速度范围分析

假设飞行器制动点位于(0°E,0°N),航向角-60°,此时飞行器初始相对速度为8066m/s,并分别以最小再入速度和最大再入速度为优化指标,计算得到飞行器过渡段主要参数的变化曲线如图9.13所示。

从图9.13(a)中所示飞行器速度和航迹角变化不难发现,飞行器从逆行轨道离轨后,所能达到的最小再入速度为7430m/s,此时再入航迹角达到-10°;而最大再入速度接近8500m/s,此时再入航迹角仅为-1°。并且从图9.13(b)所示飞行器质量和推力角变化情况可知,当再入速度为最小的7430m/s时,飞行器离轨制动消耗燃料近1000kg,发动机作用时间接近600s。由此可见,由于逆行轨道的初始相对速度较大,要将再入速度控制在可行范围内,需要消耗大量的燃料用于减速制动,而减速的同时增加了飞行器再入角。

从上面的分析可知,在上述逆行轨道条件下飞行器再入速度范围为7430～8500m/s,再入航迹角为-10°～-1°,而飞行器再入初始速度的可行范围为7200～7600m/s,再入航迹角为-3.2°～-1°。进而可以得到逆行轨道下满足再入指标要求的再入速度范围为7430～7600m/s,虽然7500m/s的标准再入速度在此可行范围以内,但是该速度下的再入航迹角范围还有待进一步研究分析。

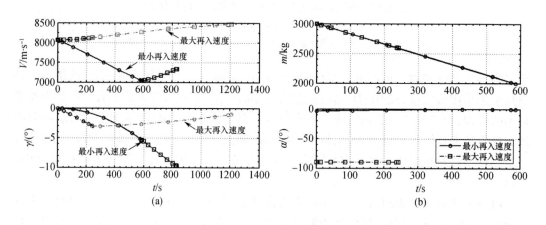

图9.13　逆行轨道最大最小再入速度及主要参数对比
(a)速度和航迹角变化;(b)质量和控制角变化。

2. 逆行轨道再入倾角范围分析

以飞行器标准再入速度7500m/s为例,计算从该逆行轨道离轨后,飞行器所能达到的最大和最小再入角,分析飞行器从上述逆行轨道离轨再入的可行性。主要参数变化情况如图9.14所示。

图 9.14（a）显示了飞行器过渡段飞行速度和航迹角的变化情况，从中不难看出，在最小再入角和最大再入角两种优化指标要求下，飞行器再入速度均可达到要求的 7500m/s，若仅从再入速度考虑，该速度是满足再入指标要求的，但飞行再入航迹角却与指标要求相差甚远。从图 9.14（b）所示飞行器航迹角变化情况可知，以最小再入角为优化指标时，计算得到的再入航迹角为 $-8°$；而以最大再入角为优化指标时，计算得到的再入航迹角为 $-10°$。由此可见，在上述逆行轨道下，飞行器再入速度 7500m/s 对应的可行再入航迹角范围为 $-10° \sim -8°$，不满足飞行器再入点的航迹角要求，而且在两种再入角指标要求下，发动机工作时间都接近 600s，燃料消耗近 1000kg。

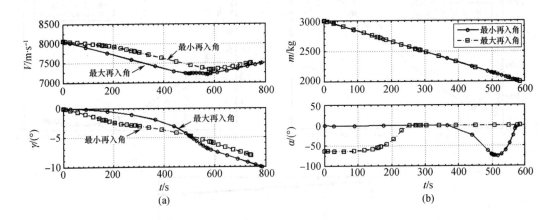

图 9.14　标准再入速度下最大最小再入角及主要参数变化情况
(a) 速度和航迹角变化；(b) 质量及推力角变化。

通过上述分析不难发现，由于飞行器在逆行轨道上运行，其初始相对速度较大，飞行器制动离轨时需要消耗大量燃料才能将其相对速度降低到再入时所需的水平，但与此同时也会增加飞行器的再入角度，而对于跳跃滑翔式再入飞行器特殊的再入航迹角和相对再入速度要求，逆行轨道不适合作为飞行器的空间部署轨道。

9.4.5　平台可行质量范围

前面三小节针对制动时刻飞行器与推进舱总质量为 3000kg 的情况，研究得到了飞行器的标准再入参数，再入速度 7500m/s，再入倾角 $-2.8°$。但是在实际情况中，由于各种任务可能造成飞行器和推进舱的总质量存在偏差，那么上述再入标准参数未必能够满足要求。因此，有必要对标准再入参数条件下，飞行器和推进舱的总质量范围开展研究。"神州"飞船轨控发动机一次最长工作时间 240s，累计工作时间 430s，为了便于军事应用，假设发动机工作时间小于 200s，研究空间平台的可行质量范围。

图 9.15（a）所示为飞行器过渡段飞行速度变化情况，从中不难发现，飞行器整体速度变化都是先减小后增大，只是由于总质量不同，制动段的作用时间和速度变化斜率有所差别，但终端速度都达到了预定的 7500m/s，并且飞行器过渡段全程飞行时间差也小于

100s。而且从图9.15（b）所示航迹角变化情况也不难看出，不同初始总质量的飞行器终端航迹角也达到了标准再入航迹角 - 2.8°。图9.15（c）所示为最大总质量和最小总质量指标要求下，飞行器质量变化情况。通过计算得到飞行器最小总质量约为988kg，而最大总质量约为4338.9kg。由于飞行器质量已经达到907.8kg，再考虑到其他附加设备质量，前文对飞行器总质量3000kg的假设是合理的。

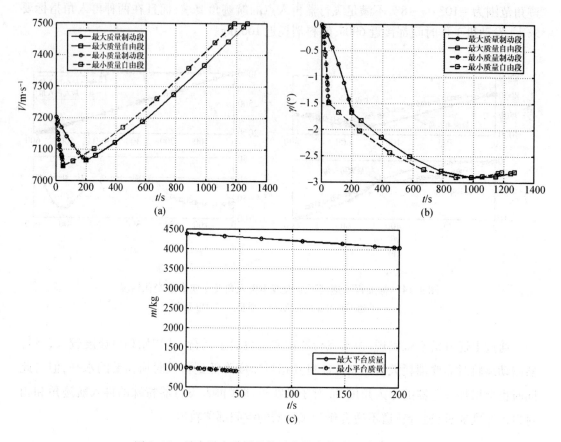

图9.15　最大最小质量及其对应的速度、航迹角变化情况

（a）速度变化情况；（b）航迹角变化情况；（c）质量变化情况。

9.4.6　不同初始质量的最优推力角变化

以轨道高度467.832km的回归轨道为例，按照再入速度7500m/s，再入航迹角 - 2.8°的指标要求，研究分析不同初始质量情况下燃料最省时的最优推力角变化情况。发动机工作时间和燃料消耗量如表9.5所示，飞行器主要参数的变化曲线如图9.16所示。

从表9.5中所示数据不难发现，随着飞行器初始总质量的增加，发动机工作时间延长，燃料消耗量增加，并且当初始总质量达到4000kg时，发动机作用时间已经接近200s，燃料消耗达到311.5kg，而当初始总质量达到5000kg时，发动机作用时间已经接近230s，超过预先设定的200s工作时间。

表9.5 不同总质量飞行器发动机工作时间和燃料消耗

m_0/ kg	t_{ignite}/ s	m_{fuel}/ kg
2000	91	156.8
3000	140	240.6
4000	182	311.5
5000	228	389.0
6000	273	466.6

图9.16（a）和图9.16（b）显示了飞行器不同初始总质量条件下,速度和航迹角变化情况。从中不难发现,不同初始总质量条件下,飞行器过渡段飞行的终端速度和航迹角均满足飞行器再入点的指标要求,即再入速度7500m/s,再入航迹角−2.8°。随着飞行器初始总质量的增加,发动机工作时间也随之延长,并且从图中所示制动段情况可以看出,当初始总质量达到4000kg时,发动机工作时间确实已经接近200s。从图9.16（c）所示推力角变化情况还可以看出,在以燃料最省为优化指标的情况下,发动机推力角的变化基本上均呈现出一种线性变化的规律,而且图9.16（d）所示飞行器质量变化与表9.5所示燃料消耗完全一致。由此可见,以燃料最省得到的最优控制规律能够降低飞行器离轨制动时发动机控制的难度。

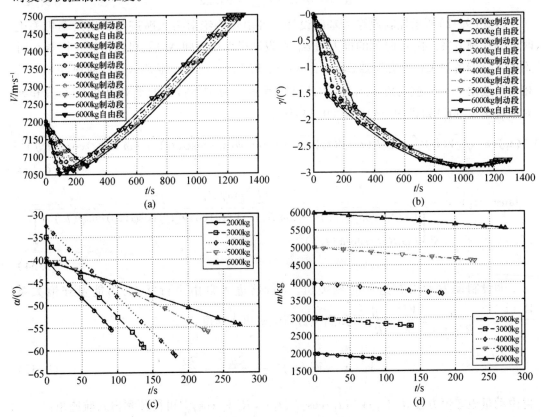

图9.16 不同总质量飞行器主要参数变化情况
（a）速度变化;（b）航迹角变化;（c）推力角变化;（d）质量变化。

9.5 制动发动控制方案

通过9.4.5节的研究发现,不同飞行器初始质量在燃料最省的优化指标要求下都对应了一个推力角的最优控制规律。但是在实际应用时,飞行器初始质量可能无法准确估计,进而无法得到推力角的最优控制规律,而且通过数值计算寻找最优推力角控制规律会消耗一定的计算时间,有可能造成作战时间的延误。因此,有必要为飞行器制动发动机设计一种控制方案,本小节将以3000kg飞行器初始质量得到的最优控制规律为基础设计一种制动发动机控制方案。

9.5.1 发动机关机方案

从前面章节的研究中可以发现,假设飞行器运行在轨道高度467.832km,轨道倾角30°的回归轨道,飞行器制动时刻初始质量为3000kg,制动点位于(0°E,0°N),在再入点高度100km,再入速度7500m/s和再入航迹角 $-2.8°$ 的指标要求下,采用5000N推力发动机实施离轨制动,在以燃料最省为优化指标的情况下得到制动发动机理论工作时间为140s,推力角控制规律为

$$\alpha = -0.15 \cdot t_{ignite} - 34.22 \tag{9.32}$$

以式(9.32)所示控制规律为基础设计一种由预测绝对再入航迹角决定发动机关机时间的控制方案。由 t_0 时刻的推力角 α_0 ,在发动机作用时间 Δt 后,可以得到飞行器 t_1 时刻的飞行器各项飞行状态参数,即经度 $\theta(t_1)$ 、纬度 $\varphi(t_1)$ 、地心距 $R(t_1)$ 、相对速度 $V(t_1)$ 、相对航迹角 $\gamma(t_1)$ 、航向角 $\psi(t_1)$ 。由此可以得到 t_1 时刻飞行器的绝对速度 $V^*(t_1)$ 和绝对航迹角 $\gamma^*(t_1)$ 如式(9.33)和式(9.34)所示。

$$V^*(t_1) = \sqrt{\left[V(t_1)^2 + 2\omega_e R(t_1) V(t_1) \cos\gamma(t_1) \cos\psi(t_1) \cos\varphi(t_1) + (\omega_e R(t_1) \cos\varphi(t_1))^2\right]} \tag{9.33}$$

$$\tan\gamma^*(t_1) = \frac{V(t_1)\sin\gamma(t_1)}{\sqrt{\left[\begin{array}{l}(V(t_1)\cos\gamma(t_1))^2 + 2\omega_e R(t_1) V(t_1) \cos\gamma(t_1) \cos\psi(t_1) \cos\varphi(t_1) + \\ (\omega_e R(t_1) \cos\varphi(t_1))^2\end{array}\right]}} \tag{9.34}$$

假设制动发动机在这一时刻关机,飞行器进入自由飞行状态,由能量守恒关系 $\frac{V^*(t_1)^2}{2} - \frac{\mu}{R^*(t_1)} = \frac{V_e^{*2}}{2} - \frac{\mu}{R_e^*}$ 可预测飞行器绝对再入速度:

$$V_e^* = \sqrt{V^*(t_1)^2 - \frac{2\mu}{R^*(t_1)} + \frac{2\mu}{R_e^*}} \tag{9.35}$$

再由动量矩守恒方程 $R^*(t_1) V^*(t_1) \cos\gamma^*(t_1) = R_e^* V_e^* \cos\gamma_e^*$ 可得预测再入航迹角:

$$\gamma_e^* = \arccos\left(\frac{R^*(t_1) V^*(t_1) \cos\gamma^*(t_1)}{R_e^* V_e^*}\right) \tag{9.36}$$

180

根据上述公式可以发现,求解反余弦函数时,需要对 $\dfrac{R^*(t_1)V^*(t_1)\cos\gamma^*(t_1)}{R_e^* V_e^*}$ 进行判

定,当 $\dfrac{R^*(t_1)V^*(t_1)\cos\gamma^*(t_1)}{R_e^* V_e^*} > 1$ 时,说明目前的高度、速度和航迹角无法使飞行器以绝

对速度 V_e^* 进入高度 100km 的空域,制动发动机应该保持连续点火工作状态,而当

$\dfrac{R^*(t_1)V^*(t_1)\cos\gamma^*(t_1)}{R_e^* V_e^*} \leqslant 1$ 时,开始进行发动机关机判断,以此时飞行器相对运动状态

参数为初始条件,积分预测得到飞行器再入时的相对航迹角 $\gamma'_e(t_1)$。依此类推,直到预
测航迹角与指标要求的航迹角满足 $|\gamma_e - \gamma'_e| \leqslant \varepsilon$ 时,制动发动机关机。

以某一制动点位置和特定飞行器总质量为例,得到了燃料最省指标要求下的制动发
动机推力角控制规律,并设计了一种制动发动机关机方案。但是由于飞行器在不同空间
位置时的初始速度、航向角并不完全相同,而且初始质量也可能存在较大差异,采用上述
推力角控制方案能否保证飞行器按要求的速度和航迹角再入还需进一步研究分析。

9.5.2　不同制动点位置控制方案适应性

为了验证飞行器从不同位置制动离轨时推力角控制方案的适应能力,针对飞行器初
始总质量 3000kg 的情况,按照本书设计的发动机控制方案,研究飞行器从不同位置制动
离轨后飞行参数的变化情况。假设飞行器初始位置为 $(0°\mathrm{E}, 0°\mathrm{N})$,飞行器沿轨道运行不
同周期后实施制动离轨,仿真时间步长为 1s,计算结果如表 9.6 所示。

表 9.6　不同制动时刻发动机工作时间和燃料消耗情况

T_{period}	$V_0/\mathrm{m \cdot s^{-1}}$	$\gamma_0/(°)$	$\psi_0/(°)$	$V_f/\mathrm{m \cdot s^{-1}}$	$\gamma_f/(°)$	$\psi_f/(°)$	t_{ignite}/s	m_{fuel}/kg
0	7205	−0.0082	60	7490	−2.8001	84.84	140	240.6
1/8	7203	−0.0082	67.82	7496	−2.7982	109.9	138	237.2
1/4	7201	−0.0082	90.04	7503	−2.7991	121.53	136	233.8
3/8	7203	−0.0082	112.23	7497	−2.8012	116.15	138	237.2
1/2	7205	−0.0082	120	7490	−2.7985	95.15	140	240.6

从表中所示数据可以看出,当在轨运行不同周期后,飞行器制动离轨时的初始相对速
度并不相同,而初始航向角则表明了飞行器此刻的运行方向。但由于采用的圆回归轨道,
飞行器初始相对航迹角都是一样的。虽然初始速度和航向角不同,但是得到的再入点速
度和航迹角与指标要求基本一致,再入点速度偏差范围 −10~3m/s,再入航迹角偏差范
围 −0.0018°~0.0012°。并且还可以发现,飞行器从不同位置制动离轨时,制动发动机工
作时间并不相同,初始航向角为 60° 时,发动机工作时间最长,为 140s,而当初始航向角接
近 90° 时,发动机工作时间最短,为 136s。

通过分析可知,由于飞行器运行 1/4 周期后,飞行器制动点星下点正好位于地面轨迹
最大纬度处,此时飞行器航向角约为 90°,瞬时速度方向几乎与地球自转方向平行并且同
向,使得此刻飞行器的相对速度较小,进而有助于缩短发动机工作时间,减小燃料消耗。
而制动点从该点向前向后移动,飞行器制动时的相对速度都会增加,进而使制动发动机工

作时间和燃料消耗呈现出对称增加的趋势。

图 9.17 显示了飞行器不同位置制动离轨后主要飞行参数的变化情况。图 9.17 (a) 和图 9.17 (b) 分别显示了飞行器过渡段飞行的地面轨迹和航向角变化情况。比较飞行器不同位置离轨后的地面轨迹与原运行轨道的星下点轨迹不难发现,飞行器从赤道附近离轨,飞行器地面轨迹与圆轨道星下点轨迹偏离较远,而当飞行器从高纬度地区制动离轨,飞行器再入点靠近赤道时,其地面轨迹与圆轨道星下点轨迹的偏差较小。由此可见,飞行器从低纬度地区制动离轨后向高纬度地区飞行,地球自转对飞行器侧向轨迹的影响较大。

从图 9.17 (c) 和图 9.17 (d) 所示飞行器速度和航迹角变化情况可以看出,虽然飞行器从不同的位置制动离轨,但飞行器速度和航迹角变化曲线基本一致,说明飞行器制动时刻所在位置对飞行器制动离轨阶段的速度和航迹角影响并不大。从上述分析可知,本书设计的发动机控制方案能够适应飞行器不同制动位置的情况,虽然其初始速度和航向角不同,但是依然能够保证飞行器再入点参数在指标要求范围内。

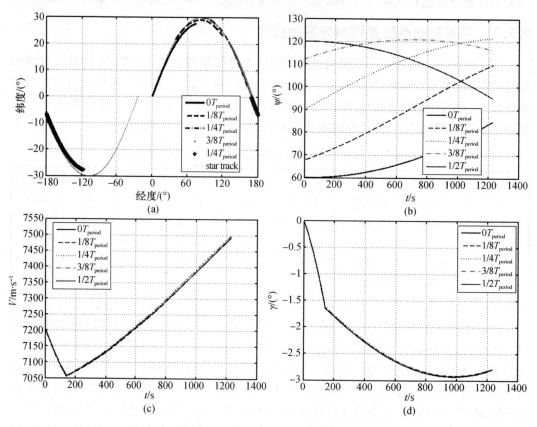

图 9.17　发动机在不同位置点火时飞行器状态参数的比较
(a) 经纬度变化;(b) 航向角变化;(c) 速度变化;(d) 航迹角变化。

9.5.3　不同初始质量控制方案适应性

通过 9.5.2 节的研究发现,本书设计的制动发动机控制方案对飞行器不同制动位置具有较强的适应能力,而本小节主要研究分析该控制方案对飞行器不同初始质量的适应能力。假设发动机开始工作时飞行器位于(0°E,0°N),此时飞行器初始相对速度7205m/s,初始相对航迹角 − 0.0082°,初始航向角60°,计算飞行器初始总质量为2000kg、3000kg、4000kg、5000kg和6000kg情况下飞行器过渡段飞行参数变化情况,结果如表9.7所示。

　　对照表9.6和表9.7所示数据不难发现,由本书所设计发动机控制方案得到的发动机关机时间与所示的最优结果还是存在一定差别。由于本书的控制方案是以总质量3000kg的最优控制律为基础设计的,当初始总质量小于等于3000kg时,方案控制时发动机工作时间与最优控制时发动机工作时间基本一致;但是当初始总质量大于3000kg时,相同初始总质量情况下,方案控制时发动机工作时间明显比最优控制时发动机工作时间长,而且随着总质量的增加,这一时间差也随之增加。当飞行器初始质量为4000kg时,发动机工作时间为196s,比最优控制时发动机工作时间182s多14s;而当飞行器初始质量达到5000kg时,发动机工作时间已达到261s,比最优控制时的228s多33s。根据前面对发动机工作时间的限制可见,飞行器初始质量达到5000kg时已经超过发动机连续工作极限时间200s,而前文利用最优化方法计算得到飞行器最大初始质量为4338.9kg。由此可见,由于发动机工作时间的限制,进而限制了飞行器和推进舱的总体质量。

表9.7　不同初始质量飞行器再入参数及制动发动机工作情况

m_0/ kg	V_f/ m·s^{-1}	γ_f/(°)	ψ_f/(°)	t_{ignite}/ s	m_{fuel}/ kg
2000	7486	− 2.803	84.67	90	155.3
3000	7496	− 2.798	84.84	140	240.6
4000	7495	− 2.799	84.75	196	336.2
5000	7501	− 2.801	84.53	261	441.7
6000	7511	− 2.805	84.24	339	580.2

　　由前面的研究可知,本书设定的飞行器标准再入速度为7500m/s,标准再入航迹角 − 2.8°。虽然利用本书设计的发动机控制方案,在不同飞行器初始总质量情况下,制动发动机的工作时间与最优控制下的工作时间存在一定差别,但根据表9.7所示数据可知,飞行器再入速度偏差范围为 − 14～11m/s,再入航迹角偏差范围为 − 0.002°～0.013°,终端航向角在84°～85°之间,再入参数偏差相对较小。由此可见,本书设计的发动机控制方案在不同初始总质量情况下依然适用,能够保证飞行器再入点速度和航迹角在可行范围内。飞行器在不同初始总质量情况下主要飞行参数变化曲线如图9.18所示。

　　图9.18 (a)和图9.18 (b)所示为飞行器速度和航迹角变化情况。从图中显示情况不难发现,飞行器速度和航迹角变化与不同制动位置时的变化有着明显区别。当飞行器初始总质量一定时,不同制动位置下飞行器速度和航迹角变化趋势基本一致,而当飞行器初始总质量不同时,飞行器制动段的速度变化率和航迹角变化率都有明显差别。随着初始总质量的增加,飞行器制动段速度和航迹角变化斜率明显减小,制动段时间明显增加,但是终端速度和航迹角基本都在要求的再入指标参数范围内。

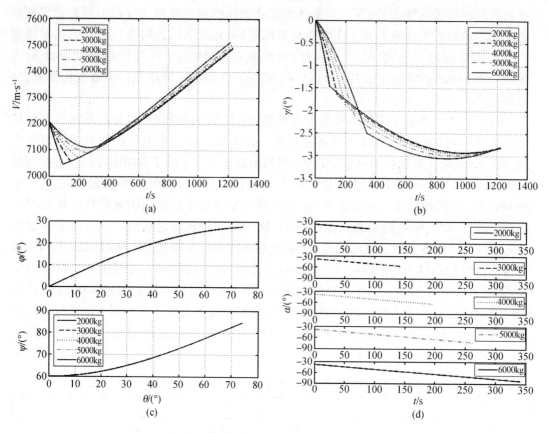

图 9.18 方案控制时不同初始质量飞行器主要参数变化情况
(a) 速度变化; (b) 航迹角变化; (c) 经纬度及航向角变化; (d) 推力角变化。

图 9.18 (c) 所示为飞行器经纬度及航向角变化情况。从图中不难发现,不同初始总质量的飞行器在本书设计的发动机关机方案控制下,地面轨迹和航向角变化曲线几乎重合。虽然再入点位置和终端航迹角存在一定差别,但差别也相对较小,再入点经度纬度差别小于 1°,航向角差别也在 1° 以内。由此可见,虽然飞行器总质量不同,但在本书设计的发动机关机方案控制下,飞行器过渡段飞行的距离基本一致,而且达到再入点时的速度、航迹角和航向角均在指标要求范围内。从图 9.18 (d) 所示制动发动机推力角变化情况可知,不同初始总质量的飞行器推力角均按照设计的控制规律变化,只是由于初始总质量不同,发动机工作时间不同而已。

通过上述分析不难发现,本书设计的制动发动机关机控制方案在飞行器不同制动位置和不同飞行器初始总质量情况下都有较强的适应能力,得到的再入点速度和航迹角均在指标要求范围内,充分说明本书设计的制动发动机关机方案是可行的,可用于高速再入动能打击飞行器的制动离轨控制。

9.6 小 结

在圆轨道假设情况下,利用第 5 章所得到的再入飞行器地面覆盖范围,根据交叉后纬度覆盖和单个轨道面内指定弧段的覆盖要求,研究得到了飞行器空间所需的轨道面和每个轨道面内飞行器的部署数量,基本确定了3个轨道面,每个轨道面7个飞行器的部署方案。以回归周期1天为要求,并考虑地球非球形摄动的影响,在限定的轨道高度范围内,设计得到了两条圆回归轨道,将轨道高度467.83km的圆回归轨道作为飞行器的空间运行轨道,并以该轨道为基础对飞行器离轨制动阶段了开展研究。在总质量3000kg的假设下,计算得到飞行器离轨制动终端所能达到的速度和航迹角范围,验证了将再入速度7500m/s和再入航迹角 −2.8°作为标准再入点参数的合理性。

随后,将上述再入点指标参数作为飞行器离轨制动段的终端指标要求,研究分析了在燃料最省和时间最短两种优化指标要求下,制动发动机推力角的变化情况。从易于控制的角度出发,本书将燃料最省作为飞行器离轨制动时的优化指标,并按照该优化指标和发动机一次性工作时间小于200s的要求,计算得到了满足再入点速度和航迹角的飞行器总质量有效范围应该在988 ~ 4338.9kg之间。以总质量3000kg时得到的最优推力角控制为基础,设计了一种制动发动机关机方案,并通过研究发现该控制方案在不同制动点位置和不同初始总质量情况下依然能够保证飞行器按照要求的指标参数再入。

第五篇　总体方案设计与仿真演示

第10章　典型方案设计及指标

10.1　助推－滑翔式飞行器任务规划

助推－滑翔式飞行器具有速度快和机动能力强的优势,若将其应用于常规远程精确打击,则具备以下特点:

(1) 快速反应能力,能够接到任务指令后短时间内发射;

(2) 机动范围大,能够对纵深目标进行打击;

(3) 能够在飞行过程中重新确定打击目标,对目标有较强的适应性;

(4) 利用撞击能够最大限度地减小附带杀伤破坏效果;

(5) 主动段弹道未出大气层,能够降低被红外预警卫星探测的概率;

(6) 滑翔段弹道能够机动调整,低空防御力量难以拦截。

根据飞行器以上特点,适合攻击海面大型舰艇、软掩体中的远程轰炸机、指挥控制和通信设施以及导弹地下井[176]。

任务规划是指在飞行器执行任务之前,需要先了解目标位置、地理特征及自身能力等因素,然后根据这些信息和条件制定策略,为飞行器的设计和运用奠定基础。对任务规划的要求主要体现在[177]可行性、最优性、协同性等。本节主要考虑对助推－滑翔式飞行器的部署及其运载火箭性能参数进行规划。

10.1.1　主动段关机点的选取

与滑翔段相比,主动段和末制导段射程皆为小量,因此在不作精确要求的情况下,总射程可由滑翔段射程来替代。根据射程的需要,确定相应的关机点参数。以关机点速度最小为优化目标,确定不同射程下的关机点指标,计算结果如表 10.1 所示。

表 10.1　不同射程下的关机点参数

高度/km	射程 4000km		射程 8000km		射程 12000km	
	速度/m·s^{-1}	倾角/(°)	速度/m·s^{-1}	倾角/(°)	速度/m·s^{-1}	倾角/(°)
50	4565.89	5.66	5763.30	1.71	6418.43	2.07
60	4572.97	7.76	5772.35	1.08	6429.94	1.85
70	4581.01	4.46	5764.94	2.42	6447.14	1.26

由研究结果可知,关机点速度是影响射程的主要因素,因此在对射程进行估算时,可以仅考虑速度的影响。由表10.1可以看出:

射程4000km对应的平均关机速度约为4573m/s;

射程8000km对应的平均关机速度约为5766m/s;

射程12000km对应的平均关机速度约为6431m/s。

10.1.2 运载火箭性能参数规划

基于运载火箭质量估算模型,当确定关机点速度后,就可以估算运载火箭的性能参数。考虑到整流罩的质量(一般为几十千克),可以将有效载荷设为1000kg。为计算方便,均采用二级固体火箭。关机点速度分别取为4573 m/s,5766 m/s,6431 m/s,经过解析计算,运载火箭性能参数如表10.2所示。

表 10.2 不同型号的运载火箭性能参数

	A	B	C
第一级总质量/kg	9877	18260	25940
一子级药柱质量/kg	6206	12890	19210
一级平均比冲/s	227.8	227.8	227.8
一级工作时间/s	64.4	72.4	75.9
一级推力/N	215500	398100	566100
一子级弹径/m	1.057	1.348	1.057
第二级总质量/kg	3526	5081	6316
二子级药柱质量/kg	2435	3946	5141
二级真空比冲/s	272.5	272.5	272.5
二级工作时间/s	51.3	53.4	56.0
二级推力/N	138400	199400	247800
二子级弹径/m	0.8785	1.032	0.8785

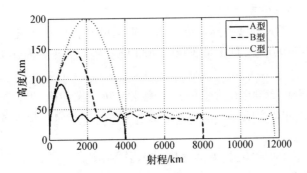

图 10.1 三种组合方案下的弹道对比

由图10.1可以看到,A型组合方案的总射程为3958km,B型为8021km,C型为11755km,与期望射程的误差分别为1.05%、0.26%、2.04%,可见运载火箭参数的设定是合理的。

三种方案的滑翔段参数如表 10.3 所示,主动段关机点高度都在 100 km 以下,这能够降低运载火箭尾焰的红外辐射,减小预警卫星上红外探测器发现概率,甚至使其来不及探测和定位[178]。特别是 A 型的最大高度在 100km 以下,还能将大气层作为一道天然屏障,使某些不能穿透大气层的定向能武器失效,可有效对抗反导系统在主动段对此飞行器的拦截[144]。另外,三种组合方案的最大飞行高度都小于200km,而潜射弹道导弹和洲际弹道导弹的最高飞行高度通常在1480~1852km 之间,这样就能避免误判。

表 10.3　三种组合方案的滑翔段参数

	A	B	C
关机点高度/km	50.7	63.9	69.7
最大高度/km	91.5	146.3	199.4
最大热流密度/kW·m^{-2}	899.9	1200	1200
最大动压/kPa	170.9	125.3	81.8
最大法向过载	3.6	4.3	3.3
总吸热量/kJ·m^{-2}	3.3035×10^5	7.5082×10^5	1.1196×10^6
滑翔段时间/s	1044.5	1807.4	2418.7

A 型组合方案的飞行器经过 4 次跳跃后达到最大射程,B 型经过 7 次跳跃后达到最大射程,C 型飞行器再入大气层时,较大的再入速度会给精确瞄准所需的控制、制导和导航带来较大的困难,并且长时间暴露在高热流下会使热管理更加复杂。因此 C 型组合方案的技术要求非常高,研制成本大,但以其超远的射程,能够形成强大的威慑作用;相比之下,A 型技术难度上更容易实现,且成本更低。

10.2　高速再入滑翔飞行器方案设计

10.2.1　卫星搭载型

1. 整体结构及各部分主要用途

本书设计的高速再入动能对地精确打击飞行器的整体结构主要由推进舱、再入滑翔飞行器和动能弹三部分组成,总质量3000~4000kg。各部分组成及主要用途如下所述:

(1) 推进舱。

推进舱质量2000~3000kg(含燃料),备有 4 台轨控发动机,单台发动机推力 2500N,质量 11.8kg,真空比冲 2930N·s/kg。主要用于飞行器空间轨道机动和离轨制动。

(2) 滑翔飞行器。

滑翔飞行器空重 457.8kg,最大携弹量450kg。构型采用最大升阻比为 3.4 的升力体结构,气动参考面积 0.484m²,驻点曲率半径 0.12m。主要用于将动能弹携带至预定投放点,并起到提高机动打击覆盖范围和保护动能弹的作用。

(3) 动能弹。

动能弹采用双锥轴对称旋成体构型,质量 450kg,最大升阻比 3.2,气动参考面积 0.102m²。主要用于最后对目标的垂直动能精确打击。飞行器整体结构和动能弹释放阶段如图10.2所示。

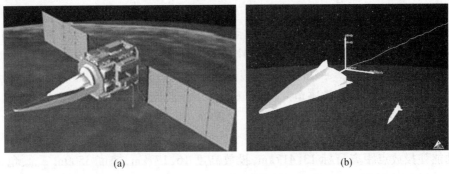

(a)   (b)

图10.2　飞行器整体结构及动能弹释放示意图

(a) 飞行器整体结构;(b) 飞行器释放动能弹。

2. 各阶段主要指标参数

（1）运行轨道和组网形式。

将轨道高度467.832km,轨道倾角30°,回归周期1天的圆回归轨道作为飞行器的空间运行轨道,飞行器在此轨道运行15圈后回归。飞行器组网按照等间距部署3个轨道面,每个轨道面部署7个飞行器的方式形成30:21/3/0的Walker星座,如图10.3所示。

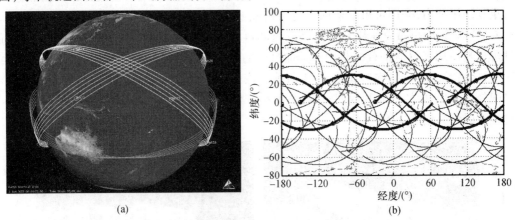

(a)   (b)

图10.3　飞行器空间组网分布及瞬时地面覆盖情况

(a) 空间组网形式;(b) 21个平台分布及瞬时地面覆盖情况。

（2）离轨制动段指标。

4台发动机中,2台发动机工作,2台备份,离轨制动时发动机提供的总推力为5000N,一次性工作时间小于200s。推力角变化规律为 $\alpha = -0.15 \cdot t_{ignite} - 34.22$,关机时间由9.5.1节所述方案确定,确保飞行器达到再入点时满足相对再入速度7500m/s,航迹角 $-2.8°$ 的指标要求。

（3）再入飞行器指标。

滑翔再入阶段初始高度为飞行器再入点高度100km,标准再入速度7500m/s,再入航迹角 $-2.8°$,滑翔阶段结束时高度30km,速度4000m/s,航迹角 $-5°$。滑翔段结束时飞行器与目标点的纵向距离应在116.147~140.147km之间,且航向指向目标。飞行器再入滑翔段攻角作用范围为 $0° \sim 30°$，最大热流密度 $1200\mathrm{kW}/\mathrm{m}^2$，动压小于 $200\mathrm{kPa}$，过载小于 $5g$。

飞行器下压投弹阶段到目标点的标准距离为 $128.147\mathrm{km}$，初始高度 $30\mathrm{km}$，速度 $4000\mathrm{m}/\mathrm{s}$，航迹角 $-5°$，航向指向目标点。初始时刻允许的纵向距离误差 $\pm 12\mathrm{km}$，侧向距离误差 $\pm 3\mathrm{km}$，高度误差 $\pm 1\mathrm{km}$。下压段结束时，飞行器高度 $16.177\mathrm{km}$，距离目标点 $13.417\mathrm{km}$，速度 $3500\mathrm{m}/\mathrm{s}$，航迹角 $-18°$。飞行器下压段飞行时攻角作用范围 $-10° \sim 30°$，过载小于 $10g$，动压小于 $1000\mathrm{kPa}$。

（4）动能弹指标。

动能弹投放点距离目标 $13.417\mathrm{km}$，投放高度 $16.177\mathrm{km}$，速度 $3500\mathrm{m}/\mathrm{s}$，倾角 $-18°$。允许初始纵向位置误差 $\pm 150\mathrm{m}$，侧向距离误差 $\pm 150\mathrm{m}$，高度误差 $\pm 150\mathrm{m}$，投放速度误差 $\pm 30\mathrm{m}/\mathrm{s}$，投放偏角误差 $\pm 3°$，投放倾角误差 $\pm 2°$。可以获得 $2000\mathrm{m}/\mathrm{s}$ 以上的命中速度和小于 $-85°$ 的命中倾角。动能弹攻角作用范围 $-50° \sim 50°$，法向过载限制 $60g$，动压小于 $3000\mathrm{kPa}$。

10.2.2 可重复使用型整体结构及应用指标

由于采用卫星搭载方案部署时，再入飞行器及其空间搭载的卫星平台都属于一次性消耗部件，直接导致应用成本的增加。而如 X - 37B 一类的无人驾驶飞行器具有较强的可重复使用能力，采用可重复使用飞行器搭载 CAV 并在空间释放，一次性消耗的仅仅只有 CAV 本身，而可重复使用飞行器可以返回再利用。这样一来将大大降低应用成本，而且可重复使用飞行器搭载的是用于动能打击的 CAV，在需要回收的情况下还能减小返回时的风险，其基本方案构型如图 10.4 所示。该方案的最大困难在于可重复使用飞行器在空间释放 CAV 后如何顺利返回。因此，本小节将对可重复使用飞行器释放载荷及其返回过程开展研究论证。

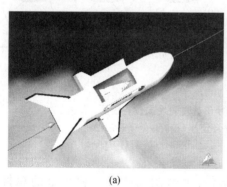 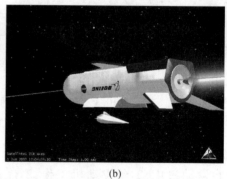

(a)　　　　　　　　　　　　　(b)

图 10.4　可重复使用型整体结构与释放示意图

(a) 可重复使用飞行器和 CAV 装载形式；(b) 制动离轨阶段的 CAV 释放。

1. 制动释放 CAV 并重新入轨阶段

本书假设根据 CAV 的再入点指标要求，可重复使用飞行器利用其主发动机实施飞行器和 CAV 的整体制动，在飞行器进入过渡段轨道时释放 CAV，随后可重复使用飞行器主发动机重新点火，将可重复使用飞行器送入新的近地轨道。为了论证该方案，本书以 X -

37B 可重复使用飞行器为例,该飞行器总质量 5000kg,干重 2404.08kg,搭载 CAV 重 907.8kg,除去干重和 CAV 部分,剩余约 1688kg 燃料。假设可重复使用飞行器主动力由两台推力为 2500N 的发动机提供,总作用力 5000N。当可重复使用飞行器从 467.832km 的回归轨道实施制动离轨释放 CAV 后重新点火入轨,可重复使用飞行器和 CAV 的参数变化情况如图 10.5 所示。

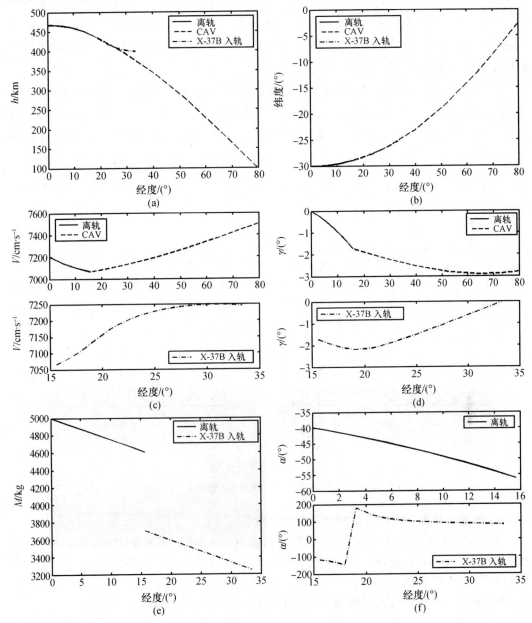

图 10.5　飞行器离轨和入轨时主要参数变化情况

(a) 飞行器与 CAV 高度变化;(b) 地面轨迹变化;(c) 离轨和入轨速度变化;
(d) 离轨和入轨倾角变化;(e) 飞行器总质量变化;(f) 离轨和入轨时发动机推力角变化。

图 10.5（a）所示为可重复使用飞行器和 CAV 的飞行高度,从中可以看出,按照 CAV 的再入点指标要求,可重复使用飞行器和 CAV 一起离轨,飞行器和 CAV 分离后,CAV 沿自由段飞行轨迹再入大气层,而可重复使用飞行器则进入了 400km 的高度。图 10.5（b）显示了飞行器和 CAV 的地面运行轨迹。从图 10.5（c）和图 10.5（d）所示速度和倾角变化不难发现,CAV 再入速度和倾角完全满足再入点指标要求,相对速度 7500m/s,再入倾角 −2.8°,而可重复使用飞行器的终端相对速度为 7245m/s,倾角 0°,这一速度和倾角参数达到了飞行器在 400km 高度入轨的指标要求。说明可重复使用飞行器在释放 CAV 后能够重新进入轨道高度为 400km 的圆轨道。

从图 10.5（e）所示飞行器质量变化不难发现,飞行器和 CAV 整体离轨制动时,燃料消耗约 400kg 左右,飞行器与 CAV 一起进入过渡段轨道。随后飞行器释放 907.8kg 的 CAV,飞行器重新点火进入 400km 轨道,此时飞行器燃料消耗约 500kg。可见,可重复使用飞行器在完成这一整套动作后,还剩余约 788kg 燃料。飞行器初始轨道、制动段轨迹、CAV 飞行轨迹、可重复使用飞行器重新入轨轨迹以及入轨后新轨道运行情况如图 10.6 所示。

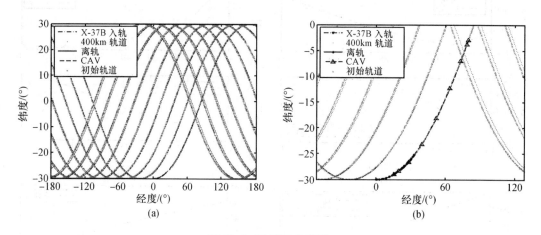

图 10.6　轨道变化情况

（a）前后轨道运行轨迹变化;（b）离轨和入轨阶段局部放大图。

2. 可重复使用飞行器离轨制动及返场阶段

从前面的研究可以发现,可重复使用飞行器重新入轨后,还剩余 788kg 的燃料,根据可重复使用飞行器返回时再入点参数的要求,本小节将对飞行器离轨制动和返场阶段的主要参数变化开展研究。飞行器从 400km 高度的圆轨道制动离轨,并以倾角 −1.5° 再入,得到离轨制动阶段可重复使用飞行器主要参数的变化情况如图 10.7 所示。

从图 10.7（a）所示飞行器速度变化可知,可重复使用飞行器再入点速度约为 7520 m/s,满足飞行器的再入点速度要求,而从图 10.10（b）所示飞行器倾角变化不难发现,飞行器再入点倾角达到了要求的 −1.5°。飞行器实现了正常离轨,高度从 400km 逐渐减小到 100km 的再入点高度（如图 10.7（c）所示）。从图 10.7（d）所示发动机推力角和质量变化可知,可重复使用飞行器制动阶段发动机推力角变化幅度较小,而且在燃料最省情况下,发动机推力角几乎呈现出线性变化,有利于发动机推力角的控制。而从其质量变化可以看出,飞行器离轨制动消耗燃料仅为125kg,也就是说还有663kg的燃料可用于飞行器的轨道机动使用。

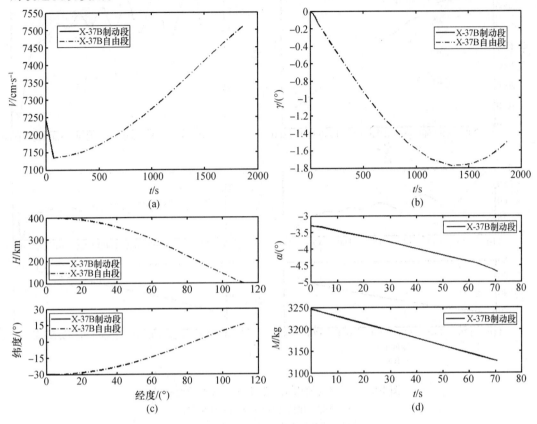

图10.7 可重复使用飞行器离轨阶段参数变化情况

（a）飞行器速度变化；（b）飞行器倾角变化；
（c）飞行器高度和经纬度变化；（d）发动机推力角和质量变化。

根据上述对飞行器离轨制动阶段研究得到的飞行器再入点参数和可重复使用飞行器返场时对高度、倾角和速度的要求,计算得到可重复使用飞行器再入返场时的参数变化情况如图10.8所示。

从图中所示参数变化情况可知,飞行从100km高度再入后,经过四到五次小幅跳跃后下降到22km左右,速度减小到894m/s,倾角为−5°,倾斜角调整为0°,并以17.5°的中等攻角进入返场状态。

通过上述对可重复使用飞行器制动释放CAV、重新入轨、离轨制动和再入返回几个阶段的研究发现,可重复使用飞行器具备这种空间释放CAV并实现重返的可行性,并且完成一次上述过程,飞行器还剩余663kg的燃料,还有能力进行其他的轨道机动和实现较长时间的轨道维持。如果CAV不需要对目标实施攻击,可重复使用飞行器也可以实现整体返回,其离轨制动段指标参数情况如图10.9所示。飞行器再入速度约为7550m/s,再入倾角−1.5°,燃料消耗约为200kg,满足飞行器返场所需的再入点参数要求。

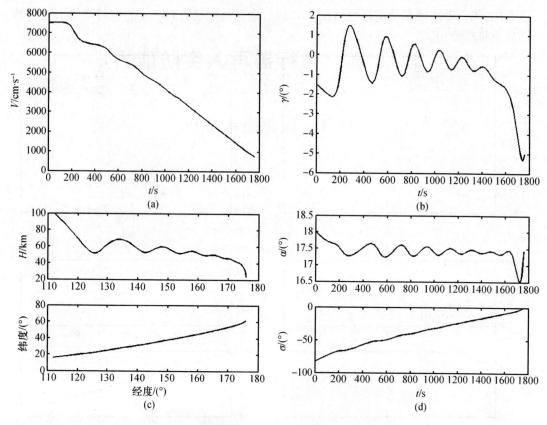

图 10.8 可重复使用飞行器滑翔再入参数变化情况

（a）速度变化情况；（b）倾角变化情况；

（c）高度和经纬度变化；（d）攻角和倾斜角变化。

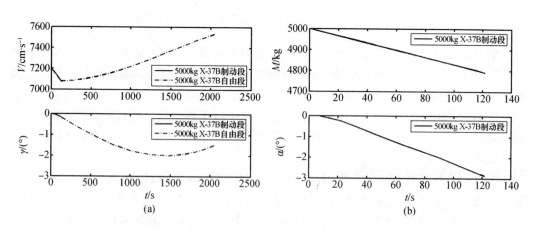

图 10.9 可重复使用飞行器搭载 CAV 返回时离轨制动参数变化

（a）速度和倾角变化；（b）质量和推力角变化。

第 11 章　飞行器再入突防能力

11.1　探测概率分析

预警卫星系统和地面远程预警雷达系统是主要的早期预警系统(如图 11.1 和图11.2 所示),比如美国现役的第三代"国防支援计划"(Defense Support Program,DSP)预警卫星系统和"铺路爪"远程预警雷达系统,DSP 部署轨道高,对红外特征敏感度较低,只能对弹道导弹主动段进行有效探测;"铺路爪"采用相控阵体制,作用距离可达 4000km 以上。本节针对这两种典型的早期预警系统,分析它们对弹道导弹、天基再入式武器和高速飞行器的探测概率。

图 11.1　DSP 卫星

图 11.2　铺路爪

11.1.1　预警卫星探测概率

DSP 卫星部署在地球静止轨道,相对于地面上任何一个观测点都静止不动,其红外系统以每分钟 v 转的速度对任意观测点进行扫描探测,并假定 DSP 预警卫星扫描即发现。

如图 11.3 所示是 DSP 卫星对弹道导弹和高速飞行器主动段的探测概率。可见,随着探测时间的增加,DSP 卫星对两种武器的探测概率增加明显;由于弹道导弹的主动段时间长,其被探测概率接近 100%;而高超声速武器主动段较短,其被 DSP 卫星探测概率不到 80%。

11.1.2　预警雷达探测概率

多脉冲探测雷达的探测概率经验公式为

$$P_r = \left(\frac{nS/N + 1}{nS/N}\right)^{n-1} \exp[-h/(1 + nS/N)] \tag{11.1}$$

式中,n 是雷达信号脉冲数;h 为雷达检测门限值;S/N 是雷达接收机的输出信噪比。当虚警概率取 10^{-6} 时,h 计算式如下:

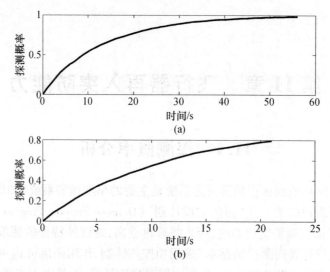

图 11.3　DSP 卫星对两种武器上升段的探测概率

$$h = 4.75\sqrt{n} + \sqrt{n} \tag{11.2}$$

雷达接收机的输出信噪比为

$$\frac{S}{N} = \frac{P_t G^2 \lambda^2 \sigma}{(4\pi)^3 KTBR^4 LF} \tag{11.3}$$

式中：P_t 为雷达发射功率；G 为天线增益；λ 为雷达波长；σ 为目标反射面积；K 为玻尔兹曼常数；T 为大气热力学温度；B 为雷达波束带宽；L 为损耗因子；F 为接收机噪声系数；R 为目标与雷达距离。

R 的经验公式为

$$R = 4.1\sqrt{H_r} + \sqrt{H_t} \tag{11.4}$$

式中：H_r 为雷达天线高度；H_t 为目标高度。

以 AN/FPS－115 型"铺路爪"远程预警雷达(见表 11.1)为例,分析远程预警雷达对弹道导弹、再入式飞行器和高超声速武器的探测概率。

表 11.1　"铺路爪"雷达基本参数

雷达型号	AN/FPS－115
工作频率	420～450MHz
平均功率	145kW
波束宽度	2°～2.2°
天线增益	38.4dB
天线高度	32m
天线直径	30.6m
极化方式	左/右圆极化
覆盖范围	方位角240°,倾角3°～85°

采用蒙特卡洛方法得到预警雷达探测三种武器的概率如图 11.4 所示，通过 1000 次仿真可以得到的探测概率均值。可见"铺路爪"雷达对三种武器的探测概率都很高。

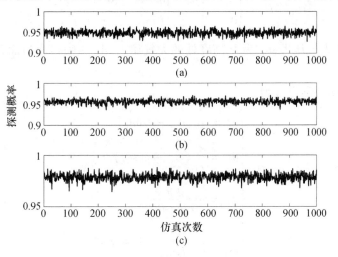

图 11.4 "铺路爪"雷达的探测概率

11.2 反导武器拦截能力

目前，较为成熟的反导系统采用陆基 THAAD 拦截弹或是海基 SM – 3 导弹实施高层拦截，而采用 SM – 2 导弹或 PAC – 3 导弹实施中层拦截。地面设施采用防空火炮实施进程拦截，而航空母舰则会采取"密集阵"近程防空火炮实施最后拦截。

为此，应该相应地研究不同阶段的拦截弹性能，以分析高速远程精确打击飞行器的突防能力。美军主要拦截弹的导引弹道的数学模型大部分相同，本书首先建立通用的拦截导弹模型，再根据不同的拦截弹性能进行计算分析。

11.2.1 拦截弹数学模型

1. 拦截弹动力学方程

设在弹道坐标系内拦截弹的速度为 $\boldsymbol{v}_L$，在地面坐标系内确定的拦截弹的位置为 $\boldsymbol{R}_L$，则拦截弹矢量运动方程为

$$\begin{cases} \dfrac{\mathrm{d}\boldsymbol{v}_L}{\mathrm{d}t} = \dfrac{1}{m}(\boldsymbol{P} + \boldsymbol{R}) - \boldsymbol{g}_H - \boldsymbol{\omega}_L \times \boldsymbol{v}_L \\ \dfrac{\mathrm{d}\boldsymbol{R}_L}{\mathrm{d}t} = \boldsymbol{v}_L \end{cases} \tag{11.5}$$

式中：P 表示拦截弹推力，R 表示空气动力，g 为重力角速度，ω 为拦截弹角速度，m 为拦截弹质量。

拦截弹的质量方程为

$$\dot{m} = -\frac{P_e}{I_s g_H} \tag{11.6}$$

197

式中：P_e 为固体发动机推力，I_s 为发动机比冲，且

$$P = \begin{cases} P_e + (p_0 - p_H)A_P, & 0 \leqslant t \leqslant t_k \\ 0 & , t_k < t \end{cases} \tag{11.7}$$

式中：p_0 为地面大气压力，p_H 为 H 高度处的大气压力，A_P 为喷口出口面积，t_k 为发动机关机时刻。

拦截弹的动力学方程为

$$\begin{cases} \dot{v}_L = g_H(n_{x_2} - \sin\theta_L) \\ \dot{\theta}_L = \dfrac{g_H}{v_L}(n_{y_2} - \cos\theta_L) \\ \dot{\varphi}_L = -\dfrac{g_H}{v_L\cos\theta_L}n_{z_2} \\ \dot{m} = \begin{cases} -\dfrac{P_e}{I_s g_H}, & 0 \leqslant t \leqslant t_k \\ 0, & t_k < t \end{cases} \end{cases} \tag{11.8}$$

式中：θ 为速度倾角，φ 为航迹偏航角，n_{x_2}，n_{y_2}，n_{z_2} 分别为拦截弹在三个方向的过载，即

$$\begin{cases} n_{x_2} = \dfrac{P\cos\alpha\cos\beta - X + P_c\sin\alpha_e}{G} \\ n_{y_2} = \dfrac{P\sin\alpha + Y}{G} \\ n_{z_2} = \dfrac{Z - P\cos\alpha\sin\beta}{G} \end{cases} \tag{11.9}$$

注意：$P_c\sin\alpha_e$ 项仅在末段运动时考虑。式中：G 为重力，P_c 为姿控发动机推力，(X, Y, Z) 分别为阻力、升力和侧力，α 为攻角，β 为侧滑角，α_e 为总攻角，即

$$\begin{cases} G = mg_H \\ X = C_X(\alpha, \beta)qS_e \\ Y = C_Y(\alpha)qS_e \\ Z = C_Z(\alpha)qS_e = -C_Y(\alpha)qS_e \end{cases} \tag{11.10}$$

式中：C_X 为阻力系数，C_Y 为升力系数，C_Z 为侧力系数，且 $C_X(\alpha, \beta) = C_X(\alpha) + C_X(\beta) - C_X(0)$；$S_e$ 为拦截弹横截面面积，q 为速度头（又称为速压），即

$$q = \frac{1}{2}\rho_H v_L^2 \tag{11.11}$$

式中：ρ_H 为 H 高度处的空气密度。

2. 拦截弹运动学方程

运动学方程建立在拦截弹地面坐标系上，用于确定拦截弹相对发射点的位置。拦截弹的运动学方程为

$$\begin{cases} \dot{x}_L = v_L\cos\theta_L\cos\phi_L \\ \dot{y}_L = v_L\sin\theta_L \\ \dot{z}_L = -v_L\cos\theta_L\sin\phi_L \\ R_L = \sqrt{x_L^2 + y_L^2 + z_L^2} \\ r_L = \sqrt{x_L^2 + (y_L + R_e)^2 + z_L^2} \\ \varepsilon_L = \arcsin\left(\dfrac{y_L}{R_L}\right), \varepsilon_L \in (0,90°), t \geqslant t_L \\ \beta_L = \arctan\left(-\dfrac{z_L}{x_L}\right), \beta_L \in (0, \pm180°), t \geqslant t_L \end{cases} \tag{11.12}$$

式中:ε_L 为高低角,β_L 为方位角,r_L 为拦截弹的地心距,R_e 为地球半径,t_L 为拦截弹离架时刻。

3. 目标相对于拦截弹的相对运动学方程

目标相对于拦截弹的相对运动学方程建立在拦截弹地面坐标系上,用于确定目标和拦截弹的相对运动状态。

设目标的位置为 (x_T, y_T, z_T),拦截弹的位置为 (x_L, y_L, z_L),目标与拦截弹的距离为 ρ,相对高低角为 q_ε,相对方位角为 q_β,则目标相对拦截弹的相对运动学方程为

$$\begin{cases} \Delta x = x_T - x_L \\ \Delta y = y_T - y_L \\ \Delta z = z_T - z_L \\ \rho = \sqrt{\Delta x^2 + \Delta y^2 + \Delta z^2} \\ \Delta\dot{x} = \dot{x}_T - \dot{x}_L \\ \Delta\dot{y} = \dot{y}_T - \dot{y}_L \\ \Delta\dot{z} = \dot{z}_T - \dot{z}_L \\ \dot{\rho} = \dfrac{(\Delta x\Delta\dot{x} + \Delta y\Delta\dot{y} + \Delta z\Delta\dot{z})}{\rho} \\ q_\varepsilon = \arcsin\left(\dfrac{\Delta y}{\rho}\right), q_\varepsilon \in (0,90°) \\ q_\beta = \arctan\left(\dfrac{\Delta y}{\Delta x}\right), q_\beta \in (0, \pm180°) \\ \dot{q}_\varepsilon = \dfrac{\Delta\dot{y}\rho - \Delta y\dot{\rho}}{\rho^2\cos q_\varepsilon} \\ \dot{q}_\beta = \dfrac{\Delta\dot{x}\Delta z - \Delta\dot{z}\Delta x}{(\cos q_\beta / \Delta x)^2} \end{cases} \tag{11.13}$$

4. 拦截弹的拦截交会角

拦截弹与目标的交会角为

$$\cos\theta_f = \dfrac{\boldsymbol{v}_L \cdot \boldsymbol{v}_T}{v_L v_T}\bigg|_{t_f} \tag{11.14}$$

199

式中：t_f 为拦截时刻，对应有 $\dot{\rho}(t_f) \approx 0$。

5. 拦截弹的中段制导方程

中制导段采用比例导引制导，其基本形式的指令过载为

$$\begin{cases} n_{y_2}^* = K \dfrac{|\dot{\rho}| \dot{q}_\varepsilon}{g_H} \\[4mm] n_{z_2}^* = -K \dfrac{|\dot{\rho}| \dot{q}_\beta}{g_H} \end{cases} \tag{11.15}$$

式中：K 为导航比，一般取 $K = 4$。

如采用预测命中点比例导引时，相对运动状态 $|\dot{\rho}|, \dot{q}_\varepsilon, \dot{q}_\beta$ 均是对固定预测命中点而言；如采用活动目标比例导引时，则相对运动状态是对活动的目标而言。

6. 拦截弹的末段制导方程

（1）粗控段制导指令方向。

采用一般的比例导引确定所需机动方向，并作为制导指令过载的方向，即

$$\begin{cases} n_{y_2}^* = K \dfrac{|\dot{\rho}| \dot{q}_\varepsilon}{g_H} \\[4mm] n_{z_2}^* = -K \dfrac{|\dot{\rho}| \dot{q}_\beta}{g_H} \end{cases} \tag{11.16}$$

式中：K 为导航比，一般取 $K = 4$。所需机动在弹道坐标系中的方向角为

$$\gamma_s = \arctan\left(\frac{-n_{z_2}^*}{n_{y_2}^*} \right) \tag{11.17}$$

（2）末段制导指令方向。

以瞄准点为基准建立相对弹道坐标系 $O_T x_r y_r z_r$ 和相对运动。设瞄准点相对跟踪点的相对距离为 l，其方向指向目标速度矢量（目标不作机动）。它在拦截弹发射坐标系中的分量为

$$l|_{\text{Launch}} = \begin{bmatrix} x_e \\ y_e \\ z_e \end{bmatrix} = \frac{l}{v_T} \begin{bmatrix} \dot{x}_T \\ \dot{y}_T \\ \dot{z}_T \end{bmatrix} \tag{11.18}$$

$$\dot{l}|_{\text{Launch}} \approx \frac{1}{v_T} \begin{bmatrix} \ddot{x}_T \\ \ddot{y}_T \\ \ddot{z}_T \end{bmatrix} \tag{11.19}$$

则瞄准点相对拦截弹的相对运动状态为

$$\begin{cases} \boldsymbol{\rho}^* = \boldsymbol{\rho} + \boldsymbol{l} \\ \dot{\boldsymbol{\rho}}^* = \dot{\boldsymbol{\rho}} + \dot{\boldsymbol{l}} \end{cases} \tag{11.20}$$

将瞄准点的零控制预测脱靶作为制导指令方向，则在相对弹道坐标系确定的制导指令为

200

$$\begin{cases} n_{y_r}^* = ky_r \\ n_{z_r}^* = kz_r \end{cases} \quad (11.21)$$

式中:k 为比例系数,(y_r,z_r) 分别为零脱靶在脱靶平面上的两个分量。考虑到弹道坐标系和相对弹道坐标系之间的相对欧拉角较小,可以近似选取下式作为弹道坐标系的所需机动方向:

$$\begin{cases} n_{y_2}^* \approx n_{y_r}^* = ky_r \\ n_{z_2}^* \approx n_{z_r}^* = kz_r \end{cases} \quad (11.22)$$

此时方向角为

$$\gamma_s = \arctan\left(\frac{-z_r}{y_r}\right) \quad (11.23)$$

11.2.2 不同拦截武器基本情况

1. "标准"-3 导弹

美国海基弹道导弹防御系统进行了多次拦截试验,根据飞行试验情况,"标准"-3(SM-3)型导弹的试验拦截目标为中近程弹道导弹。在拦截试验中拦截弹飞行时间约为 120s,飞行高度达到 160km,飞行距离可达 500km。据报道,"标准"-3 型导弹的拦截最大高度达 500km,最低拦截高度大于 80km,最大拦截范围至少为 600km(可达 1000km),目前其拦截速度为 3km/s 左右。长波红外导引头对战术弹道导弹的捕获距离超过 300km。"标准"-3 型导弹通过扩展第三级助推火箭的第一次脉冲和第二次脉冲启动之间的延迟时间,以增强拦截不同目标的能力,实现海基高层防御任务的灵活性。

根据拦截试验情况,"标准"-3 型导弹第一级助推火箭在发射后工作 7s,然后关机并分离;发射后 8s,第二级助推火箭点火,工作 33s 后关机;发射后 54s,第二级助推火箭分离,并且第三级助推火箭第一个脉冲点火,工作 10s 后关机;第三级助推火箭第二个脉冲工作约 10s。抛掉头锥时刻、第二次脉冲点火及关机时刻、动能弹头分离时刻根据目标的速度位置与拦截弹的速度位置关系得出。

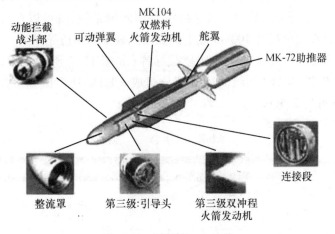

图 11.5 "标准"-3 导弹

"标准"-3 型导弹(如图 11.5 所示)总质量为 1505kg,其采用的动能弹头质量为 23kg;第一级使用 Mk72 助推火箭,质量为 712kg,其中固体推进剂为 468kg;第二级使用 Mk104 火箭发动机,质量为 488kg,其中固体推进剂为 360kg;其他部分(包括导引舱、控制系统、第三级火箭发动机等)质量为 282kg。由于"标准"-2BlockⅣ型导弹总质量为 1398kg,其采用的 Mk125 弹头质量为 115kg,并且没有第三级发动机,所以其控制系统、导引舱等部分质量为 83kg。由此可以估算出"标准"-3 型导弹第三级火箭发动机质量约为 200kg。

2. THAAD 导弹

战区高空区域防御(THAAD)系统是美国在 20 世纪 90 年代为战区导弹防御(TMD)计划重点开发研制的第一个专门的地基系统,工作原理如图 11.6 所示。

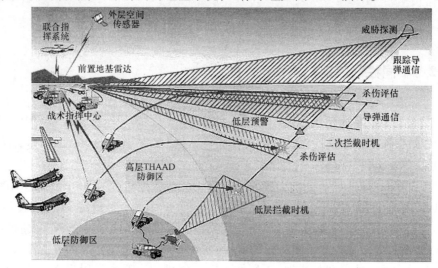

图 11.6　THAAD 导弹作战示意图

THAAD 系统的主要目的是:

(1)用"直接碰撞杀伤动能拦截弹"技术防御中远程战区弹道导弹,旨在保卫大的区域免遭射程 3500km 以下导弹的攻击;

(2)作为陆军双层战区导弹防御系统的高层防御系统,既可以在大气层内 40km 以上的高空,又可以在大气层外 100km 以上的高度拦截来袭弹道导弹。

THAAD 导弹是一种高速动能杀伤拦截导弹(如图 11.7 所示),由固体火箭推进系统、动能杀伤拦截器(KKV)和级间段等部分组成。THAAD 拦截弹全弹长 6.17m,弹重 800kg,最大速度可达 2.5km/s。

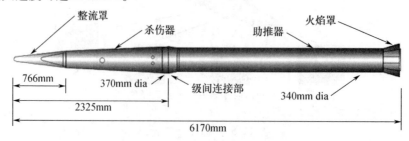

图 11.7　THAAD 拦截弹示意图

THAAD 导弹是一种设计非常先进的动能杀伤拦截导弹。它尺寸小、重量轻;拦截距离可达 150km 以上,拦截高度最大可达 150km,可保护直径 200km 的区域,杀伤能力强,还能实施多次拦截,以及具有高度的机动能力等优点,与"爱国者"–3 导弹防御系统可组成多层防御系统。

3. "爱国者"–3 导弹

"爱国者"–3(PAC–3)导弹系统,是洛克希德·马丁公司开发的反战术弹道导弹系统。1997 年 9 月开始工程研制阶段的飞行试验,先后共进行 13 次试验。2002 年进入作战试验阶段,2~5 月间共进行 4 次作战试验,均未获得圆满成功。发射方式为四联装箱式倾斜发射,每个火力系统单元以连为单位,每连有 5~8 辆发射车和 4 部雷达车、指控车、电源车及天线车,以及 20~32 枚待发导弹。"爱国者"–3 导弹总体性能参数如表11.2 所示。

表 11.2 "爱国者"PAC–3 型导弹的总体参数

参数名称	PAC–3
起飞质量/kg	315
空重/kg	140
全长/m	5.2
最大直径/m	0.25
参考面积/m^2	0.04909
翼展/m	0.48
助推器质量/kg	208.33
助推器装药量/kg	175
助推器工作时间/s	12
助推剂质量秒耗量/kg·s^{-1}	14.583
助推器地面比冲/s	245~254
助推器推力/kN	35.7
发动机喷口出口面积/m^2	0.0295
末段弹体自旋角速度/r·s^{-1}	3
单管固体小火箭数量/个	180
单管固体小火箭冲量/N·s	56
单管固体小火箭比冲/s	226
单管固体小火箭平均工作时间/ms	18
单管固体小火箭最大推力/N	6000
单管固体小火箭平均推力/N	3111
单管固体小火箭装药量/g	25

4. "密集阵"防空系统

"密集阵"近程武器系统(如图 11.8 所示)是一种"三位一体"结构的全自动、具有快速反应能力的舰载近程武器系统,主要用于拦截低空飞机和掠海飞行的反舰导弹。该系统集搜索雷达、跟踪雷达、伺服装置、火炮、弹库等多种子系统为一体，系统反应时间为5.7s，雷达分系统对 $0.1m^2$ 的目标发现距离约 5500m，最大跟踪距离 1828m，弹容量为 1550 发，有效拦截距离为 1500m，早期型号射速为 3000 发/min，改进型号为 4500 发/min。

图 11.8 "密集阵"近防系统

"密集阵"武器系统能以自主方式进行目标搜索、监测、跟踪、判断并决定攻击的目标。在没有任何其他系统支援的情况下，整个作战过程可自动进行，也可随时进行人工干预。射击程式为：

（1）搜索目标，把目标交给跟踪雷达后即由搜索状态转入跟踪状态；

（2）当火控系统计算目标对舰艇构成威胁时，立刻下令转管炮进行开火，然后是闭环射击，直到目标被击毁；

（3）武器系统自动转向另一个目标，转火时间为 4s。

虽然"密集阵"武器系统是抗击反舰导弹的最后屏障，拦截反舰导弹的时间很短促，一般为 6～10s，但却可以对目标取得 80% 以上的击毁概率。它的不足是弹丸较小，难以穿透带有保护装甲的反舰导弹。"密集阵"系统对于亚声速、末段机动性不强的反舰导弹具有较好的抗击效果，但由于受射速、弹容量限制，难以有效应对超声速、机动飞行目标或者数量较多的目标。"密集阵"相关数据如表 11.3 所示。

表 11.3 "密集阵"有关数据

散布精度/mil	跟踪精度/mil	火力系统精度/mil	火控系统精度/mil	火力范围/m
<1.4	0.7	1.0	0.8	500～1500

11.2.3 拦截对抗仿真分析

1. 常规武器拦截过程

几种典型拦截武器（如 SM-3 和 PAC-3）基本拦截过程如图 11.9 所示。

从对常规来袭弹的拦截过程看出，在拦截弹拦截范围内，上述几种拦截弹能够对来袭目标实施有效拦截，而本书在针对 CAV 进行仿真时，发现能够实施有效拦截的阶段相对较少，因此，本书对再入飞行器的整体弹道进行了分析。CAV 再入飞行器射程与高度变化如图 11.10 所示。

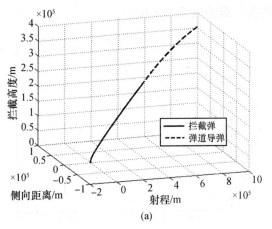 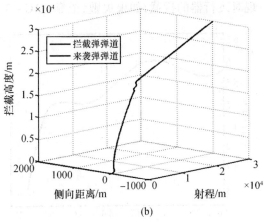

(a) (b)

图 11.9 拦截弹道导弹

（a）SM-3；（b）PAC-3。

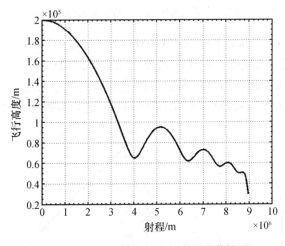

图 11.10 CAV 射程与飞行高度变化情况

2. 海基高空拦截过程

SM-3 拦截弹最低拦截高度 80km，最大拦截距离 600km，但是从 CAV 的再入弹道可以发现，飞行器最后一次在 80km 以上飞行时距离 SM-3 拦截弹发射点在 3000km 以上，远远超出 SM-3 拦截弹的拦截范围，并且飞行器长时间在 80km 以下跳跃飞行，使得 SM-3 无法对目标实施拦截。

3. 陆基高层大气防御过程

而对于地面的基地则采用 THAAD 拦截弹实施高空拦截，随后采用 PAC-3 实施低空拦截。其中 THAAD 拦截弹的最低拦截高度为 40km，最大拦截高度为 150km，最大拦截距离为 200km，从图 11.11 所示再入飞行器弹道细节可以发现，飞行器进入 THAAD 有效拦截距离 200km 时，其飞行高度为 50km，在 THAAD 拦截高度范围内，THAAD 拦截弹可以实施拦截。而从 50km 高度到 40km 高度，拦截剩余时间只有 60s 左右。当飞行器到达 PAC-3 有效拦截高度 30km 后，载荷已经抛洒，采用 PAC-3 实施拦截，成功机率较小。因此，对于地面基地在防御再入飞行器攻击时，有效的拦截手段就是要在短短的 60s 内实现对飞行器的拦截,如果失败,依靠 PAC-3 再次拦截的成功机率较小。

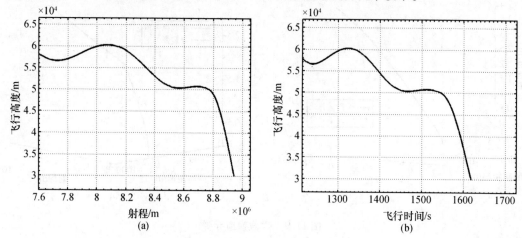

图 11.11　末端弹道细节
(a) 高度随射程的变化情况;(b) 高度随时间的变化情况。

当 CAV 飞行高度从 50km 下降到 40km 这一过程中,利用 THAAD 系统拦截弹参数、采用预估命中点导引方式模拟拦截跳跃式弹道飞行器,仿真结果如图 11.12 所示。可以看到,拦截弹与高速飞行器的相对距离随着作战时间先减小再增大,最小距离在 5km 左右,虽然能够进入末制导区域,但由于机动过载的制约,拦截弹不能命中目标。

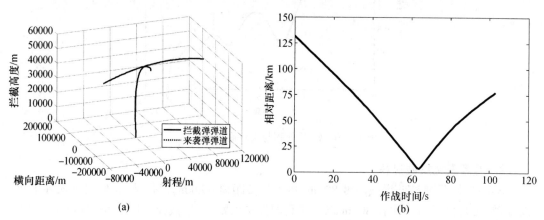

图 11.12　THAAD 拦截跳跃式弹道飞行器
(a)拦截过程;(b)拦截弹与目标飞行器相对距离。

当拦截弹到达预测拦截点时,拦截弹与目标飞行器两者之间的相对距离达到 10km,大大降低了末段动能拦截器的拦截成功率。所以说对于来袭飞行器,THAAD 拦截弹进行高空拦截极有可能失效,地面基地只能依靠 PAC-3 实施低空拦截。

4. 陆基低层大气防御过程

第一次拦截 CAV 过程,由于此时 CAV 正准备进行螺旋机动下压弹道进入载荷投放高度,PAC-3 发射后与 CAV 的相对距离逐渐减小,但是就在拦截末段 CAV 突然下压进入垂直向下的飞行弹道,PAC-3 由于大过载机动能力有限,相对距离增大,进而丢失目标,如图 11.13 所示。

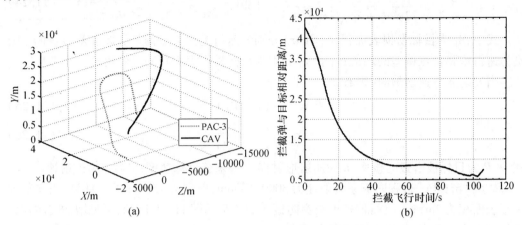

图 11.13　高空拦截方案
(a) 拦截轨迹；(b) 拦截弹与 CAV 相对距离。

图 11.14 所示为第二次低空拦截过程,此时 CAV 逐渐进入下压过程,高度方向上的变化较小,且速度有所降低,给 PAC - 3 拦截提供了机会。但是通过仿真计算发现,CAV 即使在下压进入垂直弹道的过程中,还在进行较大半径的螺旋飞行,致使 PAC - 3 必须实施大过载机动才能命中目标。如图 11.14(b)所示,低空拦截时 PAC - 3 前半段飞行轨迹较为正常,但是在拦截末段 Z 方向的机动幅度剧烈,需用过载高达 $60g$,PAC - 3 无法完成,致使最终无法拦截。

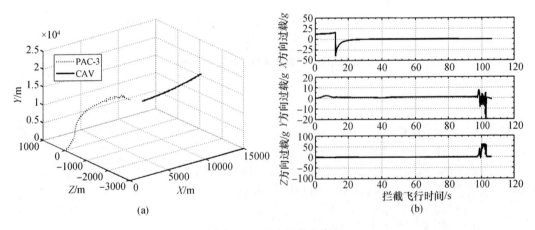

图 11.14　低空拦截方案
(a) 拦截轨迹；(b) 过载。

对于螺旋下压飞行的 CAV,即便是采用目前美国最先进的近程防空导弹 PAC - 3 也无法拦截,对于舰载防空导弹同样存在上述问题,可以说 CAV 具备突防到目标较近位置实施载荷投放的能力。

5. 近程"密集阵"拦截防御过程

密集阵单发速射炮拦截概率可由下式计算:

$$P_K = \frac{A_v}{\sqrt{2\pi\sigma_x^2 + x_0^2}\,\sqrt{2\pi\sigma_y^2 + y_0^2}} \cdot \exp\left(-\frac{\pi\mu_x^2}{2\pi\sigma_x^2 + x_0^2} - \frac{\pi\mu_y^2}{2\pi\sigma_y^2 + y_0^2}\right) \quad (11.24)$$

式中，A_v 为目标易损表面积；σ_x 和 σ_y 分别为速射炮弹着点偏差的标准差；μ_x 和 μ_y 分别为速射炮弹着点偏差的均值；x_0 和 y_0 分别为目标易损表面积的等效边长。

当发射 n 发速射炮时，则有

$$P = 1 - (1 - P_K)^n \quad (11.25)$$

$$n = \frac{L}{v} \cdot n' \quad (11.26)$$

式中，P 为目标被击毁的概率；L 为速射炮射程；v 为来袭目标速度；n' 为速射炮射速。

按照"密集阵"近程防御系统射速为 3000 发/min，射程为 1500m 进行计算，当飞行器易损表面积为 $2m^2$ 时，飞行器速度与突防概率的关系如图 11.15 所示，可见增加突防速度能够增大突防概率，但增大幅度逐步减小。

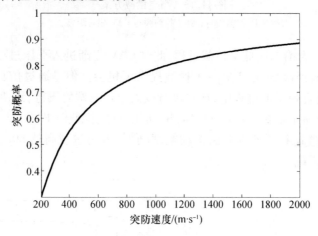

图 11.15　突防概率与突防速度关系

参 考 文 献

[1] Amy F Woolf. Conventional Prompt Global Strike and Long - Range Ballistic Missiles: Background and Issues[C]. Congressional Research Service, Washington, DC, Oct, 25, 2010.

[2] 雍恩米, 陈磊, 唐国金. 助推－滑翔弹道的发展史及基于该弹道的制导武器方案设想[J]. 飞航导弹, 2006(3): 20 - 23.

[3] Steven H Walker. The DARPA/AF Falcon Program: The Hypersonic Technology Vehicle 2 (HTV - 2) Flight Demonstration Phase[C]. 15th AIAA International Space Planes and Hypersonic Systems and Technologies Conference, AIAA - 2008 - 2539.

[4] 黄伟, 夏智勋. 美国高超声速飞行器技术研究进展及其启示[J]. 国防科技, 2011(3): 17 - 20.

[5] 胡海, 张林. 美国海基临近空间高超声速武器的发展及影响研究[J]. 飞航导弹, 2013(1).

[6] 童雄辉. 美国未来快速精确打击体系预测分析[J]. 导弹与航天运载技术, 208(5).

[7] 关世义. 基于钱学森弹道的新概念飞航导弹[J]. 飞航导弹, 2003(1): 1 - 4.

[8] 王路. 速燃助推与滑翔式机动弹头突防技术的新进展[J]. 国外核武器动态参考, 2009(6): 18 - 24.

[9] 聂万胜, 冯必鸣. 高速再入精确打击飞行器及其发展趋势[J]. 装备学院学报, 2013, 24(4): 1 - 4.

[10] Richie G. The Common Aero Vehicle: Space Delivery System of the Future[R]. AIAA 99 - 4435, 1999.

[11] Preston B Miller M. Space Weapons Earth Wars[R]. AD - A403411.

[12] White J T. Flight Dynamic and Aerothermodynamic Conceptual Design of a Bent - Nose Biconic RV Bus for Atmospheric Entry from Low - Earth Orbit[R]. AIAA 94 - 3463, 1994.

[13] 沈世禄, 冯书兴, 徐雪峰. 天基对地打击动能武器作战能力与可行性分析[J]. 装备指挥技术学院学报, 2006, 17(1): 33 - 37.

[14] 张岩, 冯书兴, 何忠龙. 天基对地打击武器飞行过程动力学分析与建模仿真[J]. 航天控制, 2006, 24(1): 52 - 56.

[15] 张岩, 冯书兴, 于涛. SBSW 系统作战过程建模仿真[J]. 装备指挥技术学院学报, 2006, 17(1): 27 - 31.

[16] 胡冬生. 在轨对地攻击模式研究[D]. 北京: 北京航空航天大学, 2008.

[17] Yong E, Tang G, Chen L. Three - Dimensional Optimal Trajectory for Global Range of CAV[R]. ISSCAA06, 2006.

[18] Mcnabb D J. Investigation of Atmosphere Reentry for the Space Maneuver Vehicle[D]. M. S. Thesis, USAF, AFIT/GN/ENY/04 - M03.

[19] Bilbey C A. Investigation of the Performance Characteristics of Reentry Vehicle[D]. M. S. Thesis, USAF, AFIT/GSS/ENY/05 - S01.

[20] Chen H, Yang D. Reentry Maneuver Control Strategy Study of Common Aero Vehicle[R]. ISSCAA06, 2006.

[21] Larry D D, Speyer J L. An Investigation of the Fuel - Optimal Periodic Trajectories of a Hypersonic Vehicle[R]. AIAA 93 - 5161, 1993.

[22] Speyer J L. Periodic Optimal Flight[J]. Journal of Guidance, Control and Dynamics, 1996, 19(4): 745 - 753.

[23] Chuang C H, Morimoto H. Periodic Optimal Cruise for a Hypersonic Vehicle with Constraints[J]. Journal of Spacecraft and Rockets, 1997, 34(2): 165 - 171.

[24] Carter P H, Pines D J, Rudd L V. Approximate Performance of Periodic Hypersonic Cruise Trajectories for Global Reach [R]. AIAA Paper 98 - 1644, 1998.

[25] 廖少英. 高超声速跳跃飞行武器研究[J]. 上海航天, 2005, 22(4): 27 - 30.

[26] 周文勇, 袁建平. 跨大气层飞行器空间转移轨道优化设计[J]. 西北工业大学学报, 2005, 23(6): 324 - 327.

[27] 陈洪波, 杨涤. 升力式再入飞行器离轨制动研究[J]. 飞行力学, 2004, 22(6): 35 - 39.

[28] 何烈堂. 跨大气层飞行器的力热环境分析与飞行规划研究[D]. 长沙: 国防科学技术大学, 2008.

[29] 雍恩米, 陈磊, 唐国金. 高超声速无动力远程滑翔飞行器多约束条件下的轨迹快速生成[J]. 宇航学报. 2008, 29(1): 46 - 62.

[30] 雍恩米,唐国金,陈磊. 助推-滑翔式导弹中段弹道方案的初步分析[J]. 国防科技大学学报,2006,28(6):6-10.

[31] 赵汉元. 飞行器再入动力学与制导[M]. 长沙:国防科技大学出版社,1997.

[32] 陈海东,余梦伦,董利强. 具有终端角度约束的机动再入飞行器的最优制导律[J]. 航天控制,2002,20(1):6-11.

[33] Ryoo C K,Cho H J,T ahk M J. Time-to-Go Weighted Optimal Guidance with Impact Angle Constraints[C]. IEEE Transactions on Control Systems Technology,2006,14(3):483-492.

[34] Yuan P J,Chern J S. Analytic Study of Biased Proportional Navigation[J]. Journal of Guidance,Control and Dynamics, 1992,15(2):185-190.

[35] Jeong S K,Cho S J,Kim E G. Angle Constraint Biased PNG[C]. The 5th Asian Control Conference,2004.

[36] 顾文锦,张冀飞,王士星. 高低巡航弹道中的虚拟目标比例导引[J]. 海军航空工程学院学报,2000,15(4):425-428.

[37] 杨扬,王长青. 一种实现垂直攻击的导弹末制导律研究[J]. 战术导弹技术,2006,27(3):65-68.

[38] Lu P. Intercept of Nonmoving Targets at Arbitrary Time-Varying Velocity[J]. Journal of Guidance,Control and Dynamics,1998,21(1):176-178.

[39] Lu P,Doman D B,Schierman J D. Adaptive Terminal Guidance for Hypervelocity Impact in Specified Direction[R]. ADA445166,2006.

[40] Byung S K,Jang G L,Hyung S H,et al. Homing Guidance with Terminal Angular Constraint against Non-Maneuvering and Maneuvering Targets[R]. AIAA Paper 97-3474,1997.

[41] Song J,Zhang T. Passive Homing Missile's Variable Structure Proportional Navigation with Terminal Angular Constraint [J]. Chinese Journal of Aeronautics,2001,14(2):83-87.

[42] Kevin P Bollino,Michael W. Oppenheimer and David B. Doman. Optimal Guidance Command Generation and Tracking for Reusable Launch Vehicle Reentry[R]. AFRL-VA-WP-TP-2006-326.

[43] Patrick J. Shaffer. Optimal Trajectory Reconfiguration And Retargeting For The X-33 Reusable Launch Vehicle[R]. Form Approved OMB No. 0704-0188,2004.

[44] Ping Lu,David B Doman,John D. Schierman. Adaptive Terminal Guidance for Hypervelocity Impact in Specified Direction[R]. Form Approved OMB No. 0704-0188,2006.

[45] Nathan Harl,S. N. Balakrishnan. Reentry Terminal Guidance Through Sliding Mode Control[J]. Journal of Guidance, Control,and Dynamics,2010,33(1):186-199.

[46] Harshal B Oza,Radhakant Padhi. A Nonlinear Suboptimal Guidance Law with 3D Impact Angle Constraints for Ground Targets[R]. AIAA 2010-8185,2010.

[47] Ashwini Ratnoo,Debasish Ghose. State-Dependent Riccati-Equation-Based Guidance Law for Impact-Angle-Constrained Trajectories[J]. Journal of Guidance,Control and Dynamics,2009,32(1).

[48] 康兴无,陈刚,等. 天对地精确攻击武器末端制导律研究[J]. 固体火箭技术,2009,32(1):11-14.

[49] Brain C Frabien. Some Tools For the Direct Solution of Optimal Control Problems[J]. Advances in Engineering Software. 1998,29(1):45-61.

[50] David Marcelo Garza. Application of Automatic Differentiation to Trajectory Optimization via Direct Multiple Shooting [D]. PH. D. Dissertation,The University of Texas at Austin,2003:11~18.

[51] 陈小庆,侯中喜. 高超声速滑翔式飞行器再入轨迹多目标多约束优化[J]. 国防科技大学学报,2009,31(6):77-83.

[52] Conway B A,Larson K M. Collocation Versus Differential Inclusion in Direct Optimization[J]. Journal of Guidance,Control,and Dynamics. 1998,21(5):780-785.

[53] Jeremy Hodgson. Trajectory Optimization Using Differential Inclusion to Minimize Uncertainty in Target Location Estimation[R]. AIAA,Guidance,Navigation,and Control Conference and Exhibit,San Francisco,California,2005:AIAA-2005-6187.

[54] Han S P. Globally Convergent Method for Nonlinear Programming[J]. Journal of Optimization Theory and Application, 1977,22(3):297~309.

[55] Fariba Fahroo,I. Michael Ross. Direct Trajectory Optimization by a Chebyshev Pseudospectral Method[J]. Journal of Guidance,Control,and Dynamics,2002,25(1):160-166.

[56] Anil V Rao,Kimberley A Clarke. Performance Optimization of a Maneuvering Re-entry Vehicle Using a Legendre Pseudospec-

210

tral Method[C]. Monterey: Atmospheric Flight Mechanics Conference and Exhibit, AIAA 2002 - 4885: 1 - 9.

[57] Paul Williams. Jacobi Pseudospectral Method for Solving Optimal Control Problems[J]. Journal of Guidance, Control, and Dynamics, 2003, 27(2): 293 - 297.

[58] David Benson. A Gauss pseudospectral transcription for optimal control[D]. Massachusetts Institute of Technology, 2005.

[59] Michael Ross I, Qi Gong, Pooya Sekhavat. The Bellman Pseudospectral Method[R]. Hawaii: Astrodynamics Specialist Conference and Exhibit, AIAA/AAS 2008.

[60] William J. Karasz. Optimal Re - entry Trajectory Terminal State due to Variations in Waypoint Locations[D]. Ohio: Department of the Air Force, Air University, 2008.

[61] Timothy R Jorris. Common Aero Vehicle Autonomous Reentry Trajectory Optimization Satisfying Waypoint and No - Fly Zone Constraints[D]. Department of the Air Force, Air Unuiversity, 2007.

[62] 周文雅,杨涤,李顺利. 利用高斯伪谱法求解升力航天器最优再入轨迹[J]. 南京理工大学学报(自然科学版), 2010, 34 (1): 85 - 90.

[63] 周文雅,杨涤,李顺利. 利用高斯伪谱法求解具有最大横程的再入轨迹[J]. 系统工程与电子技术, 2010, 32(5): 1038 - 1042.

[64] 陈小庆,侯中喜,刘建霞. 高超声速滑翔式飞行器再入轨迹多目标多约束优化[C]. 国防科技大学学报, 2009, 31 (6): 78 - 83.

[65] 雍恩米. 高超声速滑翔式再入飞行器轨迹优化与制导方法研究[D]. 长沙: 国防科学技术大学, 2008.

[66] 李瑜. 助推 - 滑翔导弹弹道优化与制导方法研究[D]. 哈尔滨: 哈尔滨工业大学, 2009.

[67] Mease K D, Chen D T, Teufel P. Reduced - Order Entry Trajectory Planning for Acceleration Guidance[J]. Journal of Guidance, Control and Dynamics, 2002, 25(2): 257 - 266.

[68] Roenneke A J. Adaptive On - board Guidance for Entry Vehicle[R]. Proceedings of the AIAA Guidance, Navigation, and Control Conference, AIAA, Reston, VA, 2001: AIAA - 2001 - 4048.

[69] Shen Z J, Lu P. Onbooard Generation of Three - Dimensional Constrained Entry Trajectories[J]. Journal of Guidance, Control and Dynamics. 2003, 26(1): 110 - 121.

[70] Ping Lu. Entry Guidance and Trajectory Control for Reusable Launch Vehicles[R]. AIAA Guidance, Navigation and Control Conference, San Diego, CA, 1996: AIAA - 1996 - 3700.

[71] Ping Lu. Regulation About Time - Varying Trajectories: Precision Entry Guidance Illustrated[J]. Journal of Guidance, Control and Dynamics, 1999, 22(6): 784 - 790.

[72] 王志刚,南英,吕学富. 载人飞船再入大气层的最优轨迹与制导研究. 导弹与航天运载技术. 1996, (1): 1 - 9.

[73] 李小龙. 天地往返航天运载器再入的最优轨迹与制导研究[D]. 西安: 西北工业大学博士论文, 1990: 78 - 88.

[74] 杨俊春,倪茂林. 基于 Riccati 方程解的再入飞行器制导律设计[J]. 航天控制, 2006, 24(4): 31 - 34.

[75] Hussein Youssef, Rajiv Chowdhry, Curtis Zimmeman. Predictor - Corrector Entry Guidance for Reusable Launch Vehicles [R]. AIAA, DRAFT.

[76] Jingzhuang Han. Predictor - Corrector Guidance Based on Optimization[C]. IEEE.

[77] 方炜,姜长生,朱亮. 空天飞行器再入制导的预测控制[J]. 宇航学报, 2006, 27(6): 1216 - 1222.

[78] Ashok Joshi, K. Sivan. Predictor - Corrector Reentry Guidance Algorithm with Path Constraints for Atmospheric Entry Vehicles[J]. Journal of Guidance, Control, and Dynamics, 2007, 30(5): 1307 ~ 1318.

[79] Ping Lu. Predictor - Corrector Entry Guidance for Low - Lifting Vehicles[J]. Journal of Guidance, Control, and Dynamics, 2008, 31(4): 1067 ~ 1075.

[80] I. Michael Ross, Pooya Sekhavat, et. Pseudospectral Feedback Control: Foundations, Examples and Experimental Results [C]. AIAA, Colorado: AIAA Guidance, Navigation, and Control Conference and Exhibit, AIAA 2006 - 6354.

[81] Kevin P Bollino, Michael Ross I. A Pseudospectral Feedback Method for Real - Time Optimal Guidance of Reentry Vehicles[C]. IEEE, New York: Proceeding of the 2007 American Control Conference, ThC11.4: 3861 - 3867.

[82] Kevin P Bollino, Michael Ross I. Optimal Nonlinear Feedback Guidance for Reentry Vehicles[C]. Colorado Keystone: Guidance, Navigation, and Control Conference and Exhibit, AIAA 2006 - 6074.

[83] 崔锋. 采用伪谱法的再入飞行器最优反馈制导方法[J]. 中国制造业信息化, 2011, 40(19): 42 - 56.

[84] 陈刚,康兴无,等. 基于伪谱方法的自适应鲁棒实时再入制导律研究[J]. 系统仿真学报,2008,20(20):5623 – 5634.

[85] 水尊师,周军,葛致磊. 基于高斯伪谱方法的再入飞行器预测校正制导方法研究[J]. 宇航学报,2011,32(6):1249 – 1255.

[86] Johannes Burkhardt,Michael Gräβlin,Ulrich M. Schöttle. Impact of Mission Constraints on Optimal Flight Trajectories for the Lifting Body X – 38[C]. AIAA – 99 – 4167:424 – 432.

[87] Joerg T Kindler,Ulrich M Schöttle,Klaus H Well. Entry Interface Window of Landing Site Coober Pedy for the Experimental Vehicle X – 38 V201[C]. AIAA – 2000 – 4117:533 – 543.

[88] Ping Lu,Songbai Xue. Rapid Generation of Accurate Entry Landing Footprints[C]. AIAA,Chicago:Guidance,Navigation,and Control Conference,AIAA 2009 – 5772.

[89] Arora R K,George J K. Trajectory Design for a Fly Back Mission of a Reusable Launch Vehicle. AIAA Paper 2003 – 5546,2003.

[90] Amitabh S,James A L,Kenneth D M,Mark Ferch. Landing Footprint Computation for Entry Vehicles. AIAA Guidance,Navigation and Control Conference and Exhibit,Rhode Island,2004.

[91] 赵瑞安. 空间武器轨道设计[M]. 北京:中国宇航出版社,2008.

[92] 孙尚,杨博,李大伟,等. 高超声速飞行器动力学规划的落点区域计算[J]. 航天控制,2011,29(1):48 – 53.

[93] Morgan C. Baldwin,Binfeng Pan. On Autonomous Optimal Deorbit Guidance[C]. AIAA,Chicago:Guidance,Navigation,and Control Conference,AIAA 2009 – 5667.

[94] 陈峻峰. 电磁轨道炮动力学模型及弹道仿真研究[C]. 第23届飞行力学与飞行试验学术年会,2007.

[95] 郑伟,张洪波,汤国建. 天基对地打击武器作战过程分析[C]. 飞行力学学术年会,2005.

[96] 张洪波,郑伟,汤国建. 天基对地打击武器空间机动过程分析[J]. 飞行力学,2007,25(3):45 – 48.

[97] 赵健康. 空间质能交换及在轨对地攻击技术研究[D]. 长沙:国防科学技术大学博士学位论文,2006.

[98] 覃慧. 航天器在轨对地释放技术概念研究[D]. 长沙:国防科学技术大学硕士学位论文,2006.

[99] 李健,刘新建. 轨道机动飞行器与乘波构型飞行器研究进展综述[C]. 中国航空学会飞行力学专业委员会2007年会,2007.

[100] 胡正东. 天基对地打击武器轨道规划与制导技术研究[D]. 长沙:国防科学技术大学博士学位论文,2009.

[101] 周须峰. 轨道拦截与再入制导策略和方法研究[D]. 西安:西北工业大学博士学位论文,2007.

[102] Anderson J. Optimal Constellation Design for Orbital Munitions Delivery System[D]. M. S. Thesis,Air University,2004.

[103] Terry Philips,Bob O'Leary. Common Aero Vehicle on Orbit[R]. Government Military Space Documents,2003.

[104] 关治,陆金甫. 数值方法[M]. 北京:清华大学出版社,2006.

[105] 吴德隆. 航天器气动力辅助变轨动力学与最优控制[M]. 北京:中国宇航出版社,2006:36 – 41.

[106] 赵瑞安. 空间武器轨道设计[M]. 北京:中国宇航出版社,2008.

[107] A. M. 西纽科夫(苏). 固体弹道式导弹[M]. 北京:国防工业出版社,1984:20 – 145.

[108] 何博,聂万胜. 固体导弹最小起飞质量研究[J]. 装备指挥技术学院学报,2007,18(6):45 – 49.

[109] 甘楚雄. 弹道导弹与运载火箭总体设计[M]. 北京:国防工业出版社,1996.

[110] 何麟书. 弹道导弹和运载火箭设计[M]. 北京:北京航空航天大学出版社,2002:49 – 51.

[111] 聂万胜,车学科,冯必鸣. 临近空间飞行器及军事运用[M]. 北京,国防工业出版社,2012.

[112] 党雷宁. 乘波飞行器外形设计与气动特性研究[D]. 绵阳:中国空气动力研究与发展中心研究生部,2007,3.

[113] 赵钧,孟令赛. 高超声速临近空间飞行器跳跃飞行轨迹优化[J]. 战术导弹技术,2010(5):32 – 35.

[114] Divya Garg,Michael A. Patterson,Christopher L. Darby. Direct Trajectory Optimization and Costate Estimation of General Optimal Problems Using a RADAU Pseudospectral Method[C]. Chicago:Navigation and Control Conference,AIAA – 2009 – 5989.

[115] Christopher L. Darby,William W. Hager. A Preliminary Analysis of a Variable – Order Approach to Solving Optimal Control Problems Using Pseudospectral Methods[C]. Canada Toronto:Astrodynamics Specialist Conference,AIAA/AAS,2010.

[116] 胡寿松. 自动控制原理[M]. 北京：科学出版社,2004.

[117] 李柯,聂万胜,冯必鸣. 助推－滑翔飞行器弹道分段优化研究[J]. 指挥控制与仿真,2012,34(5).

[118] 李柯,聂万胜,冯必鸣. 助推－滑翔飞行器可达区域影响因素研究[J]. 现代防御技术,2013,41(3).

[119] 李柯,聂万胜,冯必鸣. 助推－滑翔飞行器规避能力研究[J]. 飞行力学,2013,31(2).

[120] Donglong Sheu. Optimal Three－Dimensional Glide for Maximum Reachable Domain[R]. AIAA Atmospheric Flight Mechanics Conference and Exhibit,Portland,OR,Aug. 9－11,AIAA－1999－4245.

[121] 周获. 寻的导弹新型导引规律[M]. 北京：国防工业出版社,2002.

[122] 康兴无,陈刚. 天对地精确攻击武器末端制导律研究[J]. 固体火箭技术,2009,32(1)：11－14.

[123] 孙未蒙,郑志强. 一种多约束条件下的三维变结构制导律[J]. 宇航学报,2007,28(2)：343－349.

[124] 赵汉元. 飞行器再入动力学和制导[M]. 长沙：国防科技大学出版社,1997：214－238.

[125] 谢奇峰,冯金富. 激光制导炸弹投放域分析[J]. 火力与指挥控制. 2006,31(5)：57－60.

[126] 耿丽娜. 制导炸弹投放区域计算研究[D]. 长沙：国防科技大学,2009,6.

[127] 周获,邹昕光. 导弹机动突防滑模制导律[J]. 宇航学报,2006,27(2)：213－216.

[128] 李瑜,杨志红,崔乃刚. 洲际助推－滑翔导弹全程突防弹道优化[J]. 固体火箭技术,2010,33(2)：125－131.

[129] 肖松春,宋建英. 基于蒙特卡洛方法的运载火箭残骸落区划定研究[J]. 装备指挥技术学院院报,2010,21(4)：66－70.

[130] 张煜,张万鹏,陈璟. 基于 Gauss 伪谱法的 UCAV 对地攻击武器投放轨迹规划[J]. 航空学报,2011,32(7)：1240－1251.

[131] 吴德隆,王小军. 航天器气动辅助变轨动力学与最优控制[M]. 北京：中国宇航出版社,2006.

[132] David Heath,Lazarus Gonzales. OFT－1 Reference Flight Profile Deorbit Through Landing[R]. National Aeronautics and Space Administration,1977.

[133] Anhtuan,David B D. Footprint Determination for Reusable Launch Vehicles Experiencing Control Effector Failures [R]. AIAA 2002－4775,2002：1－18.

[134] 黄国强,南英,陈芳,王延涛. 无动力滑翔弹最优抛射初始条件研究[J]. 飞行力学,2009,27(1)：93－95.

[135] West. Developmental Testing of a Laser－Guided Bomb Simulation[R]. AIAA 2008－1629,2008：1－16.

[136] 张煜,张万鹏,陈璟,等. 基于 Gauss 伪谱法的 UCAV 对地攻击武器投放轨迹研究[J]. 航空学报,2011,32(7)：1240－1251.

[137] Wilson S A,Vuletich I J,Fletcher D J,et al. Guided Wweapon Danger Area and Safety Template Generation a New Capability[R]. AIAA 2008－7123,2008.

[138] Siewert,Sussingham J C. 6－DOF enhancement of precision guided munitions testing[R]. AIAA 1997－5522,1997.

[139] 雍恩米. 飞行器轨迹优化数值方法综述[J]. 宇航学报,2008,29(2)：397－406.

[140] 侯明善. 防区外投放制导炸弹滑翔段垂直面最优制导[J]. 兵工学报,2007,28(5)：572－575.

[141] Elnagar G,Kazemi M A,Razzaghi M. The Pseudospectral Legendre Method for Discretizing Optimal Control Problems [J]. IEEE Transaction on Automatic Control,1995,40(10)：1793－1796.

[142] Hull D G. Conversion of Optimal Control Problems into Parameter Optimization Problems[J]. Journal of Guidance, Control,and Dynamics,1997,20(1)：57－60.

[143] Hargraves C R,Paris S W. Direct trajectory optimization using nonlinear programming and collocation[J]. Guidance, Control and Dynamics,1987,10(2)：338－342.

[144] 张永军,夏智勋. 跳跃式弹道性能分析[J]. 弹道学报,2008,20(1)：51－54.

[145] 冯必鸣,聂万胜,李柯. 制导动能弹最优初始参数计算方法研究[J]. 弹箭与制导学报,2013(6).

[146] Edward R Hartman,Patrick J. Johnston. Mach 6 Experimental and Theoretical Stability and Performance of a Cruciform Missile at Angles of Attack up to 65°[R]. NASA Technical Paper 2733,1987.

[147] 车竞,王文正,何开锋. 基于遗传算法的机动弹头再入段弹道优化设计[J]. 弹道学报,2009,21(1)：43－46.

[148] Feng Biming,Nie Wansheng,Li Ke. Three－Dimensional Variable Structure Guidance Law for Homing Missile with Terminal Angle Constraints. [C] IEEE,2011 International Conference on Opto－Electronics Engineering and Information Science,Xi'an,2011：2627－2629.

[149] Kim Byung Soo,Lee Jang Gyu. Homing Guidance with Terminal Angular Constraint Against Nonmaneuvering and Ma-

neuvering Targets[R]. AIAA – 97 – 3474.

[150] Godiksen III,William H. Targeting Pod Effect on Weapon Release from the F – 18C Hornet[R]. U. S. N. A. Trident Scholar project report,No. 366 (2008):41 – 44.

[151] Patrick N. Koch,J. P. Evan,David Powell. Interdigitation for Effective Design Space Explration Using Isight[J]. Journal of Structure and Multidisciplinary Optimization.

[152] Optimization Techniques,iSIGHT Refernce Guide[M]. Chapter 4:105 – 196.

[153] 和争春,国义军,车竟,等. 机动弹头的旋钮式气动舵面布局新概念研究[J]. 空气动力学学报,2010,28(2): 328 – 31.

[154] Anil V Rao,Kimberley A. Clarke. Performance Optimization of a Maneuvering Re – entry Vehicle Using a Legendre Pseudospectral Method[R]. Monterey,California,AIAA Atmospheric Flight Mechanics Conference and Exhibit,AIAA 2002 – 4885.

[155] Ashok Joshi,Sivan K,Savithri Amma S. Predictor – Corrector Entry Guidance Algorithm with Path Constraints for Atmospheric Entry Vehicles[J]. Journal of Guidance,Control,and Dynamics,2007,30(5).

[156] Douglas McFarland C. Near Real – Time Closed – Loop Optimal Control Feedback for Spacecraft Attitude Maneuvers [D]. Air Force Institute of Technology,Air University,USAF,2009.

[157] Morio V,Cazaurang F,Falcoz A,Vernis P. Robust Terminal Area Energy Management Guidance Using Flatness Approach[J]. IET Control Theory and Application,2010,Vol. 4:472 – 486.

[158] Ashwini Ratnoo,Debasish Ghose. State – Dependent Riccati – Equation – Based Guidance Law for Impact – Angle – Constrained Trajectories[J]. Journal of Guidance,Control and Dynamics,2009,32(1).

[159] Harshal B Oza,Radhakant Padhi. A Nonlinear Suboptimal Guidance Law with 3D Impact Angle Constraints for Ground Targets[C]. Canada:Guidance,Navigation and Control. AIAA 2010 – 8185.

[160] Vincent C Lam,Ph. D. Circular Guidance Laws With and Without Terminal Velocity Direction Constraints[C]. Hawaii:Guidance,Navigation and Control Conference and Exhibit. AIAA 2008 – 7304.

[161] 陈海东,余梦伦,董利强. 具有终端角度约束的机动再入飞行器的最优制导律[J]. 航天控制,2002,1:7 – 10.

[162] 刘运鹏,李伶. 高超声速导弹高空再入减速段弹道优化设计[J]. 航天控制,2010,28(6):4 – 6.

[163] 孙未蒙,骆振,郑志强. 一种多约束下高超声速导弹对地攻击的三维最优变结构制导律[J]. 国防科技大学学报,2007,29(3):126 – 130.

[164] Zongzhun Zheng,Yongji Wang,Hao Wu. Study on adaptive BTT reentry speed depletion guidance law based on BP neural network[C]. Proc. of SPIE Vol. 6788,67881X,(2007):0277 – 786X/07/ $ 18,doi:10.1117/12.750391.

[165] 冯必鸣,聂万胜,李柯. 基于预测 – 修正的再入飞行器多约束末导引律研究[J]. 弹道学报,2013,25(1):5 – 9.

[166] 栾泽威,崔平远,郑建华. 中远程 BTT 防空导弹的一种修正比例导引规律[J]. 战术导弹技术,1993,(3):1 – 5.

[167] Jang Gyu Lee,Hyung Seok Han,Young Jin Kim. Guidance Performance Analysis of Bank – to – Turn (BTT) Missiles [C]. Hawaii,USA,International Conference on Control Applications,IEEE,1999:991 – 996.

[168] 孙未蒙,郑志强. 一种多约束条件下的三维变结构制导律[J]. 宇航学报,2007,28(2):343 – 349.

[169] 冯必鸣,聂万胜,李柯. 基于地面防御区域的机动飞行器再入轨迹优化研究[J]. 现代防御技术,2012,40(4):47 – 51.

[170] 冯必鸣,聂万胜,李柯. 再入飞行器可达区域近似算法及地面覆盖研究[J]. 航天控制,2012,30(6):43 – 49.

[171] 数学手册编写组. 数学手册[M]. 北京,人民教育出版社,1979.

[172] 刘林. 航天器轨道理论. 北京:国防工业出版社,2000:1 – 15.

[173] 郗晓宁,王威,等. 近地航天器轨道基础. 长沙:国防科技大学出版社,2003:135 – 137.

[174] 段方,刘建业. 一类由星下点反算卫星近圆回归轨道的方法[J]. 中间空间科学技术,2006,(6):1 – 6.

[175] 冯必鸣,聂万胜,李柯. 基于 hp 自适应伪谱法的可调推力最优离轨研究[J]. 飞行力学,2013,31(4): 354 – 358.

[176] U. S. Conventional Prompt Global Strike:Issues for 2008 and Beyond. Washington,D. C:The National Academies Press. http://www. nap. edu/catalog/12061. html

[177] 关世义. 关于飞行任务规划问题的进一步思考[J]. 战术导弹技术,2012(3):119 – 122.

[178] 亦兵. 对付导弹防御盾的"矛"—俄罗斯"白杨 M"导弹[J]. 太空探索,2009(4):28 – 29.